Die Berechnung von kreisförmig begrenzten Pilzdecken bei zentralsymmetrischer Belastung

Von der Technischen Hochschule zu Darmstadt
zur Erlangung der Würde eines Doktor-Ingenieurs
genehmigte

Dissertation

von

Koloman Hajnal-Kónyi
Dipl.-Ing. aus Budapest (Ungarn)

Verlagsbuchhandlung Julius Springer. Berlin 1929

ISBN-13:978-3-642-89791-7 e-ISBN-13:978-3-642-91648-9
DOI: 10.1007/978-3-642-91648-9

Eingereicht am 11. Mai 1928

Tag der mündlichen Prüfung: 21. Juli 1928

Referent: Professor Dr.-Ing. Kammer
Korreferent: Professor Dr. Schlink

Inhalt.

I. Einleitung.

In der neueren Zeit gewinnen im Eisenbetonbau die trägerlosen Pilzdecken immer mehr an Bedeutung. Während die in Platten und Balken aufgelösten Eisenbeton-Deckenkonstruktionen letzten Endes die im Eisen- und Holzbau übliche und der Eigenart dieser viel älteren Baustoffe entsprechende mittelbare Lastübertragung verkörpern, ist das Pilzdeckensystem mit seiner unmittelbaren Lastübertragung auf die Stützpunkte diejenige Bauweise, welche in ihrer Kräftewirkung dem monolithischen Charakter des Eisenbetons am besten gerecht wird. Die zahlreichen, sehr mannigfaltigen Vorteile der Pilzdecken sind bereits in weiten Kreisen bekannt und sollen hier nicht näher erörtert werden; die großen Pilzdecken-Ausführungen der letzten Jahre im In- und Ausland liefern dafür den besten Beweis.

Die rasche Verbreitung der Pilzdecken wäre in Deutschland trotz ihrer Vorzüge sicher nicht möglich gewesen, wenn es nicht gelungen wäre, den Spannungsverlauf derartiger Konstruktionen theoretisch zu erfassen. Dank der Entwicklung der Elastizitätslehre, insbesondere der Plattentheorie, besitzt man heute schon mehrere Verfahren, welche das Pilzdeckenproblem lösen und die Ermittlung der an einer beliebigen Stelle der Platte auftretenden Beanspruchungen mit mehr oder weniger Genauigkeit gestatten. Grundlegend sind auf diesem Gebiete die Arbeiten von Dr.-Ing. Marcus und Dr.-Ing. Dr. Lewe[1]). Eine bedeutende Förderung haben die Pilzdecken durch die „Bestimmungen des Deutschen Ausschusses für Eisenbeton“ vom September 1925 erfahren, welche leicht auszuwertende Näherungsformeln für die der Bemessung zugrundezulegenden Momente enthalten.

Alle die bestehenden Theorien und Rechenverfahren beschränken sich lediglich auf den Fall, daß der Grundriß des zu überdeckenden Raumes rechteckig ist, und daß die Stützen in den Schnittpunkten eines rechteckigen Netzes stehen. Es kommt aber auch oft vor, daß kreisrunde

---

[1]) Beide Verfasser haben über die Berechnung von Pilzdecken und über damit zusammenhängende Probleme zahlreiche Aufsätze in verschiedenen Zeitschriften veröffentlicht. Ihre vor den Jahren 1924 bzw. 1926 erschienenen Abhandlungen wurden in den folgenden zwei Büchern verwertet: Dr.-Ing. H. Marcus, Die Theorie elastischer Gewebe und ihre Anwendung auf die Berechnung biegsamer Platten (Berlin 1924, Verlag von Julius Springer); Dr.-Ing. Dr. Lewe, Pilzdecken und andere trägerlose Eisenbetonplatten (Berlin 1926, Verlag von Wilhelm Ernst & Sohn).

Grundflächen überdeckt werden müssen. Ein Rechenverfahren, welches die kreisförmige Umrandung einer Pilzdecke berücksichtigt, war jedoch bisher noch nicht vorhanden. Darauf ist es wohl zurückzuführen, daß man bei kreisrunder Grundrißform von der trägerlosen Bauweise auch heute noch vielfach absieht und manchmal recht umständliche, schwieriger ausführbare, wirtschaftlich weniger günstige Konstruktionen vorzieht. Dies möge nachstehend an Hand von einigen Beispielen besprochen werden, die zugleich auch die Anwendungsmöglichkeiten von kreisförmig begrenzten Pilzdecken zeigen sollen. Für das letztere System können bereits ebenfalls Ausführungsbeispiele genannt werden.

1. Wasserbehälter des Wasserwerkes Rothenburg o. d. T.[2]).

Der Behälter besteht aus 2 getrennten zylindrischen Kammern, die je einen lichten Durchmesser von 13,80 m haben (Abb. 1). Die Decke wird von

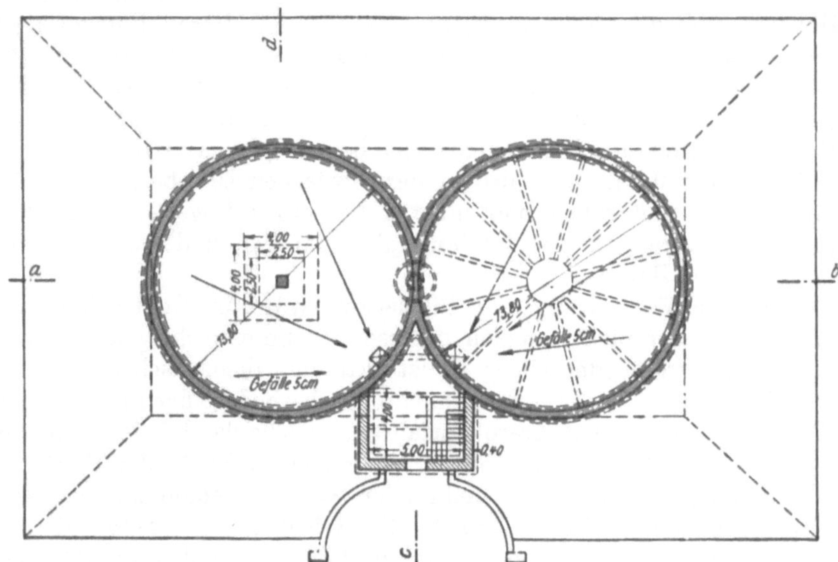

Abb. 1. Wasserbehälter Rothenburg o. d. T. Grundriß.

12 radialen Rippen getragen, welche von einer breiten Mittelstütze ausgehen. Ein Blick auf das in „Beton u. Eisen“ 1924 S. 293 wiedergegebene Lichtbild der eingeschalten Behälterdecke mit der Bewehrung der Rippen genügt, um sich von der Unzweckmäßigkeit dieser Anordnung zu überzeugen (Abb. 2). Über der Mittelstütze kreuzen sich 6(!) Scharen von Eiseneinlagen. Das Einbringen der Betonmasse verursacht an dieser wichtigen Stelle große Schwierigkeiten, auch ist der Schalungsverbrauch für die vielen Rippen beträchtlich.

[2]) Söllner, Der Wasserbehälter des Wasserwerkes Rothenburg o. d. T., „Beton u. Eisen“ 1924 Heft 22 S. 293. Derselbe Aufsatz ist auch in der „Deutschen Bauzeitung“, Konstruktion und Bauausführung 1926 Nr. 27/28 S. 49, erschienen.

Abb. 2. Wasserbehälter Rothenburg o. d. T. Eingeschalte Behälterdecke.

2. Zwei von Dr.-Ing. Enyedi entworfene Wasserbehälter[8]).

Bei den in „Beton u. Eisen" 1926 S. 78 dargestellten beiden kreiszylindrischen Tiefbehältern mit einem lichten Durchmesser von 11,50 m (Abb. 3)

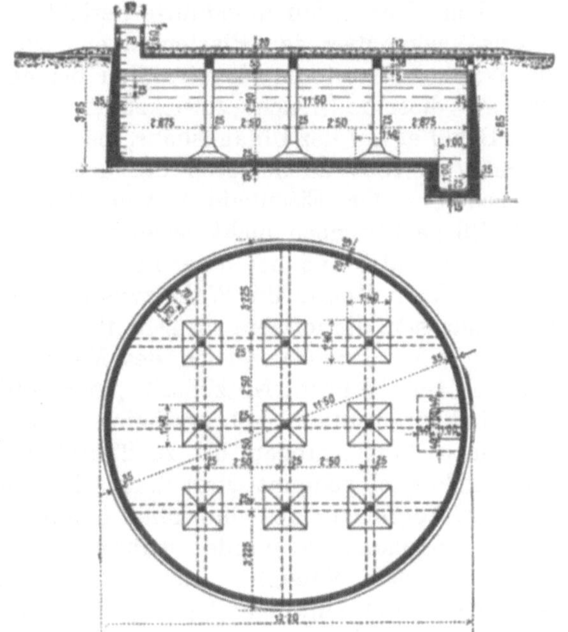

Abb. 3. Wasserbehälter nach dem Entwurf von Dr.-Ing. Enyedi.

---

[8]) Dr.-Ing. Enyedi, Eisenbetonkonstruktionen im Mühlenbau, „Beton-u. Eisen 1926 Heft 5 S. 75.

bzw. 10,20 m wurden die Fundamentplatten bereits als umgekehrte Pilzdecken ausgeführt, während die Behälterdecken kreuzweise bewehrte, auf Rippen aufliegende Platten sind. Es ist nicht zu verstehen, wozu hier die Rippen nötig waren — durch eine kleine Verbreiterung der Stützen nach oben (durch die Anordnung von Stützköpfen) wären sie leicht zu vermeiden gewesen. Bei der Betrachtung der Grundrisse dieser Behälter drängt sich die Pilzdecke als die einfachste und natürlichste Lösung von selbst auf.

Ähnliches gilt für die von Santo Rini entworfenen Melassebehälter der Fabrikanlage „Kronos" in Eleusis bei Athen, „Beton u. Eisen" 1924 Heft 15 S. 193.

3. Behälter Wernhalde des Städt. Wasserwerkes Stuttgart[4]).

Die Behälterdecke wurde in derselben Weise konstruiert, wie diejenigen von Dr. Enyedi, ihr lichter Durchmesser beträgt etwa 12,80 m. Die Tatsache, daß hier keine Pilzdecke zur Ausführung gelangte, ist um so bemerkenswerter, als das Städt. Wasserwerk etwa gleichzeitig 5 große rechteckige Behälter erbauen ließ, die alle Pilzdecken erhalten haben. Nur ein rechteckiger Behälter (Uhlandshöhe), der als erster schon im Winter 1924/25 fertiggestellt wurde, ist mit einer Trägerdecke versehen worden, weil die damals gültigen, aus dem Jahre 1916 herrührenden deutschen Bestimmungen über die Berechnung von Pilzdecken noch keinerlei Vorschriften enthalten haben. Der unten angeführte Bericht hebt die Vorteile der Pilzdeckenbauweise gegenüber den Plattenbalkendecken ausdrücklich hervor, so daß die Wahl der letzteren Konstruktion bei dem kreisrunden Behälter Wernhalde auf dieselbe Ursache zurückzuführen sein dürfte, wie bei dem rechteckigen Behälter auf der Uhlandshöhe, nämlich auf das Fehlen eines Rechenverfahrens, welches auch durch die neuen „Bestimmungen des Deutschen Ausschusses für Eisenbeton" vom September 1925 für kreisförmig begrenzte Pilzdecken noch nicht gegeben wurde. Die Verfasser weisen ausdrücklich darauf hin, daß bei freier Formgebung des Behälters, d. h. wenn die örtlichen Verhältnisse die Wahl zwischen der rechteckigen und kreisrunden Form zulassen, die letztere wirtschaftlich erheblich günstiger ist. Diese Behauptung wird durch Vergleich des Massenbedarfs zahlenmäßig belegt. Nur bei sehr großem Nutzinhalt (über 2000 m^3) soll der rechteckige Behälter billiger werden, doch erscheint diese Grenze in Anbetracht von kreisrunden Ausführungen bis zu 22 700 m^3 Fassungsraum (wofür nachfolgend ein Beispiel genannt wird) auch schon aus dem Grunde zweifelhaft, weil bei dem Vergleich eine, vom Inhalt unabhängige konstante Wasserhöhe von 4 m angenommen wurde, während die wirtschaftlich günstigste Wasserhöhe mit dem Nutzinhalt zunimmt. Dies geht u. a. aus allgemeinen wirtschaftlichen Betrachtungen hervor, die für diesen Behälter-

[4]) Stadtbaurat Ruß und Reg.-Baumeister Landel, Die Behälterbauten des Städt. Wasserwerkes Stuttgart, „Bauzeitung" Stuttgart 1927 Heft 34 S. 285, Heft 37 S. 321, Heft 41 S. 357. Der Aufsatz ist auch als Sonderdruck erschienen.

typus mit Pilzdecken angestellt worden sind, um bei gegebenem Nutzinhalt das wirtschaftlich günstigste Verhältnis zwischen Grundfläche und Höhe zu finden [5]).

4. Ausgeführte kreiszylindrische Behälter mit Pilzdecken.

Obgleich nämlich ein Rechenverfahren für Pilzdecken mit kreisförmiger Begrenzung noch nicht besteht, sind solche in Anbetracht ihrer Wirtschaftlichkeit trotzdem schon mehrfach ausgeführt worden. So beschreibt Lewe (a. a. O. S. 152) einen kreiszylindrischen Nutzwasserbehälter für 1500 m³ in Diósgyör mit einem lichten Durchmesser von 20,80 m (Abb. 4); ferner Marcus [6]) einen solchen mit einem Fassungsraum von 6000 m³ und 36,00 m lichtem Durchmesser (Abb. 5). Beide Behälter haben eine quadratische Stützenteilung. Es ist klar, daß der Momentenverlauf in den Randfeldern, die einen beträchtlichen Teil der ganzen Fläche bilden, ganz anders sein muß, als bei gradliniger Begrenzung der Pilzdecke. Ganz abgesehe von dieser „theoretischen" Schwierigkeit wird bei der bisher üblichen quadratischen Stützenteilung die Ausbildung der Randfelder auch infolge der wechselnden Spannweite erschwert, wie das Marcus besonders bemerkt (S. 223). Bei dem von Marcus beschriebenen großen Behälter wurde daher auch eine radiale Anordnung der Stützen in Erwägung gezogen, was jedoch nicht weiter verfolgt wurde, weil nach seiner Ansicht die Herstellung der Ringbewehrung mit wechselnden Krümmungshalbmessern in diesem Falle zu umständlich gewesen wäre. Dieses Bedenken darf je-

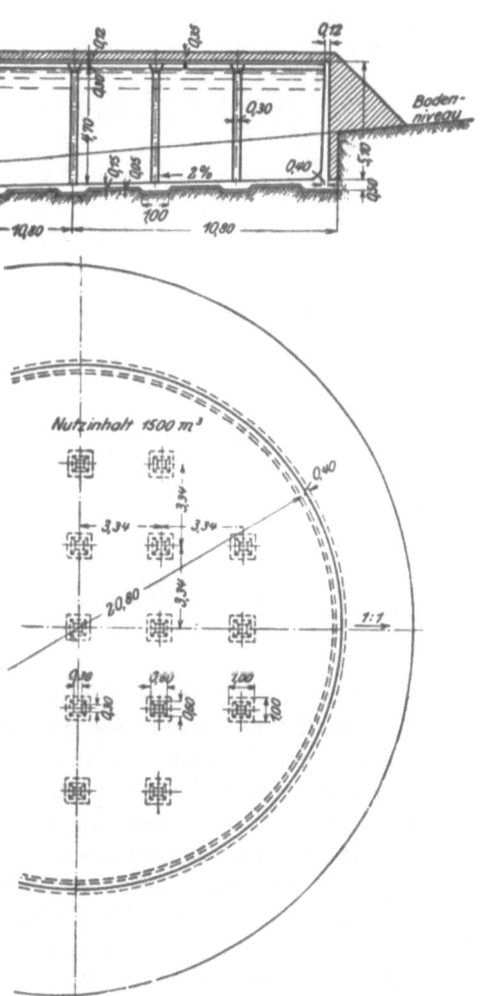

Abb. 4. Wasserbehälter Diósgyör. Grundriß und Querschnitt.

[5]) Küster, Der billigste Behälter, „Beton u. Eisen" 1927 Heft 18 S. 340.

[6]) Dr.-Ing. H. Marcus, Zwei Beispiele für die Verwendung trägerloser Decken, „Beton u. Eisen" 1926 Heft 13 S. 221.

doch nicht verallgemeinert und als für alle Fälle maßgebend eingeschätzt werden. Einerseits können Ringeisen mit veränderlichem Durchmesser bei maschineller Biegung mit entsprechenden Einrichtungen ohne Schwierigkeit hergestellt werden, andererseits kann man bei großer Ausdehnung des zu

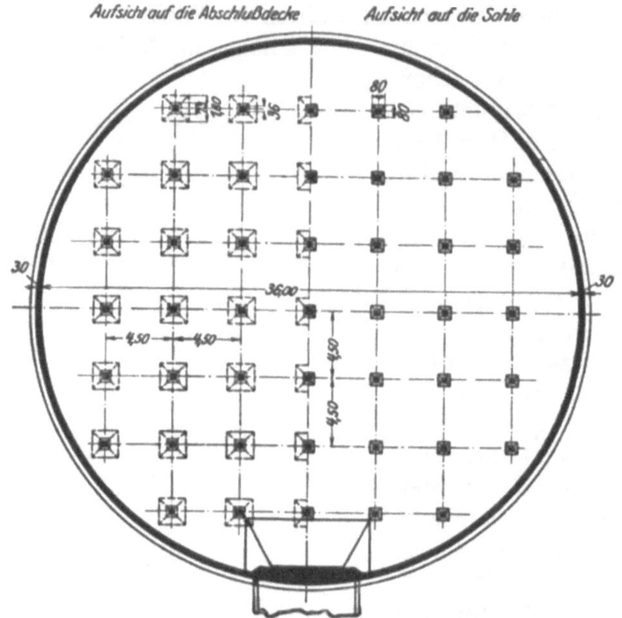

Abb. 5. Wasserbehälter nach dem Entwurf von Dr.-Ing. Marcus. Grundriß.

überdeckenden kreisförmigen Grundrisses die Ringbewehrung polygonal verlegen, also kürzere gerade Eiseneinlagen verwenden. Die radiale Stützenteilung bietet den Vorteil gleichmäßiger Randfelder und einer besseren Raumeinteilung, was bei Wasserbehältern an sich allerdings nicht wichtig ist. Bei zwei- oder mehrkammerigen Behältern kann man aber durch eine radiale Stützenteilung konzentrische Kammern erhalten, wodurch eine — im allgemeinen ungünstige — Biegungsbeanspruchung der Zwischenwände ausgeschlossen wird. Bei Zerlegung des Grundrisses in zwei Halbkreise [7]) oder in mehrere Sektoren müssen die Zwischenwände auf Biegung bemessen werden, im Falle von konzentrischen Kammern nur auf Ringzug und -druck. Derartige Behälter sind als Hochbehälter schon ausgeführt worden [8]) und dürften sich auch als Tiefbehälter gut bewähren.

---

[7]) Als Beispiel für eine solche Teilung eines großen Behälters (2500 m³ Nutzinhalt) möge genannt werden: Lucan, Der Reinwasserbehälter zu Falkenstein i. V., „Beton u. Eisen" 1927 Heft 6 S. 101.

[8]) Vgl. z. B.: Behälter im Wasserturm zu Rötha, beschrieben im „Handbuch für Eisenbetonbau" Bd. V 3. Aufl. S. 219; ferner Heißwasserbehälter des Güntzbades in Dresden.

Schließlich sei noch als größtes Bauwerk dieser Art ein Wasserbehälter von 22 700 m^3 Nutzinhalt in Madison erwähnt[9]). Hier wurde als wirtschaftlich günstigste Grundrißform der Kreis gewählt, mit einem Durchmesser von 62,48 m und einer Wasserhöhe von 7,6 m. Diese Decke ist eine Pilzdecke mit quadratischer Stützenteilung. Der Raum wurde durch eine in Rippen aufgelöste Mittelwand in 2 Kammern geteilt (ähnlich wie bei dem Behälter in Falkenstein), so daß eine radiale Stützenteilung nicht gut gepaßt hätte. Günstiger wäre aber vermutlich die Anordnung einer inneren Ringmauer gewesen, also die Zerlegung des Behälters in eine innere kreisförmige und in eine äußere Ringkammer, in welchem Falle man zwangsläufig zu einer radialen Stützenteilung gekommen wäre.

5. Wassertürme.

Die besprochenen Behälter sind Tiefbehälter, bei welchen nur die obere Decke als Pilzdecke in Frage kam (und die Sohle bei schlechtem Baugrund als umgekehrte Pilzdecke). Bei Wassertürmen kann aber oft auch die, die ganze Wasserlast tragende Behältersohle zweckmäßigerweise als Pilzdecke ausgebildet werden. Von größeren Bauwerken, bei welchen diese Lösung (anstatt der Plattenbalkendecke) mit Vorteil Anwendung hätte finden können, seien genannt:

Wasserturm in Ingolstadt für 1000 m^3 [10]),
„ auf dem Güterbahnhof Osnabrück für 1000 m^3,
„ der Reichsstickstoffwerke Piesteritz bei Wittenberg für 2200 m^3.

In dem Ingolstädter Turm befinden sich 2, in dem Osnabrücker 4 Geschoßdecken unter dem Behälter, für welche Decken dasselbe gilt, wie für die tragenden Sohlen.

6. Planetarium in Mannheim[11]).

Hier handelt es sich um eine kreisförmige Kellerdecke mit einem lichten Durchmesser von 26,36 m (Abb. 6). Im Gegensatz zu den vorerwähnten Beispielen wurde bei diesem Bau der Grundriß in einen inneren Kreis und in konzentrische Ringe zerlegt, was die natürlichste Grundrißgestaltung von größeren zylindrisch begrenzten Räumen ist.

Die Anordnung von lauter vollen, durchgehenden tragenden Mauern ist meistens nicht möglich, auch ist eine solche Lösung wegen des großen Massenaufwandes, besonders bei hohen Räumen, nicht wirtschaftlich. Es ist meistens vorteilhafter, wenn die Mauern durch Stützen ersetzt werden, welche konzentrische, regelmäßige Vielecke bilden. Die Stützen können durch kreisförmig oder polygonal geführte Träger verbunden werden, wodurch eine Plattenbalkendecke entsteht, bzw. man kann auch in diesem

---

[9]) Der Bau eines gedeckten 22 700 m^3-Eisenbeton-Wasserbehälters in Madison (Wisc.), „Beton u. Eisen“ 1927 Heft 20 S. 389.

[10]) „Handbuch für Eisenbetonbau“ a. a. O. S. 234—240.

[11]) Das Planetarium in Mannheim, „Deutsche Bauzeitung“ Konstruktion und Ausführung 1927 Nr. 15 S. 101; ferner „Handbuch für Eisenbetonbau“ 3. Aufl. Bd. XII S. 306.

Fall, wie bei rechteckiger Grundrißteilung auf eine solche Zwischenkonstruktion verzichten und zu der in vieler Hinsicht günstigeren Pilzdecke übergehen.

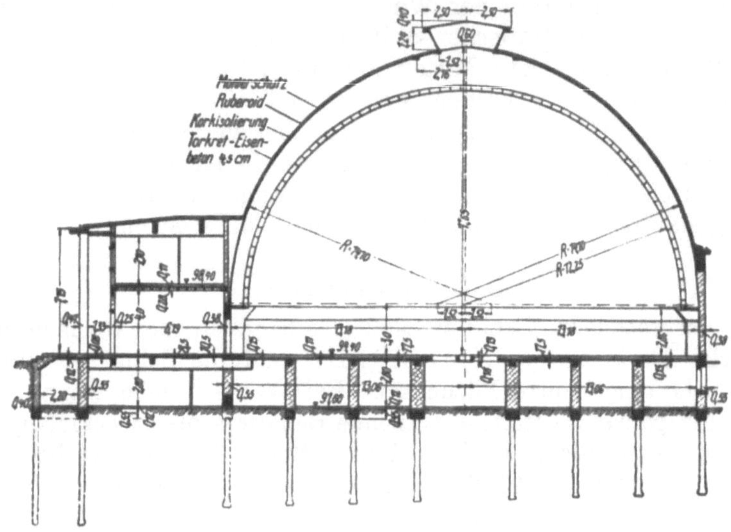

Abb. 6. Planetarium Mannheim.
Querschnitt.

Aus den angeführten Beispielen, die noch weiter fortgesetzt werden könnten, geht hervor, daß die Überdeckung großer kreisförmiger Grundflächen mittels Flachdecken hauptsächlich in folgenden Fällen vorkommt:

1. Bei kreisrunden Flüssigkeitsbehältern, und zwar sowohl bei Tiefbehältern, als auch bei Wassertürmen;
2. unter Kuppeln (Planetarien und dergl.).

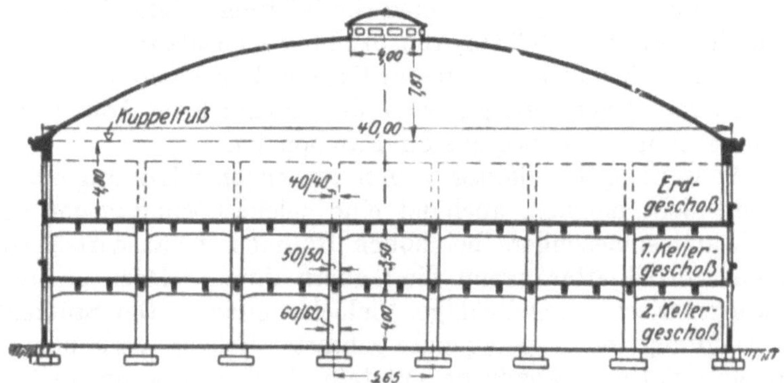

Abb. 7. Schottkuppel in Jena.
Querschnitt.

In diesem Zusammenhang sei auf die großen Fortschritte hingewiesen, welche in den letzten Jahren durch das neue Kuppelbau-System Zeiß-

Dywidag erzielt worden sind[12]). Dieses System eröffnet große Zukunftsmöglichkeiten für den Bau von Massivkuppeln, welche in vielen Fällen die ebene Überdeckung von kreisförmigen Grundflächen mit sich bringen. Es kommen sogar unter solchen Kuppeln auch mehrere übereinanderliegende Decken vor, wofür als Beispiel die Schottkuppel in Jena (aus dem Jahre 1923) dienen möge (bei welcher natürlich noch Rippendecken zu sehen sind). (Abb. 7). Dieser Bau ist in den in Fußnote 12 angegebenen Quellen beschrieben.

Die vorstehenden Erörterungen dürften genügen, um nachzuweisen, daß die Berechnung kreisförmig begrenzter Pilzdecken ein praktisches Bedürfnis ist. Die nachfolgende Arbeit hat den Zweck, die Berechnung solcher Systeme in einer für die Ingenieurpraxis geeigneten Weise zu ermöglichen.

---

[12]) Dischinger, Fortschritte im Bau von Massivkuppeln, „Der Bauingenieur“ 1925 Heft 10 S. 362; ferner „Handbuch für Eisenbetonbau“ 3. Aufl. Bd. XII S. 302.

II. Beschreibung des allgemeinen Rechnungsganges. Grundlagen und Voraussetzungen.

Das System, welches den Gegenstand dieser Arbeit bildet: die kreisförmig begrenzte, am Rande stetig, im Innern an den Eckpunkten von konzentrischen, regelmäßigen Vielecken unterstützte Pilzdecke ist eine, im allgemeinen statisch mehrfach unbestimmt gelagerte elastische Kreisplatte. Am Rande kann die Decke frei aufliegen oder elastisch bzw. fest eingespannt sein. Die freie Auflagerung (mit einer entsprechenden Randverdrehung der elastischen Fläche) und die feste Einspannung (mit horizontaler, unverdrehbarer Tangentialfläche am Rande) bilden die Grenzfälle, innerhalb welcher jede Randneigung der elastischen Fläche möglich ist.

Bevor das Problem in seinen Einzelheiten behandelt wird, soll kurz der allgemeine Rechnungsgang, welcher dem bei statisch unbestimmten Systemen üblichen Verfahren genau entspricht, geschildert werden. Der Zweck ist die Ermittlung der Biegungsmomente an einer beliebigen Stelle der Platte infolge einer gegebenen Belastung. Zunächst sei frei drehbare Auflagerung vorausgesetzt. Der Fall einer festen oder teilweisen Randeinspannung wird im V. Abschnitt besprochen.

Als Grundsystem wird die am Rand frei aufliegende elastische Kreisplatte eingeführt, indem jede innere Stütze beseitigt gedacht wird. Die Überzähligen, welche aus den Elastizitätsgleichungen ermittelt werden müssen, sind die Auflagerkräfte dieser Stützen (X_1, X_2, ... X_n). Die Elastizitätsgleichungen besagen: Die Durchbiegung der Platte in den Stützpunkten ist null, oder — bei nachgiebiger Auflagerung — gleich der von der Nachgiebigkeit des Baugrundes und von der Längenänderung der Stützen abhängigen Senkung der Auflagerpunkte. Die Gleichungen lauten mit den üblichen Bezeichnungen:

$$\left.\begin{array}{l} X_1 \delta_{11} + X_2 \delta_{12} + \ldots + X_n \delta_{1n} = \delta_{10} \\ X_1 \delta_{21} + X_{22} \delta_{22} + \ldots + X_n \delta_{2n} = \delta_{20} \\ - - - - - - - - - - - - \\ X_1 \delta_{n1} + X_2 \delta_{n2} + \ldots + X_n \delta_{nn} = \delta_{n0} \end{array}\right\} \quad (1)$$

Unter den Größen X_1, X_2, ... X_n sind im allgemeinen nicht einzelne Stützenkräfte zu verstehen, die Unbekannten bedeuten vielmehr die Gesamtkraft einer Stützengruppe, auf deren jede Einzelstütze aus

Symmetriegründen dieselbe Kraft entfällt. Der Belastungszustand „$X_i = -1$“ ist somit derjenige Belastungsfall, in welchem die Gesamtkraft der zur Gruppe X_i gehörenden Stützen $= -1$ ist, während das Grundsystem im übrigen unbelastet ist. Die Zusammenfassung der Stützen in eine Gruppe ist einerseits vom System selbst, andererseits von der jeweiligen Belastung abhängig. Ist überhaupt keine Symmetrie vorhanden, so bildet als Grenzfall jede Stütze eine Gruppe für sich. Als anderer Grenzfall kann es bei manchen Systemen vorkommen, daß alle Stützen zusammen zu einer einzigen Gruppe gehören. Der Grad der statischen Unbestimmtheit hängt also nicht nur vom System, sondern auch von der Art der Belastung ab, wie dies ja auch bei anderen Tragwerken der Fall ist. Die Anzahl der Stützen in den einzelnen Gruppen sei $h_1, h_2, \ldots h_n$, die auf eine Einzelstütze entfallenden Auflagerkräfte sind dann $\frac{X_1}{h_1}, \frac{X_2}{h_2}, \ldots \frac{X_n}{h_n}$. Bei der Berechnung der Platte wird immer eine ganze Gruppe als Einheit betrachtet.

Die Bedeutung der Beiwerte ist folgende:

δ_{11} = Durchbiegung der Angriffspunkte der Gruppe X_1 im Grundsystem infolge der Belastung $X_1 = -1$, desgl. für X_2 usw.

δ_{12} = Durchbiegung der Angriffspunkte der Gruppe X_1 infolge $X_2 = -1$, während

δ_{21} = Durchbiegung der Angriffspunkte der Gruppe X_2 infolge $X_1 = -1$ usw. Für die δ-Werte mit gemischten Indizes gilt der Satz von Betti

$$\sum_1^{h_a} \frac{1}{h_a} (\delta_{ab}) = \sum_1^{h_b} \frac{1}{h_b} (\delta_{ba}),$$

woraus $\delta_{ab} = \delta_{ba}$, d. h. die Vertauschbarkeit der Indizes folgt.

$\delta_{10}, \delta_{20}, \ldots \delta_{n0}$ bedeuten die Durchbiegungen der Angriffspunkte der einzelnen Gruppen im Grundsystem infolge einer gegebenen äußeren Belastung.

Die Vorzeichen werden so gewählt, daß die Belastungen sowie die Durchbiegungen von oben nach unten gerichtet positiv, während bei den Auflagerkräften die von unten nach oben wirkenden positiv bezeichnet werden. Sämtliche Kräfte und Durchbiegungen sind lotrecht. Die Momente sind positiv, wenn sie an der unteren Seite der Platte Zug erzeugen — negativ, wenn die Zugspannungen an der Plattenoberfläche entstehen.

Bei der vorstehend angeschriebenen Form der Elastizitätsgleichungen (1) wird stillschweigend vorausgesetzt, daß die Stützpunkte unnachgiebig sind. Soll auch der Einfluß von Stützensenkungen berücksichtigt werden, so sind 2 Fälle zu unterscheiden, je nachdem die Senkungen elastisch oder unelastisch sind.

1. Bei elastisch nachgiebiger Auflagerung seien die Senkungen der Angriffspunkte $X_1, X_2, \ldots X_n$ in den Zuständen $X_1 = -1$, $X_2 = -1, \ldots X_n = -1$ je $\delta_{1\varepsilon}, \delta_{2\varepsilon}, \ldots \delta_{n\varepsilon}$. Dann muß in den Elastizitätsgleichungen anstatt $\delta_{11}, \delta_{22}, \ldots \delta_{nn}$ gesetzt werden: $\overline{\delta}_{11} = \delta_{11} + \delta_{1\varepsilon}, \ldots \overline{\delta}_{nn} = \delta_{nn} + \delta_{n\varepsilon}$. Alles andere bleibt unverändert.

2. Handelt es sich um unelastische Senkungen, so ermittelt man die daraus entstehenden Stützenkräfte getrennt von dem Einfluß der äußeren Belastung, indem auf der rechten Seite der Elastizitätsgleichungen die einer gegebenen äußeren Belastung entsprechenden Werte $\delta_{10}, \delta_{20}, \ldots \delta_{n0}$ durch die geschätzten Senkungen der einzelnen Gruppen: $\delta_{1v}, \delta_{2v}, \ldots \delta_{nv}$ ersetzt werden. Diese Werte sind, wie aus der Theorie der statisch unbestimmten Systeme bekannt, mit negativem Vorzeichen einzuführen.

Ist auch die kreisförmige Umfassung der Pilzdecke nachgiebig (wobei eine gleichmäßige Nachgiebigkeit vorausgesetzt wird), so bedeuten die Werte $\delta_{i\varepsilon}$, δ_{iv} den Unterschied, um welchen sich die Angriffspunkte der Gruppe X_i gegenüber der Umfassungsmauer senken.

Praktisch dürfte eine Senkung der Auflager kaum in Frage kommen, da bei Pilzdecken für eine möglichst unverschiebliche Auflagerung gesorgt werden muß, es sollte jedoch darauf hingewiesen werden, daß die rechnerische Erfassung des Einflusses von Auflagersenkungen keinerlei Schwierigkeiten verursacht und im Rahmen des hier zu entwickelnden Verfahrens ohne weiteres möglich ist.

Die Elastizitätsgleichungen sind so aufgebaut, daß in der Regel in jeder Gleichung jede Unbekannte vorkommt. Ihre Auflösung erfolgt nach einem der verschiedenen, in der Literatur bekannten Verfahren.

Sind einmal die Überzähligen ermittelt, so ergeben sich die Momente der Pilzdecke nach folgender Gleichung:

$$M = m_g - X_1 m_1 - X_2 m_2 - \cdots - X_n m_n \tag{2}$$

Hier bedeutet m_g[13]) das Moment im Grundsystem infolge der gegebenen Belastung. $m_1, m_2, \ldots m_n$ sind die Momente im Grundsystem infolge der Belastungszustände $X_1 = -1$, $X_2 = -1, \ldots X_n = -1$. Unter den Momenten sind zu unterscheiden:

1. Radiale Biegungsmomente (m_r),
2. Tangentiale Biegungsmomente (m_t),
3. Drillungsmomente (m_{rt}).

Über den Stützen wird bei der Berechnung der Stützkräfte Punktlagerung vorausgesetzt, während bei der Ermittlung der Momente in der Nähe der Stützen, insbesondere im Bereich der Stützenköpfe zu beachten ist, daß in Wirklichkeit eine Flächenlagerung vorliegt, worauf noch näher eingegangen wird.

Um den dargestellten Rechnungsgang durchführen zu können, ist es nötig, einerseits die Beiwerte δ der Elastizitätsgleichungen, andererseits die Momente $m_1, \ldots m_n$ infolge der Belastungszustände $X_1 = -1, \ldots X_n = -1$ zu bestimmen.

Die Beiwerte δ_{io} sind die Durchbiegungen des Grundsystems infolge der gegebenen Lasten. Es wird dabei vorausgesetzt, daß die Belastung der Kreisplatte z e n t r a l s y m m e t r i s c h, d. h. kreis- oder kreisringförmig

---

[13]) Die sonst im allgemeinen mit dem Index „o" bezeichneten Momente im Grundsystem, die von den äußeren Lasten herrühren, sollen in dieser Arbeit zum Unterschied von später einzuführenden Momenten mit dem Index „g" versehen werden.

ist. Auch Einzelkräfte nach Art der Belastungszustände $X_1 = -1$, ... $X_n = -1$ können zwar auf diese Weise behandelt werden, doch dürften solche Belastungsfälle kaum einen praktischen Wert haben. Die bei der Berechnung von Kreisplatten sehr häufig gemachte Annahme der Zentralsymmetrie der Belastung[14]) bedeutet zwar auch hier eine gewisse Einschränkung, die jedoch praktisch kaum ins Gewicht fällt, wie das die im I. Abschnitt betrachteten Beispiele bestätigen. Für Decken von Flüssigkeitsbehältern kommt so gut wie keine Nutzlast in Frage, nur eine zentralsymmetrisch verteilte ständige Last (Erdauflast). Der Schnee ist auch zentralsymmetrisch verteilt und wird allgemein zur ständigen Last zugeschlagen. Bei Tragsohlen von Flüssigkeitsbehältern mit konzentrischen Kammern oder ohne Zwischenteilung des Innenraumes ist die Nutzlast ebenfalls immer zentralsymmetrisch verteilt. Nur bei Decken in gewöhnlichen Hochbauten (unter Kuppeln und dergl.) ist auch eine andere Verteilung der Nutzlast möglich. Für die radialen Biegungsmomente sind bei solchen Decken gleichfalls zentralsymmetrische Belastungsfälle maßgebend.

Für die tangentialen Biegungsmomente sowie für die Drillungsmomente sind bei einer derartig benutzten Decke andere Fälle allerdings ungünstiger. Der Einfluß einer teilweisen, sektorförmigen Belastung gegenüber der Vollbelastung dürfte sich aber praktisch nur dann bemerkbar machen, wenn die Nutzlast im Verhältnis zur ständigen Last groß ist. In Räumen, welche lediglich zur Versammlung von Menschen dienen (Planetarien und die meisten sonstigen Kuppelbauten) beträgt die Nutzlast höchstens 500 kg/m^2, die ständige Last (Eigengewicht der Decke + Verputz + Belag) kann nie kleiner als 400 kg/m^2 sein, da ja das Eigengewicht allein mindestens 15.24 = 360 kg/m^2, in den meisten Fällen aber noch mehr ist[15]). Das Verhältnis $p : g$ ist also bei solchen Decken im allgemeinen nicht größer als 1,25, vielfach sogar kleiner als 1.

Größere Nutzlasten als 500 kg/m^2, die nicht zentralsymmetrisch verteilt sind, kommen nur bei Industrie- und Speicherbauten vor, für solche wird aber das hier behandelte System kaum Anwendung finden, weil die Grundrisse im allgemeinen rechteckig sind. Die Berücksichtigung von nicht zentralsymmetrisch verteilten Belastungen tritt demnach bei der Lösung von praktischen Aufgaben hinter der Bedeutung von zentralsymmetrischen Lasten weit zurück. Theoretisch bieten natürlich auch solche Belastungsfälle, bei welchen keine zentrale Symmetrie vorhanden ist, viel Interesse, doch ist ihre Untersuchung eine Aufgabe für sich und würde den Rahmen dieser Arbeit überschreiten. Es ist nur selten möglich, die Probleme gleich in ihrer allgemeinsten Form zu lösen, man muß sich meistens auf Sonderfälle beschränken und das Gesamtproblem in einzelne Teilaufgaben zerlegen.

---

[14]) Dr.-Ing. Schleicher, Kreisplatten auf elastischer Unterlage. Theorie zentralsymmetrisch belasteter Kreisplatten und Kreisringplatten auf elastisch nachgiebiger Unterlage (Berlin 1926, Verlag von Julius Springer).

[15]) Nach den „Bestimmungen des Deutschen Ausschusses für Eisenbeton“ vom September 1925 A § 14 Ziff. 9 Abs. 3 darf die Plattendicke nicht kleiner als 15 cm sein.

Die Ermittlung der δ_{io}-Werte für einen kreis- oder kreisringförmigen Belastungsfall macht an sich keine Schwierigkeiten, da die Gleichungen der zugehörigen elastischen Flächen bekannt sind [16]). Für die vollbelastete Kreisplatte werden die Durchbiegungen tabellarisch zusammengefaßt.

Durch die Annahme, daß die Belastung zentralsymmetrisch ist, wird die Gruppeneinteilung der Stützen und somit auch der Grad der statischen Unbestimmtheit für ein gegebenes System eindeutig festgelegt.

Die Beiwerte δ_{ii}, δ_{ik} sind die Durchbiegungen des Grundsystems infolge der verschiedenen Belastungszustände $X_1 = -1, \ldots X_n = -1$, also infolge von Einzelkräften, welche in den Eckpunkten von regelmäßigen, konzentrischen Vielecken angreifen. Die Aufgabe ist in dieser Form in der Literatur noch nicht behandelt worden. Sie läßt sich aber auf den Fall einer exzentrischen Einzellast zurückführen, aus welchem man den Gesamteinfluß der vorhandenen Lasten auf die Formänderung durch Superposition erhält. Die Gleichung der elastischen Fläche einer frei aufliegenden, durch eine exzentrische Einzellast beanspruchten Kreisplatte hat A. Föppl [17]) abgeleitet. Diese in Form einer Fourierschen Reihe gegebene Lösung wird als Ausgangspunkt der hier anzustellenden Untersuchungen gewählt [18]).

Es wird gezeigt, daß die Superposition zu wesentlichen Vereinfachungen führt, welche die zahlenmäßige Anwendung sehr erleichtern. Dabei wird vorausgesetzt, daß die Stützen, welche außerhalb des Kreismittelpunktes liegen, zu Gruppen von mindestens je 4 Stützen zusammengefaßt werden können, eine Annahme, die bei allen praktischen Ausführungen zutrifft. Die durch Superposition gebildete Reihe konvergiert viel schneller als die ursprüngliche von Föppl, da ein großer Teil der Glieder wegfällt. Zur raschen Berechnung der Beiwerte δ_{ii}, δ_{ik} werden mehrere Hilfstafeln aufgestellt. Aus der ersten dieser Hilfstafeln, die dem ersten Glied der er-

---

[16]) Die Gleichungen sind u. a. in folgenden Werken zu finden: A. und L. Föppl, Drang und Zwang Bd. I 2. Aufl. 1924 (Verlag von R. Oldenbourg); Dr.-Ing. Lewe, Pilzdecken (vgl. Fußnote 1); Dr.-Ing. Nádai, Die elastischen Platten (Berlin 1925, Verlag von Julius Springer).

[17]) A. Föppl: Die Biegung einer kreisförmigen Platte. Sitzungsberichte der Kgl. bayrischen Akademie der Wissenschaften 1912 S. 155. Die Abhandlung ist auszugsweise wiedergegeben in „Drang und Zwang" Bd. I S. 204. Föppl hat in dieser Arbeit auch die Gleichung der elastischen Fläche einer am Rand fest eingespannten Kreisplatte abgeleitet, was hier der Vollständigkeit halber gleich zu erwähnen ist. Den letzteren Fall hat bereits Clebsch in seinem Buche „Theorie der Elastizität fester Körper" (Leipzig bei Teubner, 1862) behandelt, doch steckt in seinen Formeln ein Rechenfehler, den erst Föppl bemerkt hat.

[18]) Eine weitere sehr elegante Lösung für die am Rande fest eingespannte Platte wurde auch von Ing. Dr. techn. Ernst Melan gefunden (Die Durchbiegung einer exzentrisch durch eine Einzellast belasteten Kreisplatte, „Der Eisenbau" 1920 Nr. 10 S. 190). Melan arbeitet mit orthogonalen Kreiskoordinaten und stellt für die Durchbiegung eine einzige, für die ganze Platte gültige geschlossene Formel auf. Obgleich diese Gleichung sehr einfach ist, wenn nur eine einzige Last wirksam ist, eignet sich die Föpplsche Reihe viel besser zu einer Superposition von mehreren, symmetrisch verteilten Einzellasten. Außerdem ist es zweifelhaft, ob man auf dem von Melan eingeschlagenem Weg auch bei freier Auflagerung zu so einfachen Ergebnissen gelangen würde, wie bei fester Einspannung.

wähnten Fourierschen Reihe entspricht und die Hauptwerte von δ_{ii}, δ_{ik} liefert, kann leicht eine weitere gebildet werden, welche die Berechnung von δ_{io} für teilweise Belastung erleichtert und einfacher gestaltet als die unmittelbare Anwendung der zugehörigen Durchbiegungsgleichung.

Für zentralsymmetrische Belastungsfälle sind auch die Formeln der Biegungsmomente m_g bekannt, die Drillungsmomente sind im Grundsystem null. Durch weitere Hilfstafeln wird die zur Auswertung von m_g erforderliche Rechenarbeit auf ein Mindestmaß beschränkt.

Den schwierigsten Teil der ganzen Aufgabe bildet die Ermittlung der Momente $m_1, \ldots m_n$. Hier kann man nicht von bereits bekannten Formeln ausgehen, um durch Superposition den Gesamteinfluß von mehreren gleichen, gleichzeitig wirkenden Einzellasten zu erfassen (wie dies bei der Berechnung der δ_{ii}, δ_{ik} geschieht), da der Momentenverlauf in einer, durch eine exzentrische Einzellast beanspruchten Kreisplatte in der Literatur noch nicht in befriedigender Weise behandelt worden ist. Der Schwerpunkt der nachstehenden Arbeit liegt in der Aufstellung von übersichtlichen, leicht zu handhabenden Formeln für diese Momente, aus welchen sich die gesuchten Biegungsmomente der Platte (M) nach Gl. (2) ohne weiteres ergeben.

Vor der Erörterung des einzuschlagenden Weges erscheint es nötig, den von Föppl unternommenen Versuch zur Momentenermittlung im Falle einer exzentrischen Einzellast kritisch zu besprechen.

In der in Fußnote 17 erwähnten Abhandlung weist Föppl auf den Umstand hin, daß die strenge Lösung der Differentialgleichung in der nächsten Umgebung der belasteten Stelle unendlich große Biegungsspannungen liefert. Da dieses Ergebnis offenbar nicht richtig ist, so folgert Föppl, „daß die Differentialgleichung keinen brauchbaren Ausgangspunkt für eine Theorie bildet, die zur Berechnung der Biegungsspannungen führen soll" (S. 160). Anstatt der strengen Lösung stellt Föppl eine Näherungslösung für die elastische Fläche auf, die aus nur 3 Gliedern besteht. Die zugehörigen drei von den Randbedingungen unabhängigen Konstanten werden aus der Bedingung bestimmt, daß bei der wahren Gestalt der elastischen Fläche die virtuelle Arbeit der Last für jede virtuelle Formänderung der virtuellen Änderung der in der Platte aufgespeicherten Formänderungsarbeit (der Änderung der potentiellen Energie) gleich ist. Auf diese Weise ergibt sich nach einer sehr langwierigen Rechnung eine recht gute Näherungsgleichung für die elastische Fläche. Der Unterschied in dem Biegungspfeil nach der strengen und nach der Näherungslösung beträgt im ungünstigsten Fall nur 7 %. Zur Berechnung der Durchbiegungen wäre also die Näherungslösung an sich brauchbar, Föppl erblickt aber ihre Bedeutung darin, daß die Krümmung auch an der Lastangriffsstelle nicht unendlich wird, also die Näherungslösung in dieser Hinsicht der Wirklichkeit eher entspricht als die strenge. Infolgedessen betrachtet er seine Näherung als eine „Verbesserung" der strengen Lösung, die sich nach seiner Ansicht „jedenfalls mehr als diese für die Festigkeitsberechnung eignet". Die aus der Näherungslösung abgeleiteten Formeln für die Biegungsspannungen haben sich jedoch bei Versuchen mit Platten aus Fensterglas nicht genügend bewährt, weshalb auf ihre Wiedergabe in „Drang und Zwang" (wo die strenge Lösung für die fest eingespannte Platte mitgeteilt wird) verzichtet wurde.

Daß die von Föppl angewendete Methode nicht zum gewünschten Ergebnis geführt hat, ist nicht überraschend. In der Tat kommt es bei der Momentenermittlung auf die Krümmungsverhältnisse und nicht auf die Durchbiegungen der Platte an, und es ist nicht zu erwarten, daß eine Gleichung, die von der „theoretisch strengen Lösung" diesbezüglich in ziemlich willkürlicher Weise abweicht, Werte liefert, welche mit der Wirklichkeit trotzdem übereinstimmen.

Der wahre Grund, warum die „strenge Lösung" in ihrer ursprünglichen Form zur Ermittlung der Biegungsspannungen in unmittelbarer Nähe der Lasteintragungsstelle nicht geeignet ist, liegt darin, daß die Lasteintragung in Wirklichkeit niemals „punktförmig" ist, wie bei der Differentialgleichung vorausgesetzt wird, sondern auf einer Fläche geschieht, deren Breite im allgemeinen (bei Pilzdecken immer) größer ist, als die Plattenstärke. Dieser Umstand wird durch die Lösung von Föppl nicht erfaßt. Aus dem Widerspruch zwischen Wirklichkeit und Berechnung schließt er auf die Unbrauchbarkeit der strengen Lösung, anstatt deren Voraussetzungen zu prüfen[19]).

Die Richtigkeit der Differentialgleichung als solcher und ihre Brauchbarkeit für die Momentenermittlung kann aber nicht bezweifelt werden, sofern die Voraussetzungen den wahren Verhältnissen entsprechen. Die genaue Lösung kann in der Tat an keiner Stelle der Platte zu unendlich großen Spannungen führen, wenn sie wirklich „genau" ist, d. h. wenn bei der Spannungsberechnung die tatsächliche Größe der Lasteintragungsfläche eingeführt und die Annahme einer „punktförmigen" Belastung verlassen wird. Die Berücksichtigung der Art der Lasteintragung ist jedoch nur in unmittelbarer Nähe der Lastangriffsstelle nötig, schon in verhältnismäßig geringer Entfernung ist es gleichgültig, ob die Last „in einem Punkt konzentriert" oder auf eine kleine Fläche verteilt angenommen wird. Diese Tatsache wurde bereits von de Saint-Venant erkannt und von ihm als das Prinzip „der elastischen Gleichwertigkeit statisch gleichwertiger Lastensysteme" ausgesprochen. Bei der Untersuchung des elastischen Verhaltens eines Körpers in einiger Entfernung von der Lastangriffsstelle kann nach diesem Prinzip der Unterschied zwischen der Wirkung der wirklichen Lasten und ihrer Resultierenden vernachlässigt werden. Die Größe der Entfernung, außerhalb welcher diese Vernachlässigung zulässig ist, hängt von der

---

[19]) In seinen späteren Arbeiten, insbesondere in „Drang und Zwang" Bd. I S. 150, § 30 S. 196ff., sowie Bd. II § 83 S. 155ff. beschäftigt sich Föppl eingehend mit den Spannungsverhältnissen einer Platte in der Nähe der Lastangriffsstelle. In § 32 jedoch, wo die Kreisplatte mit einer exzentrischen Einzellast besprochen wird, gibt er keine Erklärung dafür, warum die von ihm abgeleitete Näherungsformel für die Biegungsspannungen durch Festigkeitsversuche nicht bestätigt wurde. Es erschien daher notwendig, diese Frage hier etwas ausführlicher zu erörtern, denn es mußte begründet werden, daß trotz der widersprechenden Ansicht Föppls die strenge Lösung der Differentialgleichung als Grundlage der Momentenermittlung gewählt werden konnte.

Eigenart der einzelnen Fälle ab und kann nicht ein für alle Male angegeben werden, im allgemeinen ist sie sehr klein.

Das Prinzip von de Saint-Venant hat auf die Entwicklung der Elastizitätstheorie sehr befruchtend gewirkt. Bei der vorliegenden Aufgabe ist dasselbe ebenfalls mit gutem Erfolg anwendbar, indem man die Föpplsche Durchbiegungsgleichung einer durch eine exzentrische Einzellast beanspruchten elastischen Kreisplatte zum Ausgangspunkt der Ermittlung der Momente $m_1, \ldots m_n$ wählt und die nahe Umgebung der Lastangriffsstellen, den Bereich der Stützenköpfe, von dem Gültigkeitsbereich der Lösung ausschließt. Wie die Bereiche innerhalb der Stützenköpfe zu behandeln sind, hat Nádai[20]) in einem Sonderfall gezeigt. Bei der Untersuchung der durch eine Einzelkraft in der Mitte belasteten Kreisplatte hat er zunächst vorausgesetzt, daß die Last innerhalb eines Kreises gleichmäßig verteilt auf die Platte übertragen wird. Auf diese Weise wird die Kreisplatte in ein inneres, belastetes Kreisgebiet und in ein äußeres, unbelastetes Ringgebiet zerlegt. Im äußeren Gebiet gilt die homogene, im inneren die inhomogene Plattengleichung, welche durch die Stetigkeitsbedingung am Randkreis miteinander verknüpft sind. Daraus ergeben sich in beiden Gebieten verschiedene Ausdrücke für die Momente. Der Halbmesser des Druckkreises (c) kann gegenüber dem Halbmesser des Randkreises (a) beliebig klein angenommen werden und die Momente bleiben auch im inneren Bereich endlich, solange das Verhältnis der beiden Halbmesser $\frac{c}{a}$ nicht zu 0 (bzw. der reziproke Wert nicht zu ∞) wird.

Die zahlenmäßigen Ergebnisse, zu welchen Nádai gelangt, indem er seine Lösung für das äußere (Ring-)Gebiet mit derjenigen für eine „punktförmig" angreifende Einzellast vergleicht, bestätigen den sehr guten Annäherungsgrad des de Saint-Venantschen Prinzips schon unmittelbar am Rand der Lasteintragungsfläche, wenn das Verhältnis $\frac{c}{a}$ klein, z. B. 0,1 ist. Man beherrscht also den Spannungszustand einer durch eine Einzellast beanspruchten Platte außerhalb der Lasteintragungsfläche mit völlig ausreichender Näherung durch die für die Einzelkraft gültige Lösung. Innerhalb der Lasteintragungsfläche können die Momente ebenfalls mit Hilfe dieser Lösung ermittelt werden, wenn man die Angriffsfläche der Einzellast mit einem kreisförmigen Schnitt aus der Platte herausschneidet, die „konzentrierte" Kraft auf die herausgeschnittene Fläche nach irgendeinem Gesetz zentralsymmetrisch verteilt und am Rande der abgetrennt gedachten Lasteintragungsfläche diejenigen Momente anbringt, welche in diesem Schnitt bei Punktbelastung wirken würden.

Die Art der Druckverteilung innerhalb der Lastangriffsfläche ist von verhältnismäßig untergeordneter Bedeutung. Nádai untersucht die in Abb. 8 dargestellten 4 Fälle (a. a. O. S. 65). Das Zusatzmoment, welches aus der Belastung des Druckkreises entsteht, ist im Fall 4 zwar doppelt so groß, wie im Fall 1, das Gesamtmoment aber, welches sich nach Anbringen der

[20]) Nádai a. a. O. S. 58.

Randmomente ergibt, nimmt bei einem Verhältnis $\frac{c}{a} = 0{,}1$ im Fall 4 gegenüber dem Fall 1 nur um etwa 25% zu.

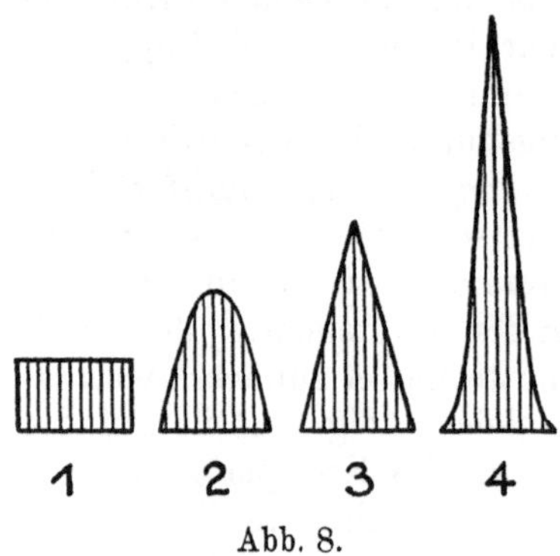

Abb. 8.

Die vorstehend an dem Beispiel einer durch eine zentrische Einzellast beanspruchten Kreisplatte erläuterte Methode läßt sich weitgehend verallgemeinern. Nádai sagt hierüber folgendes (S. 65—66):

„Nachdem der Spannungszustand einer beliebigen Platte in der Umgebung der Angriffsstelle einer (nicht auf dem Rande angreifenden) Einzelkraft sich nur um einen stetigen Spannungszustand mit den Momenten m_x, m_y, m_{xy} von dem obigen unterscheidet, kann die Regel zur Ermittlung der Biegungsbeanspruchung von Platten auf beliebige Randbedingungen und Randkurven erweitert werden, wenn die Kraft genügend stark konzentriert ist, um die Abmessungen ihrer Angriffsfläche als klein gegen die übrigen Abmessungen ansehen zu dürfen, und wenn die Druckverteilung nicht zu stark von einer der Umdrehungsflächen (Abb. 8) abweicht.“

Die hier ausgesprochenen Voraussetzungen treffen für die kreisförmig begrenzte Pilzdecke im allgemeinen zu.

Der Halbmesser der Lastangriffsfläche ist meistens nicht nur im Verhältnis zum Halbmesser der Gesamtfläche, sondern auch im Verhältnis zum gegenseitigen Stützenabstand (worauf es hauptsächlich ankommt) sehr klein. Der Einfluß einer Stützenkraft im Bereich des betr. Stützenkopfes ist gegenüber allen anderen Einflüssen so überwiegend, daß die Nádaische Näherung nach Anbringen der aus der allgemeinen Lösung erhaltenen Momente am Rande der herausgeschnitten gedachten Stützenkopffläche genügt. Die wirkliche Form der Stützenkopffläche und der Stützenkopfplatte (Kreis, Achteck, Quadrat usw.) ist dabei gleichgültig, was von Lewe (a. a. O. S. 115) nachgewiesen wurde [21].

Praktisch ist übrigens die Momentenermittlung im Bereiche der Stützenköpfe gar nicht notwendig, weil für die Bemessung der Platte über den Stützen die Momente in den Randquerschnitten der Stützenköpfe maßgebend sind. Infolge des monolithischen Zusammenhanges zwischen Platte und Stütze ist der wirksame Querschnitt der Pilzdecke im Bereich der Stützenköpfe bedeutend höher, als die eigentliche Plattenstärke, so daß in diesen Bereichen bei normaler Ausbildung der Stützenköpfe die Beanspruchungen der Platte trotz der größeren Momente kleiner bleiben, als am Stützenkopfrand, wie das verschiedene eigene Untersuchungen von gewöhnlichen Pilzdecken zeigen, die der Verfasser durchgeführt hat.

Auf Grund der in diesem Abschnitt entwickelten Überlegungen gelangt man zu folgendem Wege für die Ermittlung der Momente $m_1, \ldots m_n$:

Die Gleichung der elastischen Fläche einer, durch eine exzentrische Einzellast beanspruchten, am Rande frei aufliegenden Kreisplatte ist durch

[21]) Die Lösung von Lewe ist nicht einwandfrei, eine Ergänzung bzw. Berichtigung hat Dr.-Ing. Craemer veröffentlicht (Die Beanspruchung von Pilzdecken in der Nähe des Stützenkopfes, „Der Bauingenieur“ 1926 Heft 27 S. 534).

die Lösung von Föppl in Form einer Fourierschen Reihe gegeben. Aus dieser Gleichung wird durch Superposition die Gleichung der elastischen Fläche infolge einer Gruppe von zentralsymmetrisch verteilten, gleichen Einzellasten (Belastungszustände $X_1, X_2, \dots X_n$) abgeleitet, welche zur Berechnung der δ_{ii}, δ_{ik}-Werte, der Koeffizienten der Elastizitätsgleichungen dient. Die durch Superposition erhaltene Reihe ist im ganzen Bereich der Platte einschließlich der Lastangriffspunkte absolut und gleichmäßig konvergent (sie konvergiert viel schneller als die ursprüngliche von Föppl). Ihre ersten und zweiten Ableitungen sind, mit Ausnahme der Lastangriffsstellen, ebenfalls absolut und gleichmäßig konvergent. Die aus der Plattentheorie bekannten Ausdrücke für die Momente (s. S. 46) sind also in dem zu untersuchenden Bereich, aus welchem die Stützenkopfflächen ausgeschlossen sind, auch als absolut und gleichmäßig konvergente Reihen darstellbar [22]). Diese Reihen sind jedoch in der Form, wie sie sich aus der Ableitung ergeben, zur unmittelbaren zahlenmäßigen Anwendung wenig geeignet, da sie in einem großen Gebiet der Platte, insbesondere am Rand der Stützenköpfe, nur langsam konvergieren. Durch einige Kunstgriffe ist es möglich, zu geschlossenen Formeln zu gelangen, welche bequem ausgewertet und tabellarisch zusammengefaßt werden können. In gewissen Teilen der Platte konvergieren die Reihen so schnell, daß teilweise auch Vereinfachungen möglich sind.

Sind die Überzähligen $X_1, \dots X_n$ aus den Elastizitätsgleichungen ermittelt worden und sind andererseits die Momente $m_1, m_2, \dots m_n$ bekannt, so ist die gestellte Aufgabe gelöst, die Momente können nach Gl. (2) an einer beliebigen Stelle der Platte — mit Ausnahme der Bereiche der Stützenköpfe — berechnet werden. Innerhalb der Stützenköpfe kann die Berechnung nach Nádai durchgeführt werden, was sich jedoch meistens erübrigen dürfte.

---

[22]) Die Konvergenz der Reihen bleibt natürlich auch innerhalb der Stützkopfflächen erhalten, nur die theoretischen Lastangriffspunkte selbst bilden singuläre Stellen. Es ist aber im Sinne der vorangegangenen Erörterungen zu beachten, daß der einer theoretischen Punktlagerung entsprechende Momentenverlauf im Bereich der Stützenköpfe gestört wird, daß also die Reihen, welche außerhalb der Stützenköpfe die Momente darstellen, innerhalb derselben trotz der Konvergenz ihre Bedeutung als Momente verlieren.

III. Ermittlung der Formänderungsgrößen δ.

A. Die Durchbiegungen δ_{ii}, δ_{ik}.

1. Superposition der Föpplschen Reihe.

Die Gleichung der elastischen Fläche einer durch eine exzentrische Einzellast belasteten Kreisplatte lautet nach der von Föppl gegebenen Reihenentwicklung wie folgt:

$$w = R_0 + R_1 \cos\varphi + R_2 \cos 2\varphi + \cdots + R_n \cos n\varphi + \cdots \qquad (3)$$

Es werden dabei auf der Kreisplatte folgende Bezeichnungen gewählt (s. Abb. 9):

a = Halbmesser der Kreisplatte

r = der veränderliche Abstand der untersuchten Stelle Q vom Kreismittelpunkt

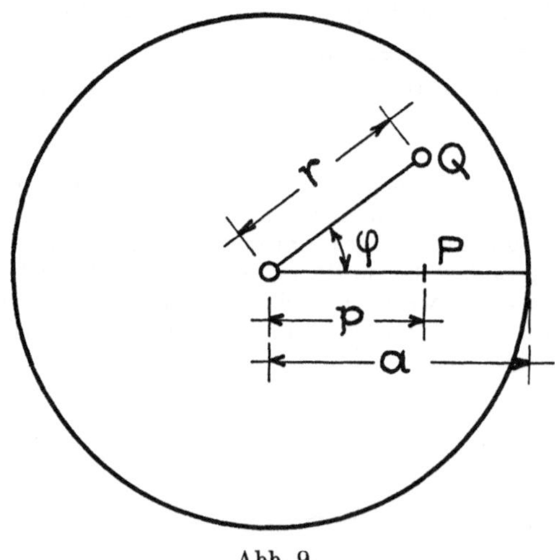

Abb. 9.

p = Abstand der Lastangriffsstelle P vom Kreismittelpunkt.

Durch den Kreis mit dem Halbmesser p wird die Kreisplatte in zwei Teilgebiete zerlegt, in ein inneres mit $r \leqq p$ und in ein äußeres mit $r \geqq p$.

In der Reihenentwicklung (3) bedeutet w die Durchbiegung der elastischen Fläche, φ den von r und p gebildeten Winkel. Die „R" sind Funktionen des veränderlichen r. Die Ausdrücke für „R" werden später

(S. 23) ausgeschrieben. Sie sind für die beiden Teilgebiete der Kreisplatte verschieden, für $r \geq p$ werden sie mit R, für $r \leq p$ mit R' bezeichnet und gehen auf dem Grenzkreis $r = p$ ineinander über (was eine selbstverständliche Stetigkeitsbedingung ist). Diese „R“-Funktionen müssen den Randbedingungen angepaßt werden, sie sind also verschieden, je nachdem die Platte am Rande frei aufliegt oder eingespannt ist. Nachstehend wird am Rande freie Auflagerung vorausgesetzt.

Greifen gleichzeitig h gleiche, zentralsymmetrisch verteilte Einzellasten an, so ergibt sich die Gleichung der elastischen Fläche der Kreisplatte durch Superposition:

$$w = \sum_{k=0}^{h-1} (R_0 + R_1 \cos \varphi_k + R_2 \cos 2\varphi_k + \cdots + R_n \cos n\varphi_k + \cdots) \tag{4}$$

wo mit $k = 0, 1, 2, \cdots (h-1)$ die Eckpunkte des regelmäßigen Vieleckes bezeichnet werden, in welchen die Lasten wirken. Sämtliche Funktionen R enthalten die Einzelkraft P als Faktor in der ersten Potenz. In dem Zustand $X_i = -1$ betragen die Einzelkräfte (die nach unten gerichtet und somit für die Platte als positiv einzuführen sind) je $\frac{1}{h_i}$, wo einfachheitshalber der Index i weggelassen werden kann, da hier eine beliebige symmetrische Lastengruppe betrachtet wird. Die Funktionen R seien für $P = 1$ mit $\overline{R}$ bezeichnet (also $R = P\overline{R}$), dann kann Gl. (4) wie folgt umgeformt werden:

$$\begin{aligned} w = \overline{R}_0 + \frac{1}{h}\overline{R}_1 \sum_{k=0}^{h-1} \cos \varphi_k + \frac{1}{h}\overline{R}_2 \sum_{k=0}^{h-1} \cos 2\varphi_k + \cdots \\ + \frac{1}{h}\overline{R}_n \sum_{k=0}^{h-1} \cos n\varphi_k + \cdots \end{aligned} \tag{4 a}$$

Nun ist

$$\varphi_k = \varphi + k\frac{2\pi}{h} \tag{5}$$

Das n-te Glied von Gl. (4 a) lautet daher in allgemeinster Form:

$$\frac{1}{h}\overline{R}_n \sum_{k=0}^{h-1} \cos n\left(\frac{2\pi k}{h} + \varphi\right)$$

Von diesem Summenglied läßt sich nachweisen, daß

$$\frac{1}{h}\overline{R}_n \sum_{k=0}^{h-1} \cos n\left(\frac{2k\pi}{h} + \varphi\right) = \begin{matrix} 0, \\ \overline{R}_n \cos n\varphi, \end{matrix} \quad \text{wenn } n \begin{matrix} \neq \\ = \end{matrix} ph, \tag{6}$$

wobei

$$\begin{aligned} n &= 1, 2, 3, \ldots \\ h &= 2, 3, 4, \ldots \\ p &= 1, 2, 3, \ldots \end{aligned}$$

Der Beweis läßt sich unter Zuhilfenahme von komplexen Größen sehr einfach wie folgt führen:

Es sei vorübergehend gesetzt:

$$\frac{2\pi n}{h} = \alpha, \quad n\varphi = \beta$$

Dann ist

$$\sum_{k=0}^{h-1} [\cos(\alpha k+\beta)+i\sin(\alpha k+\beta)] = \sum_{k=0}^{h-1} e^{i(\alpha k+\beta)} = e^{i\beta}\sum_{k=0}^{h-1} e^{i\alpha k} =$$

$$= e^{i\beta}[1+e^{i\alpha}+e^{2i\alpha}+\cdots+e^{(h-1)i\alpha}] = e^{i\beta}\frac{1-e^{i\alpha h}}{1-e^{i\alpha}} = e^{i\beta}\frac{e^{\frac{i\alpha h}{2}}\left(e^{\frac{i\alpha h}{2}}-e^{-\frac{i\alpha h}{2}}\right)}{e^{\frac{i\alpha}{2}}\left(e^{\frac{i\alpha}{2}}-e^{-\frac{i\alpha}{2}}\right)} =$$

$$= e^{i\beta}\cdot e^{i\alpha\frac{h-1}{2}}\frac{\sin\frac{\alpha h}{2}}{\sin\frac{\alpha}{2}} = e^{i\left[\alpha\frac{h-1}{2}+\beta\right]}\cdot\frac{\sin\frac{\alpha h}{2}}{\sin\frac{\alpha}{2}}$$

Trennt man wieder den reellen und den imaginären Teil voneinander, so wird

$$\sum_{k=0}^{h-1}\cos(\alpha k+\beta) = \cos\left[\frac{\alpha}{2}(h-1)+\beta\right]\frac{\sin\frac{\alpha h}{2}}{\sin\frac{\alpha}{2}} \tag{7}$$

$$\sum_{k=0}^{h-1}\sin(\alpha k+\beta) = \sin\left[\frac{\alpha}{2}(h-1)+\beta\right]\frac{\sin\frac{\alpha h}{2}}{\sin\frac{\alpha}{2}} \tag{8}$$

oder mit den ursprünglichen Bezeichnungen:

$$\sum_{k=0}^{h-1}\cos n\left(\frac{2k\pi}{h}+\varphi\right) = \cos n\left[\pi-\frac{\pi}{h}+\varphi\right]\frac{\sin n\pi}{\sin\frac{n\pi}{h}} \tag{7a}$$

$$\sum_{k=0}^{h-1}\sin n\left(\frac{2k\pi}{h}+\varphi\right) = \sin n\left[\pi-\frac{\pi}{h}+\varphi\right]\frac{\sin n\pi}{\sin\frac{n\pi}{h}} \tag{8a}$$

Der Zähler des zweiten Faktors ist immer null, so daß der ganze Ausdruck null ist, wenn der Nenner $\neq 0$, d. h. wenn $n \neq ph$. Damit ist der erste Teil des Satzes und auch der entsprechende Sinussatz bereits bewiesen. Ist dagegen $n = ph$, so wird auch der Nenner null und

$$\frac{\sin n\pi}{\sin\frac{n\pi}{h}} = \pm h$$

Das positive Vorzeichen gilt, wenn $\left(n-\frac{n}{h}\right) = (n-p)$ eine gerade Zahl ist, das negative, wenn $(n-p)$ eine ungerade Zahl ist. Somit ist

$$\sum_{k=0}^{h-1}\cos n\left(\frac{2k\pi}{h}+\varphi\right) = \pm h\cos[(n-p)\pi+n\varphi] = h\cos n\varphi\ ^{23)}$$

$$\sum_{k=0}^{h-1}\sin n\left(\frac{2k\pi}{h}+\varphi\right) = \pm h\sin[(n-p)\pi+n\varphi] = h\sin n\varphi$$

was zu beweisen war.

---

[23]) $\cos[(n-p)\pi+n\varphi] = \begin{matrix}\cos n\varphi,\\ -\cos n\varphi,\end{matrix}$ wenn $(n-p)$ eine $\begin{matrix}\text{gerade}\\ \text{ungerade}\end{matrix}$ Zahl ist. Dasselbe gilt für $\sin[(n-p)\pi+n\varphi]$.

Aus Gl. (6) folgt, daß in Gl. (4a) sämtliche Glieder verschwinden, deren Indizes nicht Vielfache von h sind. Die Reihe (4a) reduziert sich also auf folgende Glieder:

$$w = \overline{R}_0 + \overline{R}_h \cos h\varphi + \overline{R}_{2h} \cos 2h\varphi + \cdots + \overline{R}_{ph} \cos ph\varphi + \cdots \tag{4b}$$

$h = 2$ und $h = 3$ kommen praktisch kaum vor. $h = 4$ ist der bei weitem wichtigste Fall.

2. Die Funktionen R_0, R_n bzw. η_0, η_n.

Föppl gibt sowohl für das innere Gebiet ($r \leqq p$) als auch für das äußere ($r \geqq p$) 3 verschiedene Ausdrücke an: R_0, R_1, R_n. Von diesen kann R_1 nachstehend ganz außer acht gelassen werden, da dieses Glied bei der Superposition herausfällt. Bei der Ermittlung der δ_{ii}, δ_{ik}-Werte kann man sich auf das äußere Gebiet beschränken, da $\delta_{ik} = \delta_{ki}$, zu der Momentenberechnung müssen jedoch beide Gebiete herangezogen werden.

Bei freier Auflagerung ist nach Föppl a. a. O. S. 177 für $r \geqq p$ (äußeres Gebiet)

$$R_0 = \frac{Pa^2}{8K\pi}\left\{\frac{3m+1-(m-1)\frac{p^2}{a^2}}{2(m+1)}\left(1-\frac{r^2}{a^2}\right) - \frac{r^2+p^2}{a^2}\, ln\, \frac{a}{r}\right\}^{24)} \tag{9a}$$

$$R_n = \frac{Pa^2}{8K\pi}\cdot\frac{1}{n(n-1)}\left\{\left(\frac{p}{r}\right)^n\left(\frac{r^2}{a^2} - \frac{n-1}{n+1}\frac{p^2}{a^2}\right) + \right. \tag{10a}$$

$$\left. + \left(\frac{r}{a}\cdot\frac{p}{a}\right)^n \frac{(m+1)(n-1)\frac{p^2}{a^2} - (3m+1)n + (m+1)(n-1)\frac{r^2}{a^2} + (m-1)\frac{n(n-1)}{n+1}\frac{p^2r^2}{a^4}}{m(2n+1)+1}\right\}$$

für $r \leqq p$ (inneres Gebiet)

$$R_0' = \frac{Pa^2}{8K\pi}\left\{\frac{3m+1-(m-1)\frac{r^2}{a^2}}{2(m+1)}\left(1-\frac{p^2}{a^2}\right) - \frac{r^2+p^2}{a^2}\, ln\, \frac{a}{p}\right\} \tag{9b}$$

$$R_n' = \frac{Pa^2}{8K}\cdot\frac{1}{n(n-1)}\left\{\left(\frac{r}{p}\right)^n\left(\frac{p^2}{a^2} - \frac{n-1}{n+1}\frac{r^2}{a^2}\right) + \right. \tag{10b}$$

$$\left. + \left(\frac{r}{a}\cdot\frac{p}{a}\right)^n \frac{(m+1)(n-1)\frac{p^2}{a^2} - (3m+1)n + (m+1)(n-1)\frac{r^2}{a^2} + (m-1)\frac{n(n-1)}{n+1}\frac{p^2r^2}{a^4}}{m(2n+1)+1}\right\}$$

In diesen Formeln bedeutet:

m die Poissonsche Verhältniszahl,

$K = \frac{m^2Eh^3}{12(m^2-1)}$ die „Plattensteifigkeit",

h[25]) die Plattenstärke,

---

[24]) Mit „ln" wird nachstehend stets der natürliche Logarithmus bezeichnet. Das Argument des „ln" wird immer so geschrieben, daß es $\geqq 1$ ist, damit der ln positiv bleibt.

[25]) Es ließ sich nicht vermeiden, manchen Buchstaben, so z. B. h, i, m, p für zwei verschiedene Begriffe zu verwenden, der Unterschied ist jedoch so offensichtlich, daß kein Mißverständnis entstehen kann.

E den Elastizitätsmodul des Plattenmaterials,
P die angreifende Einzellast. In den Gl. (4a) und (6) wurde $P = 1$ vorausgesetzt,
p, r, a sind aus der Abb. 9 zu erkennen.

Im folgenden sei der reziproke Wert von m eingeführt $\nu = \frac{1}{m}$ und die Plattensteifigkeit nach Nádai mit N bezeichnet:

$$N = \frac{Eh^3}{12(1-\nu^2)}.$$

Die Rechenarbeiten werden wesentlich vereinfacht, wenn anstatt der Längen Verhältniszahlen eingeführt werden. Es wird daher in dieser ganzen Arbeit grundsätzlich immer nur mit Verhältniszahlen gerechnet und alles auf eine Kreisplatte mit dem Halbmesser 1 bezogen. Es sei

$$\frac{p}{a} = \varrho, \quad \frac{r}{a} = \alpha, \quad 0 \leqq \varrho < 1, \quad 0 \leqq \alpha \leqq 1,$$

ferner für das äußere Gebiet

$$\alpha \geqq \varrho, \quad \left(\frac{\varrho}{\alpha}\right)^h = \xi^h = \vartheta \qquad 0 \leqq \vartheta \leqq 1,$$

analog für das innere Gebiet

$$\alpha \leqq \varrho, \quad \left(\frac{\alpha}{\varrho}\right)^h = \xi'^h = \vartheta' \qquad 0 \leqq \vartheta' \leqq 1$$

und

$$(\alpha\varrho)^h = \zeta^h = \lambda \qquad \vartheta \geqq \lambda$$

(das Gleichheitszeichen gilt nur am Rande, wo $\alpha = 1$).

h bedeutet die Anzahl der zu einer Gruppe gehörenden Stützen. Außerdem sei $h\varphi = \psi$, wovon erst später Gebrauch gemacht wird. Durch Einsetzen der Verhältniszahlen ergeben sich folgende Formeln:

für $\alpha \geqq \varrho$ (äußeres Gebiet)

$$R_0 = \frac{Pa^2}{8N\pi}\left\{\frac{3+\nu-(1-\nu)\varrho^2}{2(1+\nu)}(1-\alpha^2)-(\alpha^2+\varrho^2)\,ln\,\frac{1}{\alpha}\right\} \tag{9a'}$$

$$R_n = \frac{Pa^2}{8N\pi}\left\{\frac{1}{n}\left(\frac{\varrho}{\alpha}\right)^n\left(\frac{\alpha^2}{n-1}-\frac{\varrho^2}{n+1}\right)+\frac{(\alpha\varrho)^n}{2n+1+\nu}\left[\frac{1+\nu}{n}(\alpha^2+\varrho^2)-\frac{3+\nu}{n-1}+\right.\right.$$
$$\left.\left.+\frac{1-\nu}{n+1}(\alpha\varrho)^2\right]\right\} \tag{10a'}$$

für $\alpha \leqq \varrho$ (inneres Gebiet)

$$R_0' = \frac{Pa^2}{8N\pi}\left\{\frac{3+\nu-(1-\nu)\alpha^2}{2(1+\nu)}(1-\varrho^2)-(\alpha^2+\varrho^2)\,ln\,\frac{1}{\varrho}\right\} \tag{9b'}$$

$$R_n' = \frac{Pa^2}{8N\pi}\left\{\frac{1}{n}\left(\frac{\alpha}{\varrho}\right)^n\left(\frac{\varrho^2}{n-1}-\frac{\alpha^2}{n+1}\right)+\frac{(\alpha\varrho)^n}{2n+1+\nu}\left[\frac{1+\nu}{n}(\alpha^2+\varrho^2)-\frac{3+\nu}{n-1}+\right.\right.$$
$$\left.\left.+\frac{(1-\nu)(\alpha\varrho)^2}{n+1}\right]\right\} \tag{10b'}$$

Nach Gl. (6) verschwinden bei der Superposition alle Glieder R_n, deren Index n nicht ein Vielfaches von h ist. Es kann also gesetzt werden: $n = hp$, wo $p = 1, 2, 3, \ldots$ und $h = 4, 6$, usw. (je nachdem wieviel Stützen zu einer Gruppe gehören). Auf diese Weise umgeformt wird

$$R_n = R_{hp} = \frac{Pa^2}{8N\pi}\left\{\frac{\vartheta^p}{hp}\left(\frac{a^2}{hp-1} - \frac{\varrho^2}{hp+1}\right) + \right.$$

$$\left. + \frac{\lambda^p}{2hp+1+\nu}\left[\frac{1+\nu}{hp}(a^2+\varrho^2) - \frac{3+\nu}{hp-1} + \frac{1-\nu}{hp+1}(a\varrho)^2\right]\right\} \quad (10a'')$$

$$R_n' = R'_{hp} = \frac{Pa^2}{8N\pi}\left\{\frac{\vartheta'^p}{hp}\left(\frac{\varrho^2}{hp-1} - \frac{a^2}{hp+1}\right) + \right.$$

$$\left. + \frac{\lambda^p}{2hp+1+\nu}\left[\frac{1+\nu}{hp}(a^2+\varrho^2) - \frac{3+\nu}{hp-1} + \frac{1-\nu}{hp+1}(a\varrho)^2\right]\right\} \quad (10b'')$$

$p = 1, 2, 3, \ldots$

Die letztere Schreibweise wird nur mit Rücksicht auf die Momentenermittlung eingeführt, vorerst wird davon kein Gebrauch gemacht.

Läßt man die Anzahl der Stützen h unendlich werden, so muß w in die Gleichung einer mit einer kreisförmigen Schneidenlast belasteten Kreisplatte übergehen. Da in diesem Fall laut Gl. (6) alle R_n verschwinden, wird $w = R_0$, so daß R_0 die Durchbiegungsgleichung der Kreisplatte für eine kreisförmige Schneidenlast darstellt.

Diese Identität wird durch einen Vergleich mit den aus der Literatur bekannten Formeln bestätigt, wobei natürlich die Verschiedenartigkeit der Bezeichnungen zu beachten ist. So ist z. B. dieser Belastungsfall zu finden:

1. In „Drang und Zwang“ Bd. I S. 183 Gl. 106;
2. Lewe a. a. O. S. 113 Gl. 21—23 [26]).

Mit $\varrho = 0$ geht R_0 in die Gleichung der elastischen Fläche einer mit einer Einzellast in ihrem Mittelpunkte belasteten Kreisplatte über (Gl. 11 auf S. 112 bei Lewe, Gl. 24 auf S. 60 bei Nádai).

$$w = \frac{Pa^2}{16N\pi}\left\{\frac{3+\nu}{1+\nu}(1-a^2) - 2a^2 \, ln \frac{1}{a}\right\}$$

Die Funktion bleibt auch für $a = \varrho = 0$ stetig, da bekanntlich

$$\lim_{x=0} x^2 \cdot ln \frac{1}{x} = 0.$$

R_0 und R_n enthalten die Poissonsche Konstante m bezw. deren reziproken Wert ν. Diese Zahl schwankt bei Beton innerhalb ziemlich weiter Grenzen, zu ihrer zuverlässigen Ermittlung müßten noch weitere Versuche durchgeführt werden. Marcus schreibt in seinem bereits erwähnten Buche (S. 36) über die Zahl m wie folgt:

---

[26]) Bei Lewe ist allerdings zu bemerken, daß er für das innere Gebiet eine anders gruppierte Formel als Gl. 21 mitteilt, die aber leicht umgestellt werden kann. In der für das äußere Gebiet gültigen Gl. 23 ist im Nenner ein Druckfehler, anstatt $2(1+\mu R^2)$ müßte es heißen: $2(1+\mu)R^2$.

„Obgleich die Ergebnisse der Bachschen Versuche die Vermutung rechtfertigen, daß unmittelbar vor dem Bruch die Zahl m nicht allein von der Grenze $m=\infty$ weit entfernt ist, sondern eher den niedrigsten Werten $m=5$ bis $m=2$ zustrebt und daß weiterhin in Übereinstimmung mit der alten Bruchtheorie die Plattenfestigkeit k_p höher als die Balkenfestigkeit k_b sein muß, dürfte es vorerst richtiger sein, die für den ungünstigsten Fall $m=\infty$ errechneten Grenzwerte der Hauptbiegungsmomente als maßgebend für die Anstrengung der Platte und somit auch für ihre Querschnittsbemessung zu betrachten."

Auch andere Verfasser[27]) machen diese Annahme, deren Zulässigkeit grundsätzlich auch in den „Bestimmungen des Deutschen Ausschusses für Eisenbeton" vom September 1925 dadurch anerkannt wird, daß nach § 17 Ziff. 9 Abs. 4 die trägerlosen Decken durch sich kreuzende Scharen von Längs- und Querbalken ersetzt werden können, die im Zusammenhang mit den Stützen die sog. „stellvertretenden Rahmen" bilden. Die Berechnung dieser „stellvertretenden Rahmen" geschieht ohne Rücksicht auf die Querdehnung des Materials, als ob $\nu=0$ wäre. Man wird daher in der Praxis auch das hier vorliegende System unter dieser Voraussetzung berechnen, was eine wesentliche Vereinfachung der Formeln ermöglicht.

Mit $\nu=0$ wird

Äußeres Gebiet:

$$R_0=\frac{Pa^2}{8N\pi}\left\{\frac{3-\varrho^2}{2}(1-\alpha^2)-(\alpha^2+\varrho^2)\,ln\frac{1}{\alpha}\right\}\quad(0\leqq\varrho\leqq\alpha\leqq1) \tag{11a}$$

$$R_n=\frac{Pa^2}{8N\pi}\left\{\frac{1}{n}\left(\frac{\varrho}{\alpha}\right)^n\left(\frac{\alpha^2}{n-1}-\frac{\varrho^2}{n+1}\right)+\frac{(\alpha\varrho)^n}{2n+1}\left[\frac{1}{n}(\alpha^2+\varrho^2)-\frac{3}{n-1}+\right.\right.$$
$$\left.\left.+\frac{1}{n+1}(\alpha\varrho)^2\right]\right\}=$$

$$R_{hp}=\frac{Pa^2}{8N\pi}\left\{\frac{\vartheta^p}{hp}\left(\frac{\alpha^2}{hp-1}-\frac{\varrho^2}{hp+1}\right)+\frac{\lambda^p}{2hp+1}\left[\frac{\alpha^2+\varrho^2}{hp}-\frac{3}{hp-1}+\right.\right.$$
$$\left.\left.+\frac{1}{hp+1}(\alpha\varrho)^2\right]\right\} \tag{12a}$$

Inneres Gebiet:

$$R_0'=\frac{Pa^2}{8N\pi}\left\{\frac{3-\alpha^2}{2}(1-\varrho^2)-(\alpha^2+\varrho^2)\,ln\frac{1}{\varrho}\right\}\quad(0\leqq\alpha\leqq\varrho<1) \tag{11b}$$

$$R_n'=\frac{Pa^2}{8N\pi}\left\{\frac{1}{n}\left(\frac{\alpha}{\varrho}\right)^n\left(\frac{\varrho^2}{n-1}-\frac{\alpha^2}{n+1}\right)+\frac{(\alpha\varrho)^n}{2n+1}\left[\frac{1}{n}(\alpha^2+\varrho^2)-\frac{3}{n-1}-\right.\right.$$
$$\left.\left.-\frac{1}{n+1}(\alpha\varrho)^2\right]\right\}=$$

$$R'_{hp}=\frac{Pa^2}{8N\pi}\left\{\frac{\vartheta'^p}{hp}\left(\frac{\varrho^2}{hp-1}-\frac{\alpha^2}{hp+1}\right)+\frac{\lambda^p}{2hp+1}\left[\frac{\alpha^2+\varrho^2}{hp}-\frac{3}{hp-1}+\right.\right.$$
$$\left.\left.+\frac{1}{hp+1}(\alpha\varrho)^2\right]\right\} \tag{12b}$$

---

[27]) Lewe a. a. O. S. 74; Nádai a. a. O. S. 22.

Bei der Reihenentwicklung für w kann der gemeinschaftliche Faktor $\frac{Pa^2}{8N\pi}$ ausgeklammert werden und es müssen bei der Summation nur die Klammerausdrücke beachtet werden. Es sei der zweifache Wert dieser Klammerausdrücke (der Faktor 2 wird mit Rücksicht auf R_0 eingeführt) mit η_0 bezw. η_n bezeichnet[28]), d. h.

$$\left.\begin{aligned} \eta_0 &= (3-\varrho^2)(1-\alpha^2) - 2(\alpha^2+\varrho^2)\, ln\frac{1}{\alpha} \\ \eta_n &= \frac{2}{n}\left(\frac{\varrho}{\alpha}\right)^n \left(\frac{\alpha^2}{n-1} - \frac{\varrho^2}{n+1}\right) + \frac{2(\alpha\varrho)^n}{2n+1}\left[\frac{1}{n}(\alpha^2+\varrho^2) - \right. \\ &\qquad \left. - \frac{3}{n-1} + \frac{1}{n+1}(\alpha\varrho)^2\right] \\ &\qquad n = hp \end{aligned}\right| 0 \leqq \varrho \leqq \alpha \leqq 1. \tag{13}$$

Dann wird

$$w = \frac{Pa^2}{16N\pi}\sum_{n=0}^{\infty} \eta_n \cos n\varphi = \frac{Pa^2}{16N\pi}\sum_{p=0}^{\infty} \eta_{hp} \cos hp\varphi.$$

Für die Zustände $X_1 = -1$, $X_2 = -1$, $\ldots X_n = -1$ ist $P = 1$, so daß

$$w = \frac{a^2}{16N\pi}\sum_{p=0}^{\infty} \eta_{hp} \cos hp\varphi = \frac{a^2}{16N\pi}\,\delta$$

wird.

Diese Formel dient zur Berechnung der Durchbiegungen, also der Beiwerte δ der Elastizitätsgleichungen. Der konstante Faktor $\frac{a^2}{16N\pi}$ kann noch weggelassen werden, wenn man beachtet, daß die Elastizitätsgleichungen in den Beiwerten δ homogen sind. Bei nachgiebiger Lagerung, wenn also ein inhomogenes Glied in der Gleichung auftritt, muß dieses dann natürlich mit dem Faktor $\frac{16N\pi}{a^2}$ multipliziert werden.

Somit erhalten wir die Beiwerte δ[29]) in Form der folgenden unendlichen Reihen:

$$\delta = \sum_{p=0}^{\infty} \eta_{hp} \cos hp\varphi \tag{14}$$

wo η_{hp} die in (13) ausgeschriebenen Funktionen sind.

---

[28]) Die Funktionen η_0 und η_n werden hier einfachheitshalber nur für $\nu = 0$ angeschrieben, da, wie vorstehend begründet, praktisch mit $\nu = 0$ gerechnet wird. Diese Vereinfachung bedeutet aber keine Einschränkung der Allgemeingültigkeit der Gleichungen (13) und der damit zusammenhängenden Untersuchungen. Letztere werden für $\nu \neq 0$ nur umständlicher, ohne daß sich an dem Gedankengang etwas ändern würde. Im IV. Abschnitt wird wieder allgemein $\nu \neq 0$ gesetzt.

[29]) Diese δ-Werte bedeuten also hier die $\frac{16N\pi}{a^2}$-fachen Durchbiegungen. Zur Vereinfachung wurde dafür keine neue Bezeichnung gewählt, woraus kein Mißverständnis entstehen dürfte.

Die den Funktionen R'_0, R'_n entsprechenden η'_0, η'_n wurden vorläufig nicht eingeführt, da aus dem Satze von Betti (s. S. 11) bewiesen wurde, daß $\delta_{ik} = \delta_{ki}$ ist, d. h., daß die Werte a und ϱ vertauschbar sind. Aus dieser Vertauschbarkeit von ϱ und a folgt, daß man sich auf das Gebiet $a \geqq \varrho$ — also auf die Funktionen R_0, R_n — beschränken kann. — (Bei der Momentenermittlung gilt diese Vereinfachung nicht mehr, dort werden die R_0', R_n' ebenso benötigt, wie R_0, R_n.)

3. Konvergenz der Reihen für δ.

Föppl hat die Reihe für die Durchbiegung aufgestellt, ohne auf den Beweis der Konvergenz einzugehen. Das erscheint jedoch umso notwendiger, als im weiteren Verlauf dieser Arbeit auch mit den Ableitungen dieser Reihen gerechnet werden muß.

Die Reihe (14) konvergiert sicher, wenn die Reihe $\Sigma|\eta_n|$ konvergiert. Diese letztere kann — wie aus dem Aufbau der η_n-Funktionen (Gl. 13) hervorgeht — in zwei Teilen ausgeschrieben werden. Wird wieder $\frac{\varrho}{a}$ mit ξ bezeichnet, ϱa mit ζ, so wird

$$\sum_{n=2}^{\infty} |\eta_n| \leqq \sum_{n=2}^{\infty} \frac{\xi^n}{n}\left(\frac{\text{const}}{n-1} + \frac{\text{const}}{n+1}\right) + \sum_{n=2}^{\infty} \frac{\zeta^n}{2n+1}\left(\frac{\text{const}}{n} + \frac{\text{const}}{n-1} + \frac{\text{const}}{n+1}\right)^{30)}$$

was die Konvergenz für $\varrho < a$ in Evidenz setzt, da dann beide Reihen schneller (und zwar wesentlich schneller) konvergieren, als die für $|x| < 1$ konvergente Potenzreihe $\sum\limits_{n=1}^{\infty} \frac{x^n}{n}$. — Für $a = \varrho$ bleibt die Konvergenz der zweiten Teilreihe evident, während sie für die erste Teilreihe nachgewiesen werden muß.

Das allgemeine Glied der ersten Teilreihe lautet für $a = \varrho$

$$\frac{\varrho^2}{hp}\frac{2}{[(hp)^2-1]} = \frac{2\varrho^2}{h^3}\cdot\frac{1}{p^3 - \frac{p}{h^2}}, \text{ wo } p = 1, 2, 3, \ldots$$

Mit zunehmendem p nähert sich der vorstehende Ausdruck immer mehr dem Wert $\frac{2\varrho^2}{h^3}\frac{1}{p^3}$, da das zweite Glied im Nenner gegenüber dem ersten mit wachsendem p immer mehr zurücktritt. Setzt man

$$\frac{1}{p^3 - \frac{p}{h^2}} = \frac{\mu_p}{p^3} \text{ so ist } 1 < \mu_p < \mu_{p-1} \quad p > 1\,.$$

Es ist demnach

$$\frac{2\varrho^2}{h^3}\sum_{p=1}^{\infty}\frac{1}{p^3 - \frac{p}{h^2}} = \frac{2\varrho^2}{h^3}\sum_{p=1}^{\infty}\frac{\mu_p}{p^3} < \frac{2\mu_1\varrho^2}{h^3}\sum_{p=1}^{\infty}\frac{1}{p^3}\,.$$

---

30) Der Ausdruck „const" soll nur andeuten, daß die betr. Glieder bei der Summation konstant, d. h. von n unabhängig sind, von a und ϱ sind sie natürlich abhängig.

Nun ist aber $\sum_{p=1}^{\infty} \frac{1}{p^3}$ konvergent, da ganz allgemein $\sum_{p} \frac{1}{p^\beta}$ für $\beta > 1$ konvergent ist[31]), so daß die Konvergenz von $\sum_{n=0}^{\infty} \eta_n$ und somit der Reihen (14) auch für $\alpha = \varrho$ bestehen bleibt. Die Reihe für δ ist also im ganzen Bereich der Kreisplatte, einschließlich der Lastangriffsstellen konvergent, und zwar, wie aus dem Beweis hervorgeht, absolut und gleichmäßig konvergent.

μ ist von 1 nur wenig verschieden, sein Höchstwert ist $\mu_1 = \frac{16}{15}$ (für $p = 1$, $h = 4$). Geht man in der Reihe für $h = 4$ nur bis zum dritten Glied, (η_{12}), so wird $\mu_3 = \frac{432}{429}$, woraus man die Geringfügigkeit des Fehlers erkennt, wenn bei $i > 3$ für $\sum_{p=i}^{\infty} \frac{1}{p^3 - \frac{p}{h^2}}$ einfach $\sum_{p=i}^{\infty} \frac{1}{p^3}$ gesetzt wird.

In den praktisch wichtigsten Fällen lautet die Reihe (14) wie folgt:

$\varphi = 0$

$$\delta = \eta_0 + \eta_h + \eta_{2h} + \cdots \tag{14a}$$

$\varphi = \frac{\pi}{h}$

$$\delta = \eta_0 - \eta_h + \eta_{2h} - \eta_{3h} + \cdots + (-1)^p \eta_{ph} + \cdots \tag{14b}$$

$\varphi = \frac{2\pi}{3h}$

$$\delta = \eta_0 - \frac{1}{2}(\eta_h + \eta_{2h}) + \eta_{3h} - \frac{1}{2}(\eta_{4h} + \eta_{5h}) + \cdots + \eta_{3ph} - \frac{1}{2}(\eta_{\overline{3p+1}h} + \eta_{\overline{3p+2}h}) + \cdots \tag{14c}$$

$\varphi = \frac{\pi}{2h}$

$$\delta = \eta_0 - \eta_{2h} + \eta_{4h} - \cdots + (-1)^p \eta_{2ph} + \cdots \tag{14d}$$

$\varphi = \frac{\pi}{3h}$

$$\delta = \left(\eta_0 + \frac{1}{2}\eta_h\right) - \left(\frac{1}{2}\eta_{2h} + \eta_{3h} + \frac{1}{2}\eta_{4h}\right) + \left(\frac{1}{2}\eta_{5h} + \eta_{6h} + \frac{1}{2}\eta_{7h}\right) - + \cdots + (-1)^p\left(\frac{1}{2}\eta_{\overline{3p-1}h} + \eta_{3ph} + \frac{1}{2}\eta_{\overline{3p+1}h}\right) + \cdots \tag{14e}$$

---

[31]) Der Zahlenwert von $\sum_{p=1}^{\infty} \frac{1}{p^3}$ wurde berechnet zu $\sum_{p=1}^{\infty} \frac{1}{p^3} = 1{,}20205690315959428540\ldots$; Cesaro-Kowalewski, Lehrbuch der algebraischen Analysis (Leipzig 1904, Verlag B. G. Teubner) S. 308.

$$\varphi = \frac{\pi}{4h}$$

$$\delta = \left(\eta_0 + \frac{\sqrt{2}}{2}\eta_h\right) - \left(\frac{\sqrt{2}}{2}\eta_{3h} + \eta_{4h} + \frac{\sqrt{2}}{2}\eta_{5h}\right) + \left(\frac{\sqrt{2}}{2}\eta_{7h} + \eta_{8h} + \frac{\sqrt{2}}{2}\eta_{9h}\right) - + \cdots$$
$$+ (-1)^p \left(\frac{\sqrt{2}}{2}\eta_{\overline{4p-1}h} + \eta_{4ph} + \frac{\sqrt{2}}{2}\eta_{\overline{4p+1}h}\right) + \cdots \quad (14f)$$

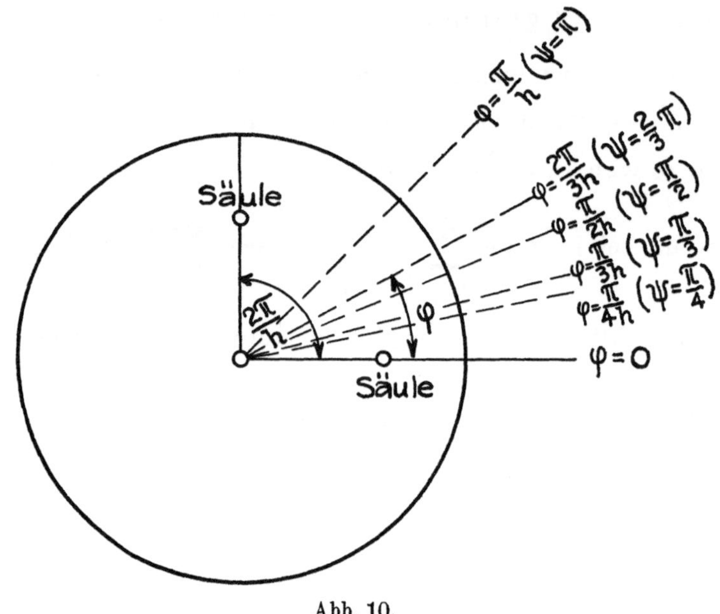

Abb. 10.

Mit Hilfe einer genauen mathematischen Untersuchung, die hier wegen ihrer Langwierigkeit nicht wiedergegeben werden soll, kann nachgewiesen werden, daß die Funktionen η_n für sämtliche Werte von n im ganzen Bereich der Kreisplatte positiv sind. Da hier φ immer einen rationalen Bruchteil von 2π bedeutet, wechseln nach der Multiplikation mit $\cos p h \varphi$ für ein bestimmtes $\varphi \neq 0$ positive und negative Glieder periodisch ab. Wird die Reihe nach einer solchen periodischen Gruppe abgebrochen, so gilt für den begangenen Fehler die für alternierende Reihen bekannte Fehlerabschätzung, daß der Fehler kleiner ist als das erste weggelassene Glied bzw. Gruppe, also a fortiori kleiner als das letzte berechnete Glied bzw. Gruppe. Dabei kann die Abschätzung der Gruppe auf das Abschätzen des ersten Gliedes der Gruppe beschränkt werden, da die Glieder monoton abnehmen und somit bei dem Abschätzen immer das erste Glied der Gruppe für die folgenden genommen werden kann.

Für $\varphi = 0$ ist $\cos n\varphi = 1$, so daß sämtliche Glieder der Reihe (14) positiv sind. In diesem Fall kann die Potenzreihe $\sum \frac{x^n}{n}$ zur Fehlerabschätzung herangezogen werden. Der Fall $x = 1$ wurde bereits behandelt, für $x < 1$ ist die Konvergenz noch besser.

Aus den nachstehend noch näher zu besprechenden Tabellen I—VI geht die sehr rasche Konvergenz der Reihe (14) klar hervor. Der begangene Fehler bleibt bei Vernachlässigung der Glieder höherer Ordnung sehr bald unter einer, den praktischen Bedürfnissen vollkommen genügenden Grenze, so daß es immer genügt, sich auf die ersten 3—5 Glieder zu beschränken. Infolgedessen hat es keinen Zweck, durch mathematische Kunstgriffe nach geschlossenen Formeln zu suchen, wie dies bei der Momentenberechnung geschieht (S. 53 ff.).

4. Berechnung der δ-Werte.

Die Auswertung von η_0 und η_n nach Gl. (13) in jedem Einzelfall würde zwar grundsätzlich gar keine Schwierigkeiten bieten, wäre aber recht umständlich. Zur Vereinfachung dieser Arbeit wurden folgende Hilfstafeln aufgestellt:

Tabelle I: η_0
„ II: η_4
„ III: η_6
„ IV: η_8
„ V: η_{12}
} für alle $\alpha, \varrho = 0;\ 0{,}05;\ 0{,}10 \ldots 0{,}95$ $(\nu = 0)$

„ VI: $\eta_4, \eta_8 \ldots \eta_{36}$ für alle $\varrho = \alpha = 0{,}05;\ 0{,}10 \ldots 0{,}95$.

Die Tabellenzahlen sind mit 5 Dezimalstellen angegeben, wobei die letzte Ziffer um höchstens 2 Einheiten ungenau sein kann. Dieser Genauigkeitsgrad ist auch bei einer sehr großen Zahl von Unbekannten mehr als ausreichend.

Aus den Tabellen ist u. a. zu erkennen, daß der überhaupt auftretende Größtwert von η_n sich mit zunehmendem n immer mehr dem Rand nähert. Die Tabelle VI veranschaulicht am deutlichsten die schnelle Abnahme von η_n, nicht nur für kleine Werte von ϱ, sondern auch für solche Laststellungen, die in der Nähe des Randes sind, und für welche die Reihe $\sum\limits_n R_n \cos n\varphi$ verhältnismäßig langsamer konvergiert. Die zu einer Laststellung ($\varrho =$ konst) gehörenden η_n-Funktionen haben ihr Maximum in unmittelbarer Nähe von ϱ. Die Stelle des Maximums nähert sich mit zunehmendem n immer mehr zu ϱ und kann für $n \geqq 12$ praktisch in ϱ selbst angenommen werden ($\alpha = \varrho$).

Nachfolgend soll die Anwendung der Tabellen I—VI gezeigt werden. Unter den δ-Werten ist zu unterscheiden zwischen solchen, deren beide Indizes gleich sind (δ_{ii}) und zwischen solchen, die zwei verschiedene Indizes haben (δ_{ik}). Sind die Indizes verschieden, so ist ferner zu unterscheiden, je nachdem $\varrho = \alpha$ oder $\varrho < \alpha$

a) δ_{ii}.

Da $\varphi = 0$, so ist hier Gl. (14a) gültig, d. h. $\eta = \eta_0 + \eta_h + \eta_{2h} + \ldots \eta_{ih} + \ldots$

Es genügt fast immer, nur bis zum 3. Glied zu gehen und den Rest der Reihe durch $\frac{4\varrho^2}{h^3} \sum\limits_{p=3}^{\infty} \frac{1}{p^3}$ zu ersetzen. Der letztere Wert ist:

$$\frac{4\varrho^2}{h^3}\sum_{p=3}^{\infty}\frac{1}{p^3}=\frac{4\varrho^2}{h^3}(1{,}2020569-1{,}00000-0{,}125000)=\frac{4\varrho^2}{h^3}\,0{,}0770569\,. \quad (15)$$

Mit $h = 4$ wird also die Restsumme $= 0{,}004816\,\varrho^2$. (15a)

Zu den Näherungsgleichungen (15) und (15a) ist folgendes zu bemerken:

Die Funktionen η_n können in der nachstehenden Form angeschrieben werden:

$$\eta_n = f_1(\xi) - f_2(\zeta),$$

wo sowohl f_1 als f_2 positive Funktionen sind. Für $\varrho = \alpha$ wird $\xi = 1$. Dieser Fall wurde auf S. 28 bereits behandelt. Die Näherung in Gl. (15), (15a) besteht darin, daß in den einzelnen η-Werten bei f_1 im Nenner p gegenüber p^3 und das Glied $f_2(\zeta)$ vernachlässigt wurde. Die erste Vernachlässigung bedeutet eine sehr kleine Verringerung der η-Werte (siehe S. 29), die zweite eine Vergrößerung. Die Geringfügigkeit dieses zweiten Einflusses wird klar, wenn man bedenkt, daß $\zeta = \varrho^2$ und daß wenn $h = 4$, $\lambda = \varrho^8$. Mit $p = 3$ ist das erste vernachlässigte Glied $f_2(\zeta) < \frac{\varrho^{24}}{45}$ wobei praktisch auch bei sehr großen Grundflächen $\varrho < 0{,}85$ sein wird. Die beiden „Fehler" heben sich also teilweise gegenseitig auf und sind schon an sich so klein, daß die sich aus Gl. (15), (15a) ergebenden Zahlenwerte praktisch als genau angesprochen werden können.

So ist z. B. für $\varrho = 0{,}70$

$$\sum_{p=3}^{\infty}\eta_{4p} = 0{,}004816.0{,}70^2 = 0{,}00237\,.$$

Aus Tabelle VI ergibt sich für $\sum_{p=3}^{9}\eta_{4p}$:

$$\begin{aligned}\eta_{12} &= 0{,}00114\\ \eta_{16} &= 0{,}00048\\ \eta_{20} &= 0{,}00025\\ \eta_{24} &= 0{,}00014\\ \eta_{28} &= 0{,}00009\\ \eta_{32} &= 0{,}00006\\ \eta_{36} &= 0{,}00004\\ \hline \sum_{3}^{9} &= 0{,}00220\end{aligned}$$

Durch Gl. (15) werden **alle** Glieder der Reihe erfaßt, während die obenstehend berechnete Summe sich nur bis zu $p = 9$ erstreckt. Man sieht auch aus η_{36}, daß die in der Tabelle nicht mehr enthaltenen Glieder noch einen Einfluß auf die Summe haben müssen, der allerdings nicht mehr erheblich ist, der aber die Summe weiter vergrößert.

Bei kleineren ϱ-Werten liefert die Tab. VI fast genau dieselbe Zahl wie die Gl. (15a). So ist z. B. für $\varrho = 0{,}35$

$$\sum_{p=3}^{\infty}\frac{1}{p^3} = 0{,}004816.0{,}35^2 = 0{,}00059\,,$$

während nach Tab. VI

$$\begin{aligned} \eta_{12} &= 0{,}00029 \\ \eta_{16} &= 0{,}00012 \\ \eta_{20} &= 0{,}00006 \\ \eta_{24} &= 0{,}00004 \\ \eta_{28} &= 0{,}00002 \\ \eta_{32} &= 0{,}00001 \\ \eta_{36} &= 0{,}00001 \\ \hline \sum_{3}^{9} &= 0{,}00055 \end{aligned}$$

Der Gesamtwert δ_{ii} ist also unter Benutzung von Gl. (15):

$$\delta_{ii} = \eta_0 + \eta_h + \eta_{2h} + 0{,}3082276 \frac{\varrho^2}{h^3} \qquad (16)$$

Für h = 4 ist

$$\delta_{ii} = \eta_0 + \eta_4 + \eta_8 + 0{,}004816\,\varrho^2. \qquad (16\,a)$$

Ist $h \geqq 6$, so kann man sich sogar auf η_h beschränken und η_{2h} in das Restglied aufnehmen, für welchen Fall die Formel wie folgt lautet:

$$\delta_{ii} = \eta_0 + \eta_h + 0{,}8082276 \frac{\varrho^2}{h^3} \qquad (16\,b)$$

Die Tabellen sind für $h = 4$, 6, 8 unmittelbar benutzbar.

Die Gesamtwerte δ_{ii} ergeben sich in den beiden behandelten Fällen nach Gl. (16 a) (mit Hilfe der Tabellen).

$$\varrho = 0{,}70,\ \delta_{ii} = 0{,}58102 + 0{,}02361 + 0{,}00378 + 0{,}00237 = 0{,}61078$$
$$\varrho = 0{,}35,\ \delta_{ii} = 2{,}01059 + 0{,}00813 + 0{,}00097 + 0{,}00059 = 2{,}02027.$$

Aus diesen Zahlen ist der überwiegende Einfluß des ersten Gliedes η_0, sowie die rasche Konvergenz zu ersehen. Jedes der angeschriebenen Glieder ist größer als die Summe der sämtlichen darauffolgenden. Das erste Glied η_0, welches einer schneidenförmigen Lagerung bzw. Belastung der Kreisplatte entspricht, wird als Hauptwert von δ bezeichnet. Eine etwaige Ungenauigkeit in der letzten oder auch in der vorletzten Ziffer (und nur um eine solche kann es sich hier handeln), spielt praktisch gar keine Rolle und ist prozentual verschwindend klein.

b) δ_{ik} mit $\varrho = a$.

Im allgemeinen wird die Säulenteilung soweit regelmäßig sein, daß die zu demselben ϱ gehörenden, also auf demselben Kreis liegenden Säulen alle ein regelmäßiges Vieleck bilden. Es ist also $\varphi = \frac{\pi}{h}, \frac{\pi}{2h}, \frac{\pi}{3h}, \frac{\pi}{4h}$ usw., so daß eine der Gl. (14 b)—(14 f), oder eine ähnliche in Frage kommt. Hier leistet die Tabelle VI besonders gute Dienste.

1. Beispiel: $h = 4$, $\varrho = \alpha = 0{,}70$, $\varphi = \frac{\pi}{4}$

Positive Glieder:	Negative Glieder:
$\eta_0 = 0{,}58102$	$-\eta_4 = -0{,}02361$
$\eta_8 = 0{,}00378$	$-\eta_{12} = -0{,}00114$
$\eta_{16} = 0{,}00048$	$-\eta_{20} = -0{,}00025$
$\eta_{24} = 0{,}00014$	$-\eta_{28} = -0{,}00009$
$\eta_{32} = 0{,}00006$	$-\eta_{36} = -0{,}00004$
$\delta = 0{,}58548$	$-0{,}02513 = 0{,}56035$

Aus dem Bildungsgesetz der Reihe folgt, daß $0{,}56035 < \delta < 0{,}56035 + |\eta_{36}| = 0{,}56039$, man setzt also

$$\delta = \frac{1}{2}(0{,}56035 + 0{,}56039) = 0{,}56037$$

2. Beispiel: $h = 4$, $\varrho = \alpha = 0{,}35$, $\varphi = \frac{\pi}{4}$

Positive Glieder:	Negative Glieder:
$\eta_0 = 2{,}01059$	$-\eta_4 = -0{,}00812$
$\eta_8 = 0{,}00097$	$-\eta_{12} = -0{,}00029$
$\eta_{16} = 0{,}00012$	$-\eta_{20} = -0{,}00006$
$\eta_{24} = 0{,}00004$	$-\eta_{28} = -0{,}00002$
$\eta_{32} = 0{,}00001$	$-\eta_{36} = -0{,}00001$
$\delta = 2{,}01173$	$-0{,}00850 = 2{,}00323$

In ähnlicher Weise wird man bei anderen Werten von φ vorgehen und δ zwischen zwei nahe zueinanderliegende Zahlen einschränken.

c) δ_{ik} mit $\varrho \neq \alpha$.

Man kann sich, wie bewiesen wurde, auf den Fall $\alpha > \varrho$ beschränken. Ist $\varphi = 0$, so muß aus praktischen Gründen ein ziemlicher Unterschied zwischen α und ϱ bestehen, da sonst die Stützen zu nahe zueinander kämen. So wäre bei einem Kreishalbmesser von 30 m und einem Säulenabstand von 4,5 m $\alpha - \varrho = 0{,}15$. Nun nimmt aber η mit wachsender Entfernung von ϱ bei größeren Werten immer rascher ab und so haben hier die höheren Glieder der Reihe einen noch viel geringeren Einfluß auf δ_{ik}, als bei δ_{ii} für $\alpha = \varrho$. Ist $\varphi \neq 0$, so wird wieder $\varphi = \frac{\pi}{h}, \frac{\pi}{2h}, \frac{\pi}{3h}$ usw., die Reihe ist alternierend und die Glieder heben sich teilweise auf. Es ist zu beachten, daß der größte ϱ-Wert, welcher in diesem Fall in Frage kommt, zu der von außen gerechnet zweiten Säulenreihe gehört, und somit auch bei sehr großem Halbmesser kaum über 0,80 steigen wird. Im allgemeinen wird es also nicht notwendig sein, über η_{12} hinauszugehen, so daß die Tab. II—V genügen, und zwar für alle Werte von φ.

Es sei $h = 4$, $\varrho = 0{,}35$, $\alpha = 0{,}70$

$\varphi = 0$	$\varphi = \frac{\pi}{4}$	
$\eta_0 = 1{,}03060$	$\eta_0 = 1{,}03060$	$-\eta_4 = -0{,}00367$
$\eta_4 = 0{,}00367$	$\eta_8 = 0{,}00005$	$-\eta_{12} = -0{,}00001$
$\eta_8 = 0{,}00005$	$\delta = 1{,}03065$	$-0{,}00368 = 1{,}02697$
$\eta_{12} = 0{,}00001$		
$\delta = 1{,}03433$		

Hier hätte man schon η_{12} vernachlässigen können. Der Einfluß von η_n ist bei gemischten Indizes noch kleiner als bei gleichen Indizes. So ist $\sum_{n=1}^{\infty} \eta_n$ in Prozenten von δ

	$\varphi = 0$	$\varphi = \frac{\pi}{4}$
$\varrho = \alpha = 0{,}70$	4,87 %	4,50 %
$\varrho = \alpha = 0{,}35$	0,48 %	0,37 %
$\varrho = 0{,}35,\ \alpha = 0{,}70$	0,36 %	0,36 %

Daraus erkennt man die Geringfügigkeit des Fehlers, der bei δ_{ik} durch Vernachlässigung der η_n mit $n \geq 16$ entsteht.

Die gewählte Teilung des Halbmessers in 20 gleiche Teile dürfte in den meisten praktischen Fällen genügen. Ist man jedoch gezwungen, die Säulenstellungen anders anzuordnen, als es der Tabellenteilung entspricht, so können die zugehörigen Werte aus den Tab. III—VI und zum größten Teil auch aus Tab. II durch Interpolation gewonnen werden. Nur die Tab. I eignet sich nicht zu einer Interpolation, η_0 muß also dann unmittelbar aus Gl. (13) ausgerechnet werden.

B. Die Durchbiegungen δ_{i0}.

1. Vollbelastung.

Die Gleichung der elastischen Fläche lautet[32])

$$w = \frac{p_0}{64(1+\nu)N}\left[(5+\nu)a^4 - 2(3+\nu)a^2r^2 + (1+\nu)r^4\right] \quad . \; . \; . \quad (17)$$

Setzt man $P = p_0 a^2 \pi$ und führt man wieder Verhältniszahlen ein, so wird

$$w = \frac{Pa^2}{(1+\nu)\,64\,N\pi}\left[5+\nu - 2(3+\nu)\alpha^2 + (1+\nu)\alpha^4\right] \qquad (17\text{a})$$

Mit $\nu = 0$ wird

$$w = \frac{Pa^2}{64\,N\pi}(5 - 6\alpha^2 + \alpha^4) = \frac{Pa^2}{16\,N\pi}\eta_g,$$

wenn

$$\eta_g = \frac{1}{4}(5 - 6\alpha^2 + \alpha^4) \qquad (17\text{b})$$

gesetzt wird.

Tab. VII enthält die η_g-Werte für $\alpha = 0,\ 0{,}05 \ldots 0{,}95$. Zwischenwerte müssen aus Gl. (17b) rechnerisch ermittelt werden.

2. Teilweise (kreis- oder kreisringförmige) Belastung.

Die hierfür von Föppl abgeleiteten Formeln sind zwar für die unmittelbare Auswertung etwas umständlich und können auch entbehrt werden, sie seien jedoch der Vollständigkeit halber wiedergegeben.

---

[32]) Siehe z. B. Nádai a. a. O. S. 57 Gl. 19.

In „Drang und Zwang" Bd. I S. 178 ff. ist der Fall behandelt, daß die Platte in der Mitte von $r=0$ bis $r=b$ eine gleichförmig verteilte Belastung p_0 und darüber hinaus von $r=b$ bis $r=a$ eine andere, ebenfalls gleichförmig verteilte Last p_1 zu tragen hat. Setzt man in den Föpplschen Formeln $p_1=0$ bzw. $p_0=0$, so ergeben sich die Formeln für beliebige teilweise Kreisbelastung bzw. kreisringförmige Belastung, welche innen beliebig, außen vom Plattenrand begrenzt wird. Durch Superposition von zwei entgegengesetzt wirkenden teilweisen Kreisbelastungen können dann auch beliebige Ringbelastungen erledigt werden.

Die Föpplschen Gleichungen lauten mit seinen Bezeichnungen:

Für das innere Gebiet $r \leqq b$

$$w_i = k\left\{b^2(p_0-p_1)\left[\frac{(12m+4)a^2-(7m+3)b^2}{m+1} - 4b^2 ln\frac{a}{b}\right] + \frac{5m+1}{m+1}p_1 a^4 - \right.$$
$$\left. - 8b^2(p_0-p_1)r^2\left[\frac{4ma^2-(m-1)b^2}{4(m+1)a^2} + ln\frac{a}{b}\right] - \frac{6m+2}{m+1}p_1 a^2 r^2 + p_0 r^4\right\} \quad (18)$$

Für das äußere Gebiet:

$$w_a = k\left\{4b^2(b^2+2r^2)(p_0-p_1) ln\frac{r}{a} + \frac{2b^2(a^2-r^2)(p_0-p_1)}{m+1}\left[6m+2-(m-1)\frac{b^2}{a^2}\right] + \right.$$
$$\left. + \frac{5m+1}{m+1}p_1 a^4 + p_1 r^4 - 2\frac{3m+1}{m+1}p_1 a^2 r^2\right\} \quad (19)$$

Hier ist $k=\frac{3(m^2-1)}{16m^2Eh^3}$, die Bedeutung der anderen Buchstaben ist bereits bekannt.

Es seien wieder Verhältniszahlen eingeführt $\frac{1}{m}=\nu$, $\frac{r}{a}=\alpha$, $\frac{b}{a}=\varrho$ (ϱ soll die Grenze der Belastung bezeichnen und somit, wie früher, die Laststellung charakterisieren), ferner sei

$$N=\frac{Eh}{12(1-\nu^2)}=\frac{1}{64k}, \quad k=\frac{1}{64N}$$
$$P_0=p_0 b^2\pi, \quad P_1=p_1 b^2\pi.$$

Für teilweise Kreisbelastung ($P_1=0$) wird

$$w_i=\frac{P_0 a^2}{16N\pi}\left\{\left[\frac{4(3+\nu)-(7+3\nu)\varrho^2}{4(1+\nu)} - \varrho^2 ln\frac{1}{\varrho}\right] - \alpha^2\left[\frac{4-(1-\nu)\varrho^2}{2(1+\nu)} + \right.\right.$$
$$\left.\left. + 2 ln\frac{1}{\varrho}\right] + \frac{\alpha^4}{4\varrho^2}\right\} \quad (20)$$

$$w_a=\frac{P_0 a^2}{16N\pi}\left\{-(\varrho^2+2\alpha^2) ln\frac{1}{\alpha} + \frac{1-\alpha^2}{2(1+\nu)}\left[6+2\nu-(1-\nu)\varrho^2\right]\right\} \quad (21)$$

Für Ringbelastung von ϱ bis 1 ($P_0=0$) wird:

$$w_i=\frac{P_1 a^2}{16N\pi}\left\{-\frac{4(3+\nu)-(7+3\nu)\varrho^2}{4(1+\nu)} + \varrho^2 ln\frac{1}{\varrho} + \frac{5+\nu}{4(1+\nu)}\frac{1}{\varrho^2} + \right.$$
$$\left. + \alpha^2\left[\frac{4-(1-\nu)\varrho^2}{2(1+\nu)} + 2 ln\frac{1}{\varrho}\right] - \frac{3+\nu}{2(1+\nu)}\frac{\alpha^2}{\varrho^2}\right\} \quad (22)$$

$$w_a = \frac{P_1 a^2}{16 N \pi} \left\{ (\varrho^2 + 2\alpha^2) \ln \frac{1}{\alpha} - \frac{1-\alpha^2}{2(1+\nu)} \left[6 + 2\nu - (1-\nu)\varrho^2 \right] + \right.$$
$$\left. + \frac{5+\nu}{4(1+\nu)} \frac{1}{\varrho^2} + \frac{\alpha^4}{4\varrho^2} - \frac{3+\nu}{2(1+\nu)} \frac{\alpha^2}{\varrho^2} \right\} \tag{23}$$

Die unmittelbare Auswertung dieser Formeln ist recht unbequem, auch wenn $\nu = 0$ gesetzt wird. Man ist aber auf die Gl. (18)—(23) nicht angewiesen, die δ_{i0}-Werte können auch einfacher berechnet werden. Dieser Vereinfachung liegt folgender Gedanke zugrunde:

Die stetige, ringförmige Belastung kann durch entsprechend kleine Zerlegung auf eine Summe von Schneidenlasten zurückgeführt werden, für welche der Maxwellsche Satz anwendbar ist. Die Durchbiegung der Kreisplatte infolge der gesamten ringförmigen Belastung wird auf diese Weise als die Summe von, durch Schneidenlasten hervergerufenen Durchbiegungen erzeugt, was den Gebrauch von Tab. I bzw. einer sich daraus ergebenden weiteren Tab. (VII) ermöglicht.

Die rechnerische Durchführung dieses Gedankens gestaltet sich folgendermaßen:

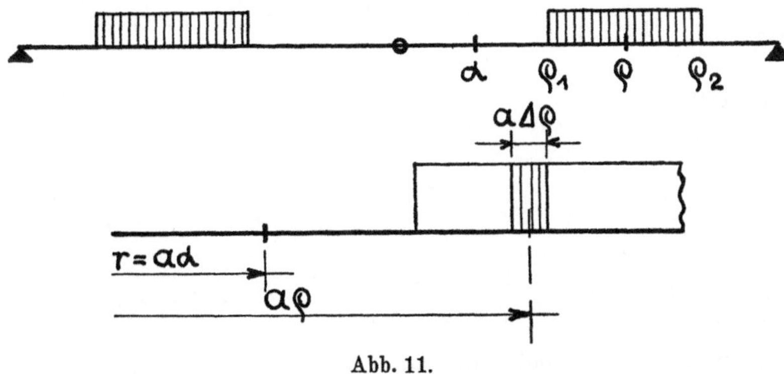

Abb. 11.

Es sei die Durchbiegung δ_α an der Stelle α infolge einer gleichmäßig verteilten Ringbelastung p gesucht, die sich von ϱ_1 bis ϱ_2 erstreckt (Abb. 11). Die Durchbiegung infolge eines kreisringförmigen Laststreifens mit dem Halbmesser $a\varrho$ und der Breite $a\Delta\varrho$ ist

$$\Delta\delta_\alpha = p a^2 2\pi \delta_{\alpha\varrho} \Delta\varrho \cdot \varrho$$

wo $\delta_{\alpha\varrho}$ die Durchbiegung an der Stelle α infolge einer Schneidenlast $P = 1$ an der Stelle ϱ bedeutet. Es ist also

$$\delta_{\alpha\varrho} = \begin{cases} \dfrac{a^2}{16 N\pi} \eta_0 & \text{wenn } \alpha > \varrho \\[2ex] \dfrac{a^2}{16 N\pi} \eta_0' & \text{wenn } \alpha < \varrho \end{cases}$$

Nach dem Satz von Maxwell können α und ϱ vertauscht werden: $(\eta_0)_{\alpha\varrho} = (\eta_0')_{\varrho\alpha}$, wenn $\alpha > \varrho$ (und umgekehrt).

Somit ist

$$\delta_\alpha = \begin{cases} \dfrac{a^4 p}{16N} \, 2\displaystyle\int_{\varrho_1}^{\varrho_2} (\eta_0')_{\varrho\alpha}\, \varrho\, d\varrho & \alpha \geqq \varrho_1, \varrho_2 \quad (24\,\mathrm{a}) \\ \dfrac{a^4 p}{16N} \, 2\displaystyle\int_{\varrho_1}^{\varrho_2} (\eta_0)_{\varrho\alpha}\, \varrho\, d\varrho & \alpha \leqq \varrho_1, \varrho_2 \quad (24\,\mathrm{b}) \end{cases}$$

Fällt α in das Intervall $\varrho_1 \ldots \varrho_2$, so gilt von ϱ_1 bis α das erste, von α bis ϱ_2 das zweite Integral.

Die Gleichungen (24a), (24b) stellen das Volumen eines Rotationskörpers mit der Meridiankurve $\frac{p\,a^2}{16N\pi}\eta_0$ dar, oder, anders ausgedrückt, das 2π-fache statische Moment der durch diese Kurve begrenzten Fläche i. B. auf den Kreismittelpunkt.

Setzt man z. B. in die Gl. (24a) die Grenzen 0 und ϱ ein, so ergibt sich[33]) (mit $p\,a^2\varrho^2\pi = P$):

$$\delta_\alpha = \frac{a^4 p}{8N}\int_0^{\varrho}\left[\frac{3+\nu-(1-\nu)\varrho^2}{(1+\nu)}(1-\alpha^2) - 2(\alpha^2+\varrho^2)\,ln\frac{1}{\alpha}\right]\varrho\, d\varrho =$$

$$= \frac{a^4 p}{8N}\int_0^{\varrho}\left\{\left[\frac{3+\nu}{1+\nu}(1-\alpha^2) - 2\alpha^2\,ln\frac{1}{\alpha}\right]\varrho - \left[\frac{1-\nu}{1+\nu}(1-\alpha^2) + 2\,ln\frac{1}{\alpha}\right]\varrho^3\right\}d\varrho =$$

$$= \frac{a^4 p}{8N}\left\{\left[\frac{3+\nu}{1+\nu}(1-\alpha^2) - 2\alpha^2\,ln\frac{1}{\alpha}\right]\frac{\varrho^2}{2} - \left[\frac{1-\nu}{1+\nu}(1-\alpha^2) + 2\,ln\frac{1}{\alpha}\right]\frac{\varrho^4}{4}\right\} =$$

$$= \frac{Pa^2}{16N\pi}\left\{-(\varrho^2+2\alpha^2)\,ln\frac{1}{\alpha} + \frac{1-\alpha^2}{2(1+\nu)}[6+2\nu-(1-\nu)\varrho^2]\right\}$$

Das ist die bereits bekannte Gl. (21).

Geht man von der vollbelasteten Kreisplatte aus (Gl. 17) und superponiert man dazu den vorstehenden Belastungsfall mit negativem Vorzeichen, so gelangt man zu Gl. (23). Klammert man aus Gl. (17a) ϱ^2 aus, so läßt sich die Formel ohne jede Zwischenrechnung unmittelbar anschreiben:

$$w_\alpha = \frac{Pa^2}{16N\pi}\Bigg\{\underbrace{\frac{5+\nu}{4(1+\nu)}\frac{1}{\varrho^2} - \frac{3+\nu}{2(1+\nu)}\frac{\alpha^2}{\varrho^2} + \frac{\alpha^4}{4\varrho^2} +}_{\text{Gl. (17 a)}}$$

$$\underbrace{+(\varrho^2+2\alpha^2)\,ln\frac{1}{\alpha} - \frac{1-\alpha^2}{2(1+\nu)}[6+2\nu-(1-\nu)\varrho^2]}_{-\text{ Gl. (21)}}\Bigg\} \qquad (23)$$

Auf ähnlichem Wege könnten auch die Gl. (20), (22) abgeleitet werden.

---

[33]) $(\eta_0')_{\varrho\alpha}$ bedeutet die Durchbiegung an der Stelle ϱ infolge der Belastung $P=1$ an der Stelle α, während in den Gl. (11)—(13) α die Durchbiegungsstelle, ϱ die Laststelle bedeutet. Infolgedessen müssen die Werte ϱ und α gegenüber der Gl. (13) vertauscht werden.

Föppl hat seine Formeln aus 6 Bedingungsgleichungen nach einer sehr umständlichen Rechnung erhalten, während sich dieselben auf Grund der hier angestellten Überlegungen in der denkbar einfachsten Weise ergeben. Es war jedoch nicht der Zweck der vorstehenden Entwicklungen, eine neue Ableitung von bereits bekannten Formeln zu geben, es soll dadurch nur die Möglichkeit geboten werden, bei der Ermittlung der δ_{io}-Werte die unmittelbare Auswertung der unbequemen Formeln (20)—(23) zu vermeiden. Dieses Ziel wird erreicht, wenn man auf den Ursprung des Integrals — vor dem Grenzübergang — zurückgreift und die Durchbiegung als eine Summe von endlichen Gliedern darstellt. Mit $p\,a^2\pi = P$ wird

$$\delta_\alpha = \frac{Pa^2}{16N\pi}\sum_{\varrho_1}^{\varrho_2}(\eta_0)_{\varrho\alpha}\,\varrho.2.\Delta\varrho \tag{24 c}$$

Wird $\Delta\varrho$ genügend klein gewählt, so kann das Integral mit beliebiger Näherung berechnet und der begangene Fehler leicht abgeschätzt werden. Die Bildung dieser Summe ist außerordentlich einfach. Die Werte η_0 liegen in der Tab. I vor, durch Multiplikation mit den zugehörigen α-Werten ergibt sich die Tab. VII. Diese enthält somit die statischen Momente der durch die η_0-Kurven gebildeten Flächenstreifen von der Breite 0,05, bezogen auf den Kreismittelpunkt (Abb. 12)[34]).

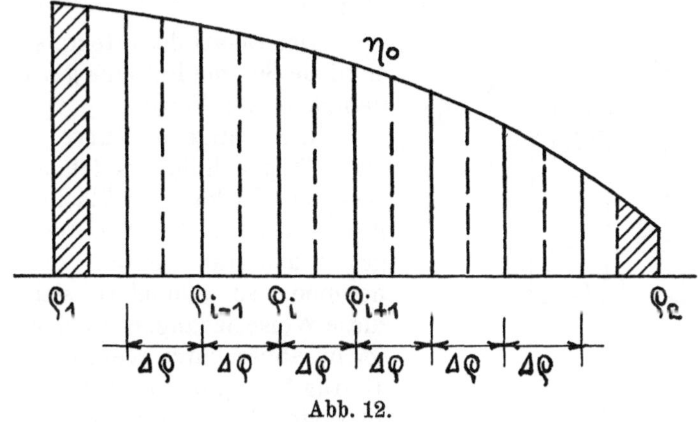

Abb. 12.

Zum Gebrauch der Tab. VII ist folgendes zu bemerken:

Durch den Betrag $\eta_0\,\varrho_i\Delta\varrho$ wird der Streifen zwischen $\varrho_i - \frac{\Delta\varrho}{2}$ und $\varrho_i + \frac{\Delta\varrho}{2}$ erfaßt. An den Grenzen ϱ_1 und ϱ_2 ist daher mit guter Annäherung zu setzen: $\frac{1}{2}\,\varrho_1\Delta\varrho$ und $\frac{1}{2}\,\varrho_2\Delta\varrho$, wenn ϱ_1 und ϱ_2 mit der Tabellenteilung zusammenfallen. Stimmen ϱ_1 und ϱ_2 mit der Tabellenteilung nicht überein,

[34]) Es ist auch hier zu beachten, daß die Bedeutung von α und ϱ bei der Anwendung des Maxwellschen Satzes vertauscht wurde. Eine Verwechslung kann aber daraus nicht entstehen, wenn man sich nur vergegenwärtigt, daß immer die, zu einer an der Durchbiegungsstelle gedachten Einheits-Schneidenlast gehörige η_0-Kurve zwischen den Belastungsgrenzen zu betrachten ist, deren Ordinaten mit den laufenden Abszissen multipliziert werden.

so ergeben sich die zu den Randstreifen gehörenden Beträge ohne weiteres durch Interpolation. Da in den Tabellen $\Delta\varrho = 0{,}05$, so ist $2\Delta\varrho = 0{,}1$, die aus Tab. VII gebildete $\Sigma\alpha\eta_0$ ist also mit 0,1 zu multiplizieren.

Für $\varrho_1 = 0$ und $\varrho_2 = 1$ können die zugehörigen Beiträge, die nachher ebenfalls noch mit 0,1 multipliziert werden müssen, in folgender Weise berechnet werden:

$\varrho_1 = 0, \varrho_1\eta_0 = 0{,}0125\,\eta_0$, wo η_0 für $\alpha = 0$ zu nehmen ist,

$\varrho_2 = 1, \varrho_2\eta_0 = 0{,}9875\,\eta_0$, wo η_0 für $\alpha = 0{,}9875$ zu nehmen ist.

Da die η-Kurven in der Nähe des Randes so gut wie gradlinig verlaufen, so kann gesetzt werden

$$(\eta_0)_{\alpha=0{,}9875} = \frac{1}{4}\,(\eta_0)_{\alpha=0{,}95}\,.$$

Ferner ist zu beachten, daß $\Delta\varrho_1 = \Delta\varrho_2 = \frac{\Delta\varrho}{2}$.

Also ist

der Beitrag von $\varrho_1 = 0$: $0{,}0125\,\eta_0\,\frac{1}{2} = 0{,}00\,625\,\eta_{0\,(\alpha=0)}$

der Beitrag von $\varrho_2 = 1$: $0{,}9875\,\eta_0\,\frac{1}{2}\cdot\frac{1}{4} = 0{,}1\,234\,375\,\eta_{0\,(\alpha=0{,}95)}$

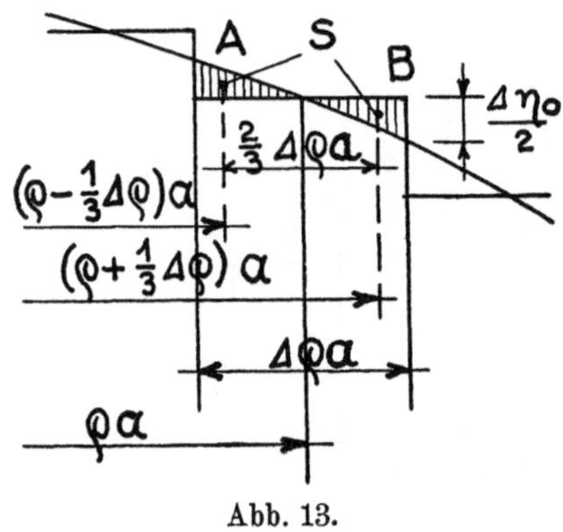

Abb. 13.

Der Ersatz des Integrals durch eine endliche Summe hat eine gewisse Ungenauigkeit zur Folge.

Die stetige η_0-Kurve wird durch eine Treppenlinie ersetzt und so anstatt der Fläche A die Fläche B in Rechnung gestellt. Da die Funktionen η_0 gegen den Rand $\alpha = 1$ zu stetig abnehmen, so summiert sich der auf diese Weise begangene Fehler, kann aber leicht abgeschätzt werden. Bei jedem Betrag $2\pi p\,\eta_0\,\varrho_i\,\Delta\varrho$ ist der Unterschied in erster Annäherung (vgl. Abb. 13).

$$\begin{array}{r} 2\pi p\,a^2\left(\varrho_i + \frac{\Delta\varrho}{3}\right)\frac{\Delta\varrho}{2}\,\frac{\Delta\eta_0}{2}\,\frac{1}{2} \\ -\,2\pi p\,a^2\left(\varrho_i - \frac{\Delta\varrho}{3}\right)\frac{\Delta\varrho}{2}\,\frac{\Delta\eta_0}{2}\,\frac{1}{2} \\ \hline \text{Differenz} = +\,p\,a^2\pi\,\frac{\Delta\varrho^2}{6}\,\Delta\eta_0\,. \end{array}$$

Da $p\,a^2\pi$ aus der Summe ausgeklammert wurde, so muß dieselbe in erster Annäherung um $\sum\frac{\Delta\varrho^2}{6}\,\Delta\eta_0$ herabgemindert werden. Für $\Delta\eta_0$ kann der Mittelwert $\frac{\eta_0}{20} = 0{,}05\,\eta_0$ gesetzt werden, wo η_0 für den Kreismittelpunkt zu nehmen ist. Die Korrektur ist somit

$$\sum 0{,}00833\, \varDelta \varrho^2\, \eta_{0\,\max} = \frac{k}{20}\, 0{,}0004167 . \eta_{0\,\max}\,, \quad (\varDelta \varrho = 0{,}05)$$

wo k die Anzahl der Intervalle $\varDelta \varrho$ bedeutet, auf welche sich die Summation erstreckt.

Würde man auch auf die Differenzen zweiter Ordnung eingehen, so würde sich zeigen, daß auch diese Differenz positiv ist, daß also die Korrektur noch etwas größer werden müßte, als vorstehend angegeben. Schon das erste Korrekturglied genügt aber reichlich, da eine übertriebene Genauigkeit keinen Sinn hat. Eine kleine Abweichung von dem theoretisch genauen Wert der Summe (d. h. von dem Integralwert) bedeutet nichts anderes als eine kleine Verschiebung der Lastgrenzen.

Mit Bezug auf die Tab. VII ist:

$$\delta = 0{,}1 \left[\sum_{\varrho_1}^{\varrho_2} \alpha \eta_0 - \frac{k}{20}\, 0{,}004167\, \eta_{0\,\max} \right]. \tag{24 d}$$

Es empfiehlt sich, die berechneten Werte so zu kontrollieren, daß auch der Beitrag der Intervalle $0 \ldots \varrho_1$, $\varrho_2 \ldots 1$ ermittelt wird, die Summe für das ganze Intervall $0 \ldots 1$ muß mit den aus Tab. VII zu entnehmenden Zahlen η_g übereinstimmen. Anstatt des obigen Korrekturgliedes kann auch der sich bei dieser Kontrolle notwendigerweise ergebende kleine Unterschied proportional auf die Intervalle verteilt werden. Die so ermittelten Werte stellen die $\frac{16 N \pi}{a^2}$ — fachen Durchbiegungen dar und können in Übereinstimmung mit S. 27, Fußnote 29 unmittelbar in die rechte Seite der Elastizitätsgleichungen eingesetzt werden.

Im übrigen sei auf das nachfolgende Zahlenbeispiel verwiesen, welches die außerordentliche Einfachheit und die sehr große Genauigkeit der hier entwickelten Berechnungsart der Durchbiegungen δ_{i0} bestätigt. Die ganze Arbeit besteht in der Addition von einigen Zahlen, welche der Tab. VII unmittelbar entnommen, bzw. für die Grenzen ϱ_1 und ϱ_2 mittels Rechenschieber berechnet werden. Die Vereinfachung gegenüber den Gl. (20)—(23) ist also erheblich. Die Abweichung der auf das ganze Intervall $0 \ldots 1$ erstreckten Summen von den genauen Werten nach Tab. VII beträgt ohne Berücksichtigung des Korrekturgliedes nur 1,14 bzw. 1,10 bzw. 1,13 ‰, sie könnte also ruhig außer acht bleiben. Durch das Korrekturglied wird die Abweichung auf rd. 1 °/₀₀₀ ermäßigt.

Zahlenbeispiel (vgl. Abb. 14).

Die Beiwerte δ_{1i} der Elastizitätsgleichungen ergeben sich unmittelbar aus Tab. I, die übrigen sind auf S. 33—34 bereits ermittelt worden. Die linken Seiten der Elastizitätsgleichungen lauten wie folgt:

	X_1	X_2	X_3	X_4
I	3,00000	2,37529	1,18046	1,18046
II	—	2,02027	1,03433	1,02697
III	—	—	0,61078	0,56037
IV	—	—	—	0,61078

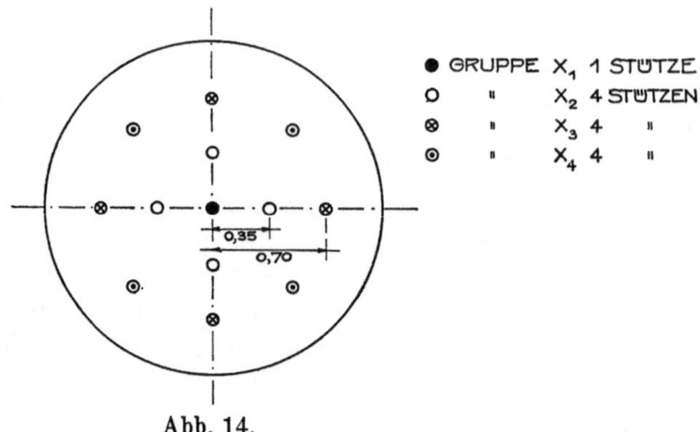

Abb. 14.

Der Stellung der Säulen entsprechend seien folgende 3 Belastungsfälle angenommen.

1. Belastungsfall. Innerer Kreis belastet $\varrho_1 = 0$, $\varrho_2 = 0{,}35$
2. Belastungsfall. Mittlerer Ring belastet $\varrho_1 = 0{,}35$, $\varrho_2 = 0{,}70$
3. Belastungsfall. Äußerer Ring belastet $\varrho_1 = 0{,}70$, $\varrho_2 = 1{,}00$

Unter Verwertung der Tabelle VII erhält man δ_{i_0} in den einzelnen Belastungsfällen:

1. Belastungsfall.

α	[10]	[20]	[30] = [40]
Kreismitte: $0{,}00625\ \eta_0 =$	0,01875	0,01484	0,00737
0,05	0,14888	0,11839	0,05887
0,10	0,29239	0,23455	0,11682
0,15	0,42707	0,34625	0,17294
0,20	0,55025	0,45124	0,22630
0,25	0,65980	0,54731	0,27600
0,30	0,75398	0,63221	0,32111
$0{,}35 : \frac{1}{2} \cdot 0{,}35 \cdot \eta_0$	0,41567	0,35185	0,18036
	3,26679	2,69664	1,35977

2. Belastungsfall.

	[10]	[20]	[30] = [40]
$0{,}35 : \frac{1}{2} \cdot 0{,}35 \cdot \eta_0$	0,41568	0,35186	0,18036
0,40	0,89072	0,75976	0,39389
0,45	0,93110	0,79910	0,41,973
0,50	0,95172	0,82087	0,43731
0,55	0,95195	0,82439	0,44572
0,60	0,93133	0,80919	0,44403
0,65	0,88952	0,77493	0,43133
$0{,}70 : \frac{1}{2} \cdot 0{,}70 \cdot \eta_0$	0,41316	0,36071	0,20335
	6,37518	5,50081	2,95572

3. Belastungsfall.

	[10]	[20]	[30] = [40]
$0{,}70 : \frac{1}{2} \cdot 0{,}70 \cdot \eta_0$	0,41316	0,36071	0,20336
0,75	0,74165	0,64859	0,36941
0,80	0,63550	0,55649	0,31944
0,85	0,50801	0,44527	0,25706
0,90	0,35939	0,31521	0,18266
0,95	0,18992	0,16664	0,09678
Äußerer Ring $0{,}1234375\ \eta_{0,95}$	0,02468	0,02165	0,01258
	2,87231	2,51436	1,44129

Zu den obigen Werten gehört nach S. 41 als erste Korrektur je

$-\frac{1}{3}\cdot 0{,}004167\,\eta_{0\,\max} = -0{,}00417$ $\quad -0{,}00330 \quad -0{,}00165$

Damit wird im

	[10]	[20]	[30] = [40]
1. Belastungsfall	3,26262	2,69334	1,35812
2. „	6,37101	5,49751	2,95407
3. „	2,86814	2,51106	1,43964
Daraus für Vollast	12,50177	10,70191	5,75183
Sollwerte nach Tab. VII	12,50000	10,70000	5,75030

Die Genauigkeit ist weit größer, als es praktisch je verlangt werden könnte. Verteilt man die noch verbliebenen kleinen Differenzen gleichmäßig auf die einzelnen Glieder, so ergeben sich die δ_{i_0}-Werte nach Multiplikation mit 0,1 (siehe S. 40):

	[10]	[20]	[30] = [40]
1. Belastungsfall	0,32620	0,26927	0,13576
2. „	0,63704	0,54969	0,29536
3. „	0,28676	0,25104	0,14391

Die Abweichungen von den mit der ersten Korrektur versehenen Werten sind völlig belanglos. Nach Auflösung der Elastizitätsgleichungen können die Stützkräfte wie folgt zusammengestellt werden:

	Belastungsfall 1	Belastungsfall 2	Belastungsfall 3	$\sum_1^3$
Anteil an der Gesamtlast $P = a^2\pi$	0,12250	0 36750	0,51000	1,00000
X_1	+ 0,04551	— 0,00811	— 0,00042	+ 0,03698
X_2	+ 0,08166	+ 0,15672	— 0,01039	+ 0,22799
X_3	— 0,00787	+ 0,11105	+ 0,13333	+ 0,23651
X_4	+ 0,00423	+ 0,13387	+ 0,13155	+ 0,26965
Äußere Ringmauer	— 0,00103	— 0,02603	+ 0,25593	+ 0,22887

Damit ist die statische Unbestimmtheit beseitigt.

IV. Emittlung der Momente.

A. Die Momente m_g.

1. Vollbelastung.

Die Biegungsmomente einer freiaufliegenden, auf ihrer ganzen Fläche gleichmäßig belasteten Kreisplatte ergeben sich nach folgenden Formeln[35]:

$$m_{rg} = \frac{(3+\nu)p_0}{16}(a^2 - r^2) = \frac{P}{4\pi}\frac{3+\nu}{4}(1-\alpha^2)\,^{36)} \qquad (25)$$

$$m_{tg} = \frac{p_0}{16}[(3+\nu)\,a^2 - (1+3\nu)\,r^2] = \frac{P}{4\pi}\frac{1}{4}[3+\nu-(1+3\nu)\,\alpha^2]. \qquad (26)$$

Mit $\nu = 0$ wird

$$m_{rg} = \frac{P}{4\pi}\frac{3}{4}(1-\alpha^2) \qquad (25\,a)$$

$$m_{tg} = \frac{P}{4\pi}\frac{1}{4}(3-\alpha^2) \qquad (26\,a)$$

Hier bedeutet m_r das radiale, m_t das tangentiale Biegungsmoment, auf die Längseinheit des Schnittes bezogen.

2. Teilweise Belastung.

Zur Momentenermittlung sind die von Föppl[37] für den auf S. 36ff. besprochenen Belastungsfall abgeleiteten Formeln sehr geeignet (im Gegensatz zu den Durchbiegungsformeln), wenn in denselben $p_1 = 0$ gesetzt wird, wie das Nádai a. a. O. S. 59 getan hat. Die gleichmäßig verteilte Belastung p soll sich auf einen Kreis mit dem Halbmesser ϱa erstrecken, die Schnittstelle, in welcher das Moment gesucht wird, sei im Abstand αa vom Kreismittel-

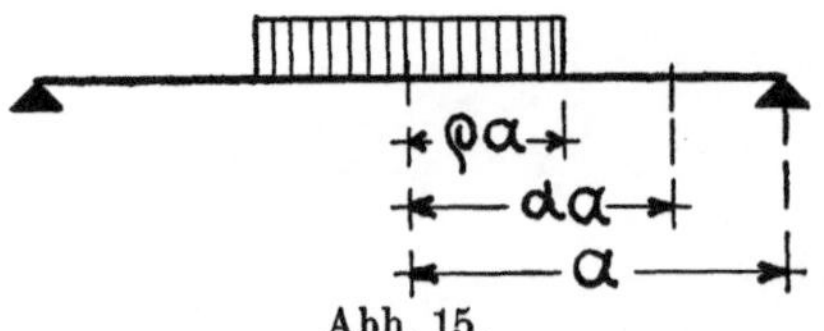

Abb. 15.

---

[35]) Nádai a. a. O. S. 57.

[36]) Mit Rücksicht auf weitere Formeln ist es zweckmäßig, nicht $\frac{P}{16\pi}$, sondern $\frac{P}{4\pi}$ auszuklammern.

[37]) Drang und Zwang Bd. I S. 178ff.

punkt. Dann lauten die Formeln, wenn $Q = p_0 a^2 \pi$ und $P = Q \varrho^2$, ferner $\frac{\varrho}{a} = \beta$, wenn $\varrho < a$ bzw. $\frac{a}{\varrho} = \beta'$, wenn $\varrho > a$ eingeführt wird[38]), wie folgt:

Unbelastetes (äußeres) Ringgebiet: $a \geqq \varrho$

$$m_{rg} = \frac{P}{4\pi}\left[(1+\nu)\, ln \frac{1}{a} + \frac{1-\nu}{4}(\beta^2 - \varrho^2)\right] \tag{27}$$

$$m_{tg} = \frac{P}{4\pi}\left[(1+\nu)\, ln \frac{1}{a} + (1-\nu)\left(1 - \frac{\beta^2 + \varrho^2}{4}\right)\right] \tag{28}$$

Belastetes (inneres) Kreisgebiet: $a \leqq \varrho$

$$m'_{rg} = \frac{P}{4\pi}\left[(1+\nu)\, ln \frac{1}{\varrho} + 1 - \frac{1-\nu}{4}\varrho^2 - \frac{3+\nu}{4}\beta'^2\right] \tag{29}$$

$$m'_{tg} = \frac{P}{4\pi}\left[(1+\nu)\, ln \frac{1}{\varrho} + 1 - \frac{1-\nu}{4}\varrho^2 - \frac{1+3\nu}{4}\beta'^2\right] \tag{30}$$

Mit $\nu = 0$ wird

für $a \geqq \varrho$

$$m_{rg} = \frac{P}{4\pi}\left[ln \frac{1}{a} + \frac{\beta^2 - \varrho^2}{4}\right] = \frac{Q\varrho^2}{4\pi}\left[ln \frac{1}{a} + \frac{\beta^2 - \varrho^2}{4}\right] \tag{27a}$$

$$m_{tg} = \frac{P}{4\pi}\left[ln \frac{1}{a} + 1 - \frac{\beta^2 + \varrho^2}{4}\right] = \frac{Q\varrho^2}{4\pi}\left[ln \frac{1}{a} + 1 - \frac{\beta^2 + \varrho^2}{4}\right] \tag{28a}$$

$$m_{tg} = m_{rg} + \frac{P}{4\pi}\left(1 - \frac{\beta^2}{2}\right)$$

und für $a \leqq \varrho$

$$m'_{rg} = \frac{P}{4\pi}\left[ln \frac{1}{\varrho} + 1 - \frac{\varrho^2 + 3\beta'^2}{4}\right] = \frac{Q\varrho^2}{4\pi}\left[ln \frac{1}{\varrho} + 1 - \frac{\varrho^2 + 3\beta'^2}{4}\right] \tag{29a}$$

$$m'_{tg} = \frac{P}{4\pi}\left[ln \frac{1}{\varrho} + 1 - \frac{\varrho^2 + \beta'^2}{4}\right] = \frac{Q\varrho^2}{4\pi}\left[ln \frac{1}{\varrho} + 1 - \frac{\varrho^2 + \beta'^2}{4}\right] \tag{30a}$$

$$m'_{tg} = m'_{rg} + \frac{P}{8\pi}\beta'^2$$

Die in den Klammern der Gl. (27a)—(30a) stehenden Werte seien mit μ_{rg}, μ_{tg}, μ'_{rg}, μ'_{tg} bezeichnet.

Mit $\varrho = 1$, $\beta' = a$ gehen die Gl. (29), (30) und (29a), (30a) in die Gl. (25), (26) und (25a), (26a) über (Vollbelastung). Mit $\varrho = 0$, $\beta = 0$ wird aus Gl. (27) u. (28)

$$m_{rg} = \frac{(1+\nu)\,P}{4\pi}\, ln \frac{1}{a} \tag{31}$$

[38]) Q bedeutet also die der Flächenbelastung p_0 entsprechende Gesamtbelastung der ganzen Kreisfläche, während P die auf die belastete Fläche entfallende tatsächliche Gesamtlast ist.

$$m_{tg} = \frac{P}{4\pi}\left[(1+\nu)\, ln\,\frac{1}{a} + 1 - \nu\right]^{39)} \tag{32}$$

Dieser Fall entspricht einer im Kreismittelpunkt angreifenden konzentrierten Einzellast P, die Formeln sind, wenn die Druckeintragungsfläche im Verhältnis zur Gesamtfläche sehr klein ist, bis zum Rand der Lasteintragungsfläche gültig, wie das von Nâdai nachgewiesen wurde. In Wirklichkeit findet die Lasteintragung immer auf einer Fläche statt, so daß strenggenommen immer die Gl. (27), (28) und (27a), (28a) Anwendung finden müßten, doch ist der Unterschied, wenn $\varrho < 0{,}1$, so gering, daß die einfacheren Formeln (31) und (32) auch genügen.

Die Gl. (27), (28) bzw. (31), (32) liefern also auch die Momente m_1, falls X_1 die in einer Mittelstütze auftretende Auflagerkraft bedeutet.

Die Gl. (27)—(32) sind zwar an sich leicht auszuwerten, doch wäre die erforderliche Rechenarbeit in jedem Einzelfall sehr groß, da die Momente an verhältnismäßig vielen Stellen untersucht werden müssen. Um die Momentenermittlung nach Möglichkeit zu erleichtern, sind die Tab. VIII, IX berechnet worden, welche die Werte $\varrho^2 \mu_{rg}$, $\varrho^2 \mu'_{rg}$; $\varrho^2 \mu_{tg}$, $\varrho^2 \mu'_{tg}$ enthalten. Dabei sind die Intervalle für die Begrenzung der Belastung $\Delta\varrho = 0{,}05$, wie in den Tab. I—VII, während die Intervalle für die Schnittstellen zu $\Delta a = 0{,}01$ gewählt wurde. Die Biegungsmomente ergeben sich durch Multiplikation der Zahlen aus den Tab. VIII und IX mit $\frac{p_0 a^2}{4}$.

Bei Ringbelastungen, die sich von ϱ_1 bis ϱ_2 erstrecken, sind die zugehörigen Tabellenwerte voneinander zu subtrahieren. Die Tabellen sind in den vertikalen Spalten interpolierbar, so daß die Momente an beliebiger Stelle berechnet werden können. Diese Möglichkeit ist deshalb wichtig, weil man das Intervall zwischen zwei Säulen $\varrho_1 \cdots \varrho_2$ oft so unterteilen wird, daß es nicht der Dezimalteilung der vollen Kreisplatte entspricht. In den Reihen dagegen kann nicht interpoliert werden, was aber auch nicht nötig ist, weil es nicht so sehr darauf ankommt, ob die Belastungsgrenzen mit den Säulenstellungen genau übereinstimmen. Bei der Teilung von 0,05 kann die Abweichung höchstens $0{,}025\,a = \frac{a}{40}$ betragen.

B. Die Momente $m_1 \ldots m_n$.

1. Reihenentwicklung.

Die Biegungsmomente m_r, m_t und das Drillungsmoment m_{rt} ergeben sich nach der Plattentheorie nach folgenden Formeln:

$$m_r = -N\left[\frac{\partial^2 w}{\partial r^2} + \nu\left(\frac{\partial w}{r\,\partial r} + \frac{\partial^2 w}{r^2\,\partial\varphi^2}\right)\right] \tag{33}$$

[39]) Vgl. Nádai a. a. O. S. 61, Gl. 27. Bei Nádai ist in der ersten Formel der Gl. 27 ein Druckfehler: der Nenner muß 4π heißen (anstatt wie bei ihm 2π).

$$m_t = -N\left[\nu \frac{\partial^2 w}{\partial r^2} + \frac{\partial w}{r\,\partial r} + \frac{\partial^2 w}{r^2\,\partial \varphi^2}\right] \tag{34}$$

$$m_{rt} = -(1-\nu)\,N\frac{\partial}{\partial r}\left(\frac{1}{r}\frac{\partial w}{\partial \varphi}\right) \tag{35}$$

w ist dabei durch die im ganzen Bereich der Platte absolut und gleichmäßig konvergenten Reihen

$$\left.\begin{aligned} w &= R_0 + \sum_{p=1}^{\infty} R_{hp}\cos hp\varphi \quad (\alpha > \varrho) \\ w &= R_0' + \sum_{p=1}^{\infty} R'_{hp}\cos hp\varphi \quad (\alpha < \varrho) \end{aligned}\right\} \tag{4 b}$$

gegeben. Für R_{hp}, R'_{hp} gelten die Gl. (10 a″), (10 b″).

Die unteren Grenzen: $\vartheta = 0$ und $\lambda = 0$ kommen nur dann vor, wenn entweder $\varrho = 0$ oder $\alpha = 0$, d. h. wenn entweder die Belastung in dem Mittelpunkt angreift, oder das Moment im Mittelpunkt gesucht wird. In beiden Fällen reduzieren sich die Gl. (4b) auf $w = R_0$ bzw. R_0'. Für $\vartheta = 1$, d.h. für den Kreis, auf welchem die Angriffspunkte der Lasten liegen ($\alpha = \varrho$), müssen die durch Ableitungen gebildeten Reihen besonders untersucht werden. Schließen wir die obere Grenze $\vartheta = 1$ zunächst aus, so sind die aus w durch gliedweise Differentiation nach α erhaltenen Reihen im ganzen Bereich $0 < \vartheta < 1$, $0 < \vartheta' < 1$ und $0 < \lambda < 1$ absolut und gleichmäßig konvergent und die Summen der Reihen geben $\frac{\partial w}{\partial \alpha}$ an. Durch weitere gliedweise Differentiation erhält man $\frac{\partial^2 w}{\partial \alpha^2}$. Die Konvergenz der nach φ ein- bzw. zweimal differenzierten Reihen (vgl. die Gl. 33—35) ist ebenfalls leicht festzustellen; denn die Funktionen R_n enthalten im Nenner n in der dritten Potenz, die Reihen (4b) bleiben also selbst nach Multiplikation mit n^2 (welcher Faktor durch die zweimalige Ableitung nach φ entsteht) noch immer konvergent.

Die Ausdrücke (Gl. 33—35), in denen jetzt $r = a\alpha$, $dr = a\,d\alpha$ bedeutet, ergeben sich somit als Summen von im ganzen Bereich der Kreisplatte (aus welchem vorerst, wie gesagt, $\alpha = \varrho$ ausgeschlossen wird) absolut und gleichmäßig konvergenten Reihen. Vereinigt man aus diesen Reihen die Glieder, die aus den Ableitungen der Funktionen R_n entstehen, zu einem Glied m_{rn}, m_{tn}, m_{rtn}, so können die unendlichen Reihen (Gl. 33—35) in der folgenden Form geschrieben werden:

$$m_r = m_{r_0} + m_{r_1} + \cdots + m_{rn} + \cdots \tag{33a}$$

$$m_t = m_{t_0} + m_{t_1} + \cdots + m_{tn} + \cdots \tag{34a}$$

$$m_{rt} = m_{rt_1} + \cdots + m_{rtn} + \cdots \tag{35a}$$

Es werden dadurch die Momente in Form von unendlichen Reihen dargestellt, deren Glieder in einem eindeutigen Verhältnis zu den Gliedern der Durchbiegungsreihe w stehen (Gl. 14), und zwar so, daß jedes Glied der Reihe aus dem entsprechenden Glied der Durchbiegungsreihe — und nur aus dem — durch Ableitung gebildet wird.

In diesen Reihen wird das erste (von φ unabhängige) Glied jeweils für sich berechnet, die übrigen werden zusammengefaßt und mit

$$\sum_{n=h,2h,\ldots} m_{rn} = m_{r\Sigma}, \qquad \sum_{n=h,2h,\ldots} m_{tn} = m_{t\Sigma}, \qquad \sum_{n=h,2h,\ldots} m_{rtn} = m_{rt\Sigma}$$

bezeichnet. Das Gesamtmoment infolge einer Gruppe von zentralsymmetrisch verteilten Einzellasten ist dann

$$m_r = m_{r_0} + m_{r\Sigma}, \quad m_t = m_{t_0} + m_{t\Sigma}, \quad m_{rt} = m_{rt\Sigma}.$$

2. Einfluß des Gliedes R_0.

R_0 liefert die Durchbiegung der Platte infolge einer schneidenförmigen Belastung und bildet das erste Glied der w-Reihe, ohne mit einer (trigonometrischen) Funktion von φ multipliziert zu werden. Infolgedessen vereinfachen sich die Gl. (33)—(35):

$$m_{r_0} = -N\left[\frac{d^2 R_0}{dr^2} + \frac{\nu}{r}\frac{dR_0}{dr}\right] \tag{36}$$

$$m_{t_0} = -N\left[\frac{\nu\, d^2 R_0}{dr^2} + \frac{1}{r}\frac{dR_0}{dr}\right] \tag{37}$$

$$m_{rt} = 0 \tag{38}$$

$$R_0 = \frac{Pa^2}{8N\pi}\left\{\frac{3+\nu-(1-\nu)\varrho^2}{2(1+\nu)}(1-\alpha^2) - (\alpha^2+\varrho^2)\,ln\frac{1}{\alpha}\right\} \tag{9a'}$$

$$\frac{dR_0}{dr} = \frac{1}{a}\frac{dR_0}{d\alpha} = \frac{Pa}{8N\pi}\left[-\frac{3+\nu-(1-\nu)\varrho^2}{1+\nu}\alpha - 2\alpha\, ln\frac{1}{\alpha} + \frac{\alpha^2+\varrho^2}{\alpha}\right]$$

$$\frac{d^2R_0}{dr^2} = \frac{1}{a^2}\frac{d^2R_0}{d\alpha^2} = \frac{P}{8N\pi}\left[-\frac{3+\nu-(1-\nu)\varrho^2}{1+\nu} - 2\,ln\frac{1}{\alpha} + 3 - \frac{\varrho^2}{\alpha^2}\right]$$

Daraus wird für $\alpha \geqq \varrho$

$$m_{r_0} = \frac{P}{4\pi}\left[\frac{\varrho^2}{2}(1-\nu)\left(\frac{1}{\alpha^2}-1\right) + (1+\nu)\,ln\frac{1}{\alpha}\right] \tag{39}$$

$$m_{t_0} = \frac{P}{4\pi}\left\{(1-\nu)\left[1-\frac{\varrho^2}{2}\left(1+\frac{1}{\alpha^2}\right)\right] + (1+\nu)\,ln\frac{1}{\alpha}\right\} =$$

$$= m_{r_0} + \frac{P}{4\pi}(1-\nu)\left(1-\frac{\varrho^2}{\alpha^2}\right) \tag{40}$$

Mit $\alpha = \varrho$ wird

$$m_{r_0} = m_{t_0} = \frac{P}{4\pi}\left[\frac{1}{2}(1-\nu)(1-\varrho^2) + (1+\nu)\,ln\frac{1}{\varrho}\right] \tag{41}$$

Diese Gleichung ist für das ganze innere Gebiet $\alpha \leqq \varrho$ gültig, wie man sich auch durch unmittelbare Ableitung aus R_0' überzeugen kann.

Gl. (41) ist mit Gl. (107) in „Drang und Zwang“ S. 184 identisch, wenn aus den von Föppl angegebenen Spannungen die resultierenden Momente gebildet werden.

Mit $\varrho = 0$ ergeben sich

$$m_{r_0} = \frac{P}{4\pi}(1+\nu)\, ln\frac{1}{\alpha}, \quad m_{t_0} = \frac{P}{4\pi}\left[1-\nu+(1+\nu)\, ln\frac{1}{\alpha}\right]$$

d. h. die bereits auf anderem Wege gefundenen Gl. (31), (32), die einer im Kreismittelpunkt angreifenden Einzellast entsprechen (vgl. S. 45—46).

Abgesehen von der einzigen Stelle $\varrho = 0$, $\alpha = 0$, d. h. also vom Kreismittelpunkt unter dem Einfluß einer dort angreifenden Last, liefern die aus der Teildurchbiegung R_0 abgeleiteten Formeln für die Teilmomente überall, d. h. für alle anderen Wertepaare ϱ und α eindeutig bestimmte endliche Werte. Die Singularität $\alpha = 0$, $\varrho = 0$ kann als ein Sonderfall von $\vartheta = 0$ aufgefaßt werden. An der unteren Grenze des Konvergenzintervalls der durch die Gleichungen (4 b) bestimmten Funktion w bleiben also die durch Ableitung nach Gl. (33)—(35) gebildeten Reihen ebenfalls „konvergent", indem sie sich auf ein einziges Glied von endlichem Wert beschränken, nämlich auf die Ableitungen von R_0. Alle anderen Glieder der Reihe verschwinden. Nur für $\alpha = 0$, $\varrho = 0$ wird die zweite Ableitung von R_0 (und somit auch das Biegungsmoment $m_{r_0} = m_{t_0}$) unendlich, wie das aus den Gl. (31) und (32) ohne weiteres zu ersehen ist. Es ist klar, das dieses Ergebnis nicht mit der Wirklichkeit übereinstimmt, was bereits im II. Abschnitt S. 15 ff. erörtert wurde. Da es an dieser Stelle, bezüglich der Singularität der Momente m_{r_0}, m_{t_0} in $\alpha = \varrho = 0$, nur auf die mathematischen Zusammenhänge zwischen (Gl. 4 b) und zwischen den aus ihren Ableitungen gebildeten Ausdrücken für die Momente ankommt, genügt es, auf die auf S. 17—18 besprochene Lösung von Nádai zu verweisen.

Mit $\nu = 0$ vereinfachen sich die Momentenausdrücke wie folgt:

$$\left.\begin{aligned} m_{r_0} &= \frac{P}{4\pi}\left[\frac{\varrho^2}{2}\left(\frac{1}{\alpha^2}-1\right)+ln\frac{1}{\alpha}\right] \quad &(39\,a)\\ m_{t_0} &= \frac{P}{4\pi}\left[1-\frac{\varrho^2}{2}\left(1+\frac{1}{\alpha^2}\right)+ln\frac{1}{\alpha}\right] \quad &(40\,a)\end{aligned}\right\}\ \alpha \geqq \varrho$$

$$m_{r_0} = m_{t_0} = \frac{P}{4\pi}\left[\frac{1-\varrho^2}{2}+ln\frac{1}{\varrho}\right] \quad \alpha \leqq \varrho \qquad (41\,a)$$

$$\left.\begin{aligned} m_{r_0} &= \frac{P}{4\pi}\, ln\frac{1}{\alpha} \quad &(31\,a)\\ m_{t_0} &= \frac{P}{4\pi}\left(1+ln\frac{1}{\alpha}\right) \quad &(32\,a)\end{aligned}\right\}\ \varrho = 0$$

Die Klammerausdrücke in (39 a), (40 a), (41 a), seien mit μ_{r_0}, μ_{t_0} bezeichnet. Diese Werte wurden in den Tabellen X und XI zusammengefaßt, wobei die Intervalle für ϱ je 0,05, für α je 0,01 betragen. Obgleich die Differenzen in den auf 5 Dezimalstellen ausgerechneten Tabellen im allgemeinen 4 zifferig sind, so ist eine geradlinige Interpolation in dem größten Teil der Tabellen mit ausreichender Genauigkeit doch möglich, weil die zweiten Differenzen durchweg sehr klein bleiben, so daß sich der bei einer solchen Interpolation begangene Fehler kaum über die vierte Dezimalstelle auswirkt.

Die Momente nach den Gl. (39)—(41) würden bei schneidenförmiger Belastung bzw. Auflagerung entstehen. Setzt man in Gl. (1)

$$M = m_g - X_1 m_1 - X_2 m_2 - \cdots - X_n m_n$$

für $m_1, \ldots m_n$ diese Werte ein, so ergibt sich der von φ unabhängige Teil der gesuchten Biegungsmomente. Dieser Teil sei als Hauptwert der Biegungsmomente (M_H) bezeichnet.

3. Einfluß der Glieder $R_n \cos n\varphi$, $R'_n \cos n\varphi$.

Die sich aus $R_{ph} \cos ph\varphi$, $R'_{ph} \cos ph\varphi$ ergebenden Glieder der nach den Gl. (33)—(35) zu bildenden Momentenreihen lauten, wenn zur Vereinfachung der Schreibweise vorerst wieder $n = ph$ eingesetzt wird:

$$m_{rn} = -N\left[\frac{d^2 R_n}{dr^2} + \frac{\nu}{r}\frac{dR_n}{dr} - \frac{\nu n^2}{r^2} R_n\right] \cos n\varphi \tag{42}$$

$$m_{tn} = -N\left[\frac{\nu\, d^2 R_n}{dr^2} + \frac{1}{r}\frac{dR_n}{dr} - \frac{n^2}{r^2} R_n\right] \cos n\varphi \tag{43}$$

$$m_{rt} = -(1-\nu) N \frac{n}{r}\left[\frac{R_n}{r} - \frac{dR_n}{dr}\right] \sin n\varphi \tag{44}$$

Die Gl. (42)—(44) gelten natürlich auch für R_n'. Die in den Klammerausdrücken vorkommenden Funktionen lauten:

Im äußeren Gebiet $\alpha > \varrho$:

$$R_n = \frac{Pa^2}{8N\pi}\frac{1}{n(n-1)}\left\{\left(\frac{\varrho}{\alpha}\right)^n\left(\alpha^2 - \frac{n-1}{n+1}\varrho^2\right) + \right.$$

$$\left. + (\varrho\alpha)^n \frac{(1+\nu)(n-1)(\varrho^2+\alpha^2) - (3+\nu)n + (1-\nu)\dfrac{n(n-1)}{n+1}(\alpha\varrho)^2}{2n+1+\nu}\right\}$$

$$= \frac{Pa^2}{8N\pi}\varrho^n\left\{-\frac{\varrho^2}{n(n+1)}\alpha^{-n} + \frac{1}{n(n-1)}\alpha^{-(n-2)} + \right.$$

$$+ \left[\frac{1+\nu}{(2n+1+\nu)n}\varrho^2 - \frac{3+\nu}{(2n+1+\nu)(n-1)}\right]\alpha^n +$$

$$\left. + \left[\frac{1+\nu}{(2n+1+\nu)n} + \frac{1-\nu}{(2n+1+\nu)(n+1)}\varrho^2\right]\alpha^{n+2}\right\} \tag{45}$$

$$\frac{dR_n}{dr} = \frac{1}{a}\frac{dR_n}{d\alpha} = \frac{Pa}{8N\pi}\varrho^n\left\{\frac{\varrho^2}{n+1}\alpha^{-(n+1)} + \frac{2-n}{(n-1)n}\alpha^{-(n-1)} + \right.$$

$$+ \left[\frac{1+\nu}{2n+1+\nu}\varrho^2 - \frac{(3+\nu)n}{(2n+1+\nu)(n-1)}\right]\alpha^{n-1} +$$

$$\left. + \left[\frac{(1+\nu)(n+2)}{(2n+1+\nu)n} + \frac{(1-\nu)(n+2)}{(2n+1+\nu)(n+1)}\varrho^2\right]\alpha^{n+1}\right\} \tag{46}$$

$$\frac{d^2 R_n}{d r^2} = \frac{1}{a^2}\frac{d^2 R_n}{d \alpha^2} = \frac{P}{8 N\pi}\varrho^n \Big\{ -\varrho^2 \alpha^{-(n+2)} + \frac{n-2}{n}\alpha^{-n} + \\ + \frac{(1+\nu)(n-1)\varrho^2 - (3+\nu)n}{2n+1+\nu}\alpha^{n-2} + \\ + \frac{(1+\nu)(n+1)(n+2) + (1-\nu)(n+2)n\varrho^2}{(2n+1+\nu)n}\alpha^n \Big\} \tag{47}$$

Im inneren Gebiet $\alpha < \varrho$:

$$R_n' = \frac{P a^2}{8 N\pi}\frac{1}{n(n-1)}\Big\{ \left(\frac{\alpha}{\varrho}\right)^n \left(\varrho^2 - \frac{n-1}{n+1}\alpha^2\right) + \\ + (\varrho\,\alpha)^n \frac{(1+\nu)(n-1)(\varrho^2+\alpha^2) - (3+\nu)n + (1-\nu)\frac{n(n-1)}{n+1}(\alpha\,\varrho)^2}{2n+1+\nu}\Big\}$$

$$R_n' = \frac{P a^2}{8 N\pi}\Big\{\Big[\frac{1}{n(n-1)}\varrho^{-(n-2)} + \frac{1+\nu}{(2n+1+\nu)n}\varrho^{n+2} - \\ - \frac{3+\nu}{(2n+1+\nu)(n-1)}\varrho^n\Big]\alpha^n + \Big[\frac{1+\nu}{(2n+1+\nu)n}\varrho^n + \\ + \frac{1-\nu}{(2n+1+\nu)(n+1)}\varrho^{n+2} - \frac{1}{n(n+1)}\varrho^{-n}\Big]\alpha^{n+2}\Big\} \tag{48}$$

$$\frac{d R_n'}{d r} = \frac{1}{a}\frac{d R_n'}{d\alpha} = \frac{P a}{8 N\pi}\Big\{\Big[\frac{1}{n-1}\varrho^{-(n-2)} + \frac{1+\nu}{2n+1+\nu}\varrho^{n+2} - \\ - \frac{n(3+\nu)}{(2n+1+\nu)(n-1)}\varrho^n\Big]\alpha^{n-1} + \Big[\frac{(n+2)(1+\nu)}{(2n+1+\nu)n}\varrho^n + \\ + \frac{(n+2)(1-\nu)}{(2n+1+\nu)(n+1)}\varrho^{n+2} - \frac{n+2}{n(n+1)}\varrho^{-n}\Big]\alpha^{n+1}\Big\} \tag{49}$$

$$\frac{d^2 R_n'}{d r^2} = \frac{1}{a^2}\frac{d^2 R_n'}{d\alpha^2} = \frac{P}{8 N\pi}\Big\{\Big[\varrho^{-(n-2)} + \frac{(n-1)(1+\nu)}{2n+1+\nu}\varrho^{n+2} \\ - \frac{n(3+\nu)}{2n+1+\nu}\varrho^n\Big]\alpha^{n-2} + \Big[\frac{(n+1)(n+2)(1+\nu)}{(2n+1+\nu)n}\varrho^n + \\ + \frac{(n+2)(1-\nu)}{2n+1+\nu}\varrho^{n+2} - \frac{n+2}{n}\varrho^{-n}\Big]\alpha^n\Big\} \tag{50}$$

Setzt man die Ausdrücke (45)—(47) bzw. (48)—(50) in die allgemeinen Momentengleichungen (42)—(44) ein, so erhält man die zu $R_n \cos n\varphi$, R_n' $\cos n\varphi$ gehörenden Teilmomente nach Ordnen der Glieder wie folgt:

Äußeres Gebiet $\alpha > \varrho$:

$$m_{rn} = \frac{P}{8\pi}\varrho^n\Big\{(1-\nu)\varrho^2\alpha^{-(n+2)} + \frac{\nu(n^2+n-2) - (n-1)(n-2)}{n(n-1)}\alpha^{-n} + \\ + \frac{(3+\nu)(1-\nu)n - (n-1)(1-\nu^2)\varrho^2}{2n+1+\nu}\alpha^{n-2} + \\ + \frac{\nu(n^2-n-2) - (n+1)(n+2)}{2n+1+\nu}\Big[\frac{1+\nu}{n} + \frac{1-\nu}{n+1}\varrho^2\Big]\alpha^n\Big\}\cos n\varphi - \tag{51}$$

$$m_{tn} = \frac{P}{8\pi}\varrho^n \Bigg\{ -(1-\nu)\varrho^2 \alpha^{-(n+2)} + \frac{(n^2+n-2)-\nu(n-1)(n-2)}{n(n-1)}\alpha^{-n} +$$

$$+ \frac{(1-\nu^2)(n-1)\varrho^2 - (3+\nu)(1-\nu)n}{2n+1+\nu}\alpha^{n-2} +$$

$$+ \frac{(n^2-n-2)-\nu(n+1)(n+2)}{2n+1+\nu}\left[\frac{1+\nu}{n} + \frac{1-\nu}{n+1}\varrho^2\right]\alpha^n\Bigg\}\cos n\varphi \quad (52)$$

$$m_{rtn} = (1-\nu)\frac{P}{8\pi}\varrho^n\Bigg\{ -\alpha^{-n} + \varrho^2\alpha^{-(n+2)} -$$

$$- \frac{n(3+\nu)-(1+\nu)(n-1)\varrho^2}{2n+1+\nu}\alpha^{n-2} +$$

$$+ \frac{(1+\nu)(n+1)+(1-\nu)n\varrho^2}{2n+1+\nu}\alpha^n\Bigg\}\sin n\varphi \quad (53)$$

Inneres Gebiet $\alpha < \varrho$:

$$m'_{rn} = \frac{P}{8\pi}\Bigg\{\Bigg[-(1-\nu)\varrho^{-(n-2)} + \frac{n(3+\nu)(1-\nu)}{2n+1+\nu}\varrho^n -$$

$$- \frac{(1-\nu^2)(n-1)}{2n+1+\nu}\varrho^{n+2}\Bigg]\alpha^{n-2} + \Bigg[\frac{1+\nu}{(2n+1+\nu)n}\varrho^n +$$

$$+ \frac{1-\nu}{(2n+1+\nu)(n+1)}\varrho^{n+2} - \frac{1}{n(n+1)}\varrho^{-n}\Bigg]$$

$$[n^2\nu - (n+2)(n+1+\nu)]\,\alpha^n\Bigg\}\cos n\varphi \quad (54)$$

$$m'_{tn} = \frac{P}{8\pi}\Bigg\{\Bigg[(1-\nu)\varrho^{-(n-2)} - \frac{n(3+\nu)(1-\nu)}{(2n+1+\nu)(n+1)}\varrho^n +$$

$$+ \frac{(1-\nu^2)(n-1)}{2n+1+\nu}\varrho^{n+2}\Bigg]\alpha^{n-2} + \Bigg[\frac{1+\nu}{(2n+1+\nu)n}\varrho^n +$$

$$+ \frac{1-\nu}{(2n+1+\nu)(n+1)}\varrho^{n+2} - \frac{1}{n(n+1)}\varrho^{-n}\Bigg]$$

$$[n^2 - (n+2)(n\nu+\nu+1)]\,\alpha^n\Bigg\}\cos n\varphi \quad (55)$$

$$m'_{rtn} = (1-\nu)\frac{P}{8\pi}\Bigg\{\Bigg[\varrho^{-(n-2)} - \frac{n(3+\nu)-(1+\nu)(n-1)\varrho^{n-2}}{2n+1+\nu}\Bigg]\alpha^{n-2} +$$

$$+ \Bigg[-\varrho^{-n} + \frac{(1+\nu)(n+1)\varrho^n + (1-\nu)n\varrho^{n+2}}{2n+1+\nu}\Bigg]\alpha^n\Bigg\}\sin n\varphi \quad (56)$$

Man kann sich leicht überzeugen, daß die obigen Ausdrücke folgende Bedingungen erfüllen:

1. Mit $\alpha = \varrho$ geht die Gleichungsgruppe (51)—(53) in die Gleichungsgruppe (54)—(56) über.
2. Für $\alpha = 1$ wird aus Gl. (51) $m_{rn} = 0$.

Bedenkt man aber, daß die Formeln (51)—(56) für sämtliche Kombinationen ϱ und α, die einerseits durch die Säulenteilung, andererseits durch die zu untersuchenden Schnitte gegeben sind, für $n = h, 2h, 3h, \ldots$ ausgewertet werden müßten, so erscheinen die abgeleiteten Ausdrücke praktisch zunächst wertlos, da eine solche Rechenarbeit kaum zu bewältigen wäre. Es ist auch zu beachten, daß die Reihen $\sum m_{rn}$ usw. für solche Wertepaare von ϱ und α, die nur wenig voneinander verschieden sind, ziemlich langsam konvergieren (viel langsamer, als die ursprüngliche Reihe $\sum R_n \cos n\varphi$). Um also zu praktisch brauchbaren Ergebnissen zu gelangen, müssen die Gl. (51)—(56) umgeformt werden.

Äußeres Gebiet $\alpha > \varrho$.

Gl. (51) kann wie folgt angeschrieben werden:

$$m_{rn} = \frac{P}{8\pi}\left\{\left(\frac{\varrho}{\alpha}\right)^n\left[\left(\frac{\varrho}{\alpha}\right)^2(1-\nu) - 1 + \frac{2}{n} + \nu + \frac{2\nu}{n}\right] + (\alpha\varrho)^n\left[\left(\frac{\varrho}{\alpha}\right)^2\frac{1-\nu^2}{2n+1+\nu} - \right.\right.$$
$$-\left(\frac{\varrho}{\alpha}\right)^2\frac{n(1-\nu^2)}{2n+1+\nu} + \frac{(3+\nu)(1-\nu)}{\alpha^2}\,\frac{n}{2n+1+\nu} + \frac{\nu(1+\nu)n}{2n+1+\nu} - \frac{\nu(1+\nu)}{2n+1+\nu} -$$
$$-\frac{2\nu(1+\nu)}{(2n+1+\nu)n} + \frac{n(1-\nu)\nu}{2n+1+\nu}\varrho^2 - \frac{2(1-\nu)\nu}{2n+1+\nu}\varrho^2 - \frac{n(1+\nu)}{2n+1+\nu} -$$
$$\left.\left.-\frac{3(1+\nu)}{2n+1+\nu} - \frac{2(1+\nu)}{(2n+1+\nu)n} - \frac{(1-\nu)n}{2n+1+\nu}\varrho^2 - \frac{2(1-\nu)}{2n+1+\nu}\varrho^2\right]\right\}\cos n\varphi.$$

Setzt man wieder $n = ph$, $\left(\frac{\varrho}{\alpha}\right)^h = \vartheta$, $(\varrho\alpha)^h = \lambda$, $h\varphi = \psi$, so ist

$$m_{rn} = \frac{P}{8\pi}\left\{\vartheta^p\left[(1-\nu)\left(\frac{\varrho}{\alpha}\right)^2 - 1 + \nu\right] + \frac{\vartheta^p}{hp}\,2(1+\nu) + \right.$$
$$+\lambda^p\frac{hp}{2hp+1+\nu}\left[-\left(\frac{\varrho}{\alpha}\right)^2(1-\nu^2) + (3+\nu)(1-\nu)\frac{1}{\alpha^2} + \nu(1+\nu) + \right.$$
$$\left. + (1-\nu)\nu\varrho^2 - (1+\nu) - (1-\nu)\varrho^2\right] +$$
$$+\lambda^p\frac{1}{2hp+1+\nu}\left[\left(\frac{\varrho}{\alpha}\right)^2(1-\nu^2) - \nu(1+\nu) - 2\nu(1-\nu)\varrho^2 - 3(1+\nu) - \right.$$
$$\left. - 2(1-\nu)\varrho^2\right] +$$
$$\left. + \lambda^p\frac{1}{(2hp+1+\nu)hp}\left[-2(1+\nu)^2\right]\right\}\cos p\psi.$$

Setzt man ferner

$$A = (1-\nu)\left(\frac{\varrho}{\alpha}\right)^2 - 1 + \nu = (1-\nu)\left[\left(\frac{\varrho}{\alpha}\right)^2 - 1\right] \tag{57}$$

$$B = -\left(\frac{\varrho}{\alpha}\right)^2(1-\nu^2) + \frac{(3+\nu)(1-\nu)}{\alpha^2} - (1-\nu^2)\varrho^2 - (1-\nu^2) =$$
$$= \frac{(3+\nu)(1-\nu)}{\alpha^2} - (1-\nu^2)\left[\left(\frac{\varrho}{\alpha}\right)^2 + \varrho^2 + 1\right] \tag{58}$$

$$C_r = (1-\nu^2)\left[\left(\frac{\varrho}{\alpha}\right)^2 - 2\varrho^2\right] - (1+\nu)(3+\nu) \tag{59}$$

so wird

$$m_{r\Sigma} = \frac{P}{8\pi}\left\{A\sum_{p=1}^{\infty}\vartheta^p \cos p\psi + \frac{2(1+\nu)}{h}\sum_{p=1}^{\infty}\frac{\vartheta^p}{p}\cos p\psi + \right.$$
$$+ B\sum_{p=1}^{\infty}\frac{\lambda^p hp}{2hp+1+\nu}\cos p\psi + C_r\sum_{p=1}^{\infty}\frac{\lambda^p}{2hp+1+\nu}\cos p\psi$$
$$\left. - 2(1+\nu)^2\sum_{p=1}^{\infty}\frac{\lambda^p}{(2hp+1+\nu)hp}\cos p\psi\right\} \tag{60}$$

In derselben Weise ergibt sich

$$m_{t\Sigma} = \frac{P}{8\pi}\left\{-A\sum_{p=1}^{\infty}\vartheta^p \cos p\psi + \frac{2(1+\nu)}{h}\sum_{p=1}^{\infty}\frac{\vartheta^p}{p}\cos p\psi - \right.$$
$$- B\sum_{p=1}^{\infty}\frac{\lambda^p hp}{2hp+1+\nu}\cos p\psi + C_t\sum_{p=1}^{\infty}\frac{\lambda^p}{2hp+1+\nu}\cos p\psi -$$
$$\left. - 2(1+\nu)^2\sum_{p=1}^{\infty}\frac{\lambda^p}{(2hp+1+\nu)hp}\cos p\psi\right\} \tag{61}$$

$$m_{rt\Sigma} = \frac{P}{8\pi}\left\{A\sum_{p=1}^{\infty}\vartheta^p \sin p\psi - B\sum_{p=1}^{\infty}\frac{\lambda^p hp}{2hp+1+\nu}\sin p\psi + \right.$$
$$\left. + (1-\nu^2)\left[1-\left(\frac{\varrho}{a}\right)^2\right]\sum_{p+1}^{\infty}\frac{\lambda^p}{2hp+1+\nu}\sin p\psi\right\} \tag{62}$$

Hier ist

$$C_t = -(1-\nu^2)\left[\left(\frac{\varrho}{a}\right)^2 + 2\varrho^2\right] - (1+\nu)(1+3\nu) = C_r + (1-\nu^2)\left[1-\left(\frac{\varrho}{a}\right)^2\right] \tag{63}$$

$$C_r + C_t = -4\left[\varrho^2(1-\nu^2) + (1+\nu)^2\right] \tag{64}$$

Inneres Gebiet $a < \varrho$.

Aus den Gl. 53—55 erhält man:

$$m'_{r\Sigma} = \frac{P}{8\pi}\left\{-A\sum_{p=1}^{\infty}\vartheta'^p \cos p\psi + \frac{2(1+\nu)}{h}\sum_{p=1}^{\infty}\frac{\vartheta'^p}{p}\cos p\psi + \right.$$
$$+ B\sum_{p=1}^{\infty}\frac{\lambda^p hp}{2hp+1+\nu}\cos p\psi + C_r\sum_{p=1}^{\infty}\frac{\lambda^p}{2hp+1+\nu}\cos p\psi -$$
$$\left. - 2(1+\nu^2)\sum_{p=1}^{\infty}\frac{\lambda^p}{(2hp+1+\nu)hp}\cos p\psi\right\} \tag{65}$$

$$m'_{t\Sigma} = \frac{P}{8\pi}\left\{A\sum_{p=1}^{\infty}\vartheta'^p\cos p\psi + \right.$$

$$+\frac{2(1+\nu)}{h}\sum_{p=1}^{\infty}\frac{\vartheta'^p}{p}\cos p\psi - B\sum_{p=1}^{\infty}\frac{\lambda^p hp}{2hp+1+\nu}\cos p\psi +$$

$$\left. + C_t\sum_{p=1}^{\infty}\frac{\lambda^p}{2hp+1+\nu}\cos p\psi - 2(1+\nu)^2\sum_{p=1}^{\infty}\frac{\lambda^p}{(2hp+1+\nu)hp}\cos p\psi\right\} \quad (66)$$

$$m'_{rt\Sigma} = \frac{P}{8\pi}\left\{A\sum_{p=1}^{\infty}\vartheta'^p\sin p\psi - B\sum_{p=1}^{\infty}\frac{\lambda^p hp}{2hp+1+\nu}\sin p\psi + \right.$$

$$\left. + (1-\nu^2)\left[1-\left(\frac{\varrho}{a}\right)^2\right]\sum_{p=1}^{\infty}\frac{\lambda^p}{2hp+1+\nu}\sin p\psi\right\} \quad (67)$$

Es ist besonders darauf hinzuweisen, daß die Funktionen A, B, C_r C_t im inneren Gebiet dieselbe Form haben, wie im äußeren, daß also ϱ und a nicht vertauscht werden, wie dies z. B. bei ϑ und ϑ' der Fall ist. A, B, C_r, C_t sind nur von a und ϱ abhängig, ihre Berechnung ist sehr einfach. Dagegen muß noch ein Weg zur Auswertung der in den Gl. (60)—(62), (65)—(67) vorkommenden Summenausdrücke gefunden werden. Es handelt sich dabei um folgende fünf verschiedene Reihen, in welchen die Veränderlichen mit den Buchstaben r und x, die Ordnungszahlen mit n bezeichnet werden.

$$\left.\begin{array}{llll}
1. & \sum_{n=1}^{\infty} r^n\cos nx & \text{und} & \sum_{n=1}^{\infty} r^n\sin nx \\
2. & \sum_{n=1}^{\infty}\frac{r^n}{n}\cos nx & \text{,,} & \sum_{n=1}^{\infty}\frac{r^n}{n}\sin nx \\
3. & \sum_{n=1}^{\infty}\frac{r^n}{2n+1+\nu}\cos nx & \text{,,} & \sum_{n=1}^{\infty}\frac{r^n}{2n+1+\nu}\sin nx \\
4. & \sum_{n=1}^{\infty}\frac{nr^n}{2n+1+\nu}\cos nx & \text{,,} & \sum_{n=1}^{\infty}\frac{nr^n}{2n+1+\nu}\sin nx \\
5. & \sum_{n=1}^{\infty}\frac{r^n}{n(2n+1+\nu)}\cos nx & \text{,,} & \sum_{n=1}^{\infty}\frac{r^n}{n(2n+1+\nu)}\sin nx
\end{array}\right| \begin{array}{l} 0<r<1 \\ 0\leqq x<2\pi\end{array}$$

Die Reihen (4) und (5) können wie folgt zerlegt werden:

$$4.\quad \sum_{n=1}^{\infty}\frac{nr^n}{2n+1+\nu}\cos nx = \underbrace{\frac{1}{2}\sum_{n=1}^{\infty}r^n\cos nx}_{(1)} - \frac{1+\nu}{2}\underbrace{\sum_{n=1}^{\infty}\frac{r^n}{2n+1+\nu}\cos nx}_{(3)} \quad (68)$$

$$5.\ \sum_{n=1}^{\infty} \frac{r^n}{n(2n+1+\nu)} \cos nx = \underbrace{\sum_{n=1}^{\infty} \frac{r^n}{n} \cos nx}_{(2)} - 2 \underbrace{\sum_{n=1}^{\infty} \frac{r^n}{2n+1+\nu} \cos nx}_{(3)} - \nu \underbrace{\sum_{n=1}^{\infty} \frac{r^n}{n(2n+1+\nu)} \cos nx}_{(5)}$$

$$5.\ \sum_{n=1}^{\infty} \frac{r^n}{n(2n+1+\nu)} \cos nx = \frac{1}{1+\nu} \Bigg[\underbrace{\sum_{n=1}^{\infty} \frac{r^n}{n} \cos nx}_{(2)} - 2 \underbrace{\sum_{n=1}^{\infty} \frac{r^n}{2n+1+\nu} \cos nx}_{(3)} \Bigg] \tag{69}$$

Die Reihe (4) wurde also auf die Reihen (1) und (3), die Reihe (5) auf die Reihen 2 und 3 zurückgeführt. Die Momente können somit durch die Reihen (1), (2), (3) ausgedrückt werden.

Nachstehend wird gezeigt, daß es möglich ist, alle drei Reihen geschlossen zu summieren, indem man sie als reellen (bzw. imaginären) Teil von Reihen mit komplexen Veränderlichen $z = r$ ($\cos x + i \sin x$), deren Grenzwert bekannt ist, auffaßt. Die gesuchten Grenzwerte der Reihen (1), (2) sind dann die reellen (bzw. imaginären) Teile der bekannten komplexen Grenzwerte.

1. Reihe (1) ist der reelle (bzw. imaginäre) Teil der komplexen Reihe

$$\sum_{n=0}^{\infty} z^n = \frac{1}{1-z} \quad \text{mit } z = r\ (\cos x + i \sin x), \quad r < 1.$$

Es ist demnach

$$\sum_{n=0}^{\infty} r^n \cos nx = \frac{1 - r\cos x}{1 - 2r\cos x + r^2} \quad \text{und somit}$$

$$\sum_{n=1}^{\infty} r^n \cos nx = \frac{1 - r\cos x}{1 - 2r\cos x + r^2} - 1 = r\frac{\cos x - r}{1 - 2r\cos x + r^2} = \underline{f_1(r,x)} \tag{70}$$

$$\sum_{n=1}^{\infty} r^n \sin nx = \frac{r \sin x}{1 - 2r\cos x + r^2} = \underline{f_2(r,x)} \tag{71}$$

2. Für die Reihe (2) ist die komplexe Hilfsreihe:

$$\frac{z}{1} + \frac{z^2}{2} + \frac{z^3}{3} + \cdots + \frac{z^n}{n} + \cdots = ln \frac{1}{1-z} = -ln\,(1-z)$$

Andererseits ist

$$-ln\,(1-z) = -ln\,|1-z| + i\varphi$$

$$|1-z| = (1 - 2r\cos x + r^2)^{\frac{1}{2}}, \quad \varphi = \operatorname{arctg}\left(\frac{r \sin x}{1 - r\cos x}\right)$$

Also erhält man für die reellen und imaginären Teile:

$$\sum_{n=1}^{\infty} \frac{r^n}{n} \cos n x = - \ln (1 - 2 r \cos x + r^2)^{\frac{1}{2}} = \underline{g_1 (r, x)} \tag{72}$$

$$\sum_{n=1}^{\infty} \frac{r^n}{n} \sin n x = \operatorname{arctg} \left(\frac{r \sin x}{1 - r \cos x} \right) = \underline{g_2 (r, x)} \tag{73}$$

3. Die Reihe (3) läßt sich wie folgt umformen: Es sei $n = hp$, $z^h = y$, $(z^n = y^p)$.

$$\sum_{n=h, 2h, \ldots} \frac{z^n}{2n + 1 + \nu} = \frac{1}{2h} \sum_{p=1}^{\infty} \frac{y^p}{p + \frac{1+\nu}{2h}} = \frac{1}{2h} S_{p=1}$$

Einfachheitshalber sei ferner $\frac{1+\nu}{2h} = \gamma$ wo $0 \leqq \nu < \frac{1}{2}$, $\gamma < 1$

$$S_{p=0} = \sum_{p=0}^{\infty} \frac{y^p}{p + \gamma}$$

Wir führen folgende Funktion ein:

$$u = \sum_{p=0}^{\infty} y^{p + \gamma - 1} = y^{\gamma - 1} \sum_{p=0}^{\infty} y^p$$

Dann ist

$$\int_0^y u \, d y = \sum_{p=0}^{\infty} \frac{y^{p+\gamma}}{p + \gamma} = y^{\gamma} \sum_{p=0}^{\infty} \frac{y^p}{p + \gamma} = y^{\gamma} S_{p=0}$$

somit

$$S_{p=0} = y^{-\gamma} \int_0^y u \, d y = y^{-\gamma} \int_0^y \frac{y^{\gamma - 1}}{1 - y} d y$$

Hier ist $\gamma - 1$ ein echter Bruch mit negativem Vorzeichen, es kann also gesetzt werden $\gamma - 1 = - \frac{s}{t}$, wo $(s, t) = 1, s < t$,

$$S_{p=0} = y^{-\gamma} \int_0^y \frac{y^{-\frac{s}{t}}}{1 - y} d y$$

Wir substituieren $y = v^t$, $d y = t v^{t-1} d v$

$$\int_0^y \frac{y^{-\frac{s}{t}}}{1 - y} d y = t \int_0^{v^t} \frac{v^{t-s-1}}{1 - v^t} d v$$

Sowohl Zähler, als auch Nenner enthalten nur ganze Potenzen von v, der Integrand läßt sich also in Partialbrüche zerlegen und die Integration kann in geschlossener Form ausgeführt werden. Trennt man nachher den reellen und imaginären Teil voneinander, so ergibt sich die Summe der cos- bzw. sin-Reihe in geschlossener Form.

Es sind somit alle drei Reihen auf geschlossene Form gebracht, wodurch bewiesen ist, daß sich für die Momente theoretisch strenge, geschlossene Formeln angeben lassen.

Der zur genauen Summierung der Reihe (3) erforderliche Rechnungsgang ist aber für die praktische Durchführung zu langwierig. Mit Hilfe der Reihe (2) kann eine sehr gute Näherung gefunden werden, deren Genauigkeit weit größer ist, als es praktisch nötig wäre.

Die Summe der cos-Reihe sei mit L bezeichnet. Ferner sei $r^h = \lambda$, $h x = \psi$. Der größte Wert dieser Summe wird mit $x = 0$ erreicht und ist

$$\sum_{p=1}^{\infty} \frac{\lambda^p}{2hp+1+\nu} = L_0$$

Da diese Reihe aus lauter positiven Gliedern besteht und jedes Glied zwischen den Gliedern der beiden Reihen

$$\frac{1}{2h}\sum \frac{\lambda^p}{p} \quad \text{und} \quad \frac{1}{2h+1+\nu}\sum \frac{\lambda^p}{p}$$

liegt, so liegt auch L_0 zwischen den Summen dieser beiden Reihen.

Es sei

$$d = \frac{1}{2h}\sum_{p=1}^{\infty} \frac{\lambda^p}{p} - \frac{1}{2h+1+\nu}\sum_{p=1}^{\infty} \frac{\lambda^p}{p} = \frac{1+\nu}{4h^2+2(1+\nu)h}\sum_{p=1}^{\infty} \frac{\lambda^p}{p}$$

$$\text{und} \quad \varepsilon = \frac{1+\nu}{4h^2+2(1+\nu)h} \tag{74}$$

Mit $h = 4$ ist also der Fehler, den man begeht, wenn man anstatt L_0 eine dieser Summen in Rechnung stellt, sicher kleiner als

$$\frac{1+\nu}{64+8(1+\nu)}\sum_{p=1}^{\infty} \frac{\lambda^p}{p} < \frac{1{,}5}{76}\,^{40)} \sum_{p=1}^{\infty} \frac{\lambda^p}{p},$$

d. h. kleiner als 2%. Mit $\nu = 0$ ist $\varepsilon = \frac{1}{72}$, so daß der Fehler kleiner als 1,4% ist.

Es ist also

$$\left| \frac{1}{2h}\sum \frac{\lambda^p}{p} - \sum \frac{\lambda^p}{2hp+1+\nu} \right| < d$$

$$\left| \frac{1}{2h+1+\nu}\sum \frac{\lambda^p}{p} - \sum \frac{\lambda^p}{2hp+1+\nu} \right| < d$$

Da bei konvergenten Reihen auch gliedweise subtrahiert werden kann, so können die Ungleichungen auch in folgender Weise geschrieben werden:

$$\left| \sum \left[\frac{1}{2hp} - \frac{1}{2hp+1+\nu}\right] \lambda^p \right| \,^{41)} = \sum \left| \left[\frac{1}{2hp} - \frac{1}{2hp+1+\nu}\right] \lambda^p \right| < d$$

[40] $0 \leqq \nu < \frac{1}{2}$.

[41] Der Klammerausdruck ist immer positiv.

$$\left|\sum\left[\frac{1}{(2h+1+\nu)p}-\frac{1}{2hp+1+\nu}\right]\lambda^p\right|^{42)}=$$

$$=\sum\left|\left[\frac{1}{(2h+1+\nu)p}-\frac{1}{2hp+1+\nu}\right]\lambda^p\right|<d$$

Durch gliedweise Multiplikation mit $\cos p\psi$ vermindern sich die Absolutwerte der einzelnen Glieder (oder sie bleiben höchstens unverändert), so daß a fortiori

$$\sum\left|\left[\frac{1}{2hp}-\frac{1}{2hp+1+\nu}\right]\lambda^p\cos p\psi\right|<d$$

$$\sum\left|\left[\frac{1}{(2h+1+\nu)p}-\frac{1}{2hp+1+\nu}\right]\lambda^p\cos p\psi\right|<d$$

Kehrt man die Reihenfolge von Summation und Subtraktion wieder um, so erhält man

$$\left|\frac{1}{2h}\sum\frac{\lambda^p}{p}\cos p\psi-L\right|<d$$

$$\left|\frac{1}{2h+1+\nu}\sum\frac{\lambda^p}{p}\cos p\psi-L\right|<d$$

Nun ist

$$\frac{1}{2h}\sum_{p=1}^{\infty}\frac{\lambda^p}{p}\cos p\psi=-\frac{1}{2h}ln(1-2\lambda\cos\psi+\lambda^2)^{\frac{1}{2}}=\frac{1}{2h}g_1(\lambda,\psi)$$

Dieser Wert sei mit U bezeichnet.

$$\frac{1}{2h+1+\nu}\sum\frac{\lambda^p}{p}\cos p\psi=-\frac{1}{2h+1+\nu}ln(1-2\lambda\cos\psi+\lambda^2)^{\frac{1}{2}}=$$

$$=\frac{1}{2h+1+\nu}g_1(\lambda,\psi)$$

Dieser Wert sei mit T bezeichnet.

Somit ist

$$|U-L|<d=\varepsilon U$$

$$|T-L|<d=\varepsilon U$$

$$\left|\frac{U+T}{2}-L\right|<d=\varepsilon U$$

Es ist also mit hinreichender Genauigkeit zulässig, die Reihen (3) durch den Näherungswert U zu ersetzen. Mit gleicher Annäherung ist es auch zulässig, die Reihe (5) gleich null zu setzen oder, m. a. W., das letzte Glied der Gleichungen (60), (61), (65), (66) zu vernachlässigen. Führt man nämlich U in Gl. (69) ein, so wird

$$\sum_{p=1}^{\infty}\frac{\lambda^p}{hp(2hp+1+\nu)}\cos p\psi\sim\frac{1}{1+\nu}\left[\frac{1}{h}\sum_{p=1}^{\infty}\frac{\lambda^p}{p}\cos p\psi-\frac{1}{h}\sum_{p=1}^{\infty}\frac{\lambda^p}{p}\cos p\psi\right]=0$$

---

42) Der Klammerausdruck ist immer negativ

Unter Verwertung der bei der Untersuchung der Reihen gewonnenen Ergebnisse lauten die Momentengleichungen:

Äußeres Gebiet $a > \varrho$

$$m_{r\Sigma} = \frac{P}{8\pi}\left\{A f_1(\vartheta,\psi) + \frac{2(1+\nu)}{h} g_1(\vartheta,\psi) + \right.$$
$$\left. + \frac{B}{2} f_1(\lambda,\psi) + \frac{1}{2h}\left(C_r - \frac{1+\nu}{2} B\right) g_1(\lambda,\psi)\right\} \quad (75)$$

$$m_{t\Sigma} = \frac{P}{8\pi}\left\{-A f_1(\vartheta,\psi) + \frac{2(1+\nu)}{h} g_1(\vartheta,\psi) - \right.$$
$$\left. - \frac{B}{2} f_1(\lambda,\psi) + \frac{1}{2h}\left(C_t + \frac{1+\nu}{2} B\right) g_1(\lambda,\psi)\right\} \quad (76)$$

$$m_{rt\Sigma} = \frac{P}{8\pi}\left\{A f_2(\vartheta,\psi) - \frac{B}{2} f_2(\lambda,\psi) + \right.$$
$$\left. + \frac{1}{2h}\left[(1-\nu^2)\left(1 - \frac{\varrho^2}{a^2}\right) + \frac{1+\nu}{2} B\right] g_2(\lambda,\psi)\right\} \quad (77)$$

Inneres Gebiet:

$$m'_{r\Sigma} = \frac{P}{8\pi}\left\{-A f_1(\vartheta',\psi) + \frac{2(1+\nu)}{h} g_1(\vartheta',\psi) + \right.$$
$$\left. + \frac{B}{2} f_1(\lambda,\psi) + \frac{1}{2h}\left(C_r - \frac{1+\nu}{h} B\right) g_1(\lambda,\psi)\right\} \quad (78)$$

$$m'_{t\Sigma} = \frac{P}{8\pi}\left\{A f_1(\vartheta',\psi) + \frac{2(1+\nu)}{h} g_1(\vartheta',\psi) - \right.$$
$$\left. - \frac{B}{2} f_1(\lambda,\psi) + \frac{1}{2h}\left(C_t + \frac{1+\nu}{2} B\right) g_1(\lambda,\psi)\right\} \quad (79)$$

$$m'_{rt\Sigma} = \frac{P}{8}\left\{A f_2(\vartheta',\psi) - \frac{B}{2} f_2(\lambda,\psi) + \right.$$
$$\left. + \frac{1}{2h}\left[(1-\nu^2)\left(1 - \frac{\varrho^2}{a^2}\right) + \frac{1+\nu}{2} B\right] g_2(\lambda,\psi)\right\} \quad (80)$$

Zur Vereinfachung der Formeln seien noch folgende Bezeichnungen eingeführt:

$$\frac{1}{4}\left(C_r - \frac{1+\nu}{2} B\right) = \frac{1-\nu^2}{8}\left[-\frac{1-\varrho^2}{a^2}(3+\nu) - \varrho^2(3-\nu)\right] -$$
$$- \frac{1}{8}(5 + 7\nu + 3\nu^2 + \nu^3) = D \quad (81)$$

$$\frac{1}{4}\left(C_t + \frac{1+\nu}{2} B\right) = \frac{1-\nu^2}{8}\left[\frac{1-\varrho^2}{a^2}(3+\nu) - \varrho^2(5+\nu)\right] -$$
$$- \frac{1}{8}(3 + 9\nu + 5\nu^2 - \nu^3) = E \quad (82)$$

$$D+E=-[(1-\nu^2)\varrho^2+1+2\nu+\nu^3 \tag{83}$$

$$\frac{1}{4}\left[(1-\nu^2)\left(1-\frac{\varrho^2}{\alpha^2}\right)+\frac{1+\nu}{2}B\right]=\frac{1-\nu^2}{8}\left\{\frac{1-\varrho^2}{\alpha^2}(3+\nu)-\varrho^2(1+\nu)+\right.$$

$$\left.+1-\nu\right\}=F \tag{84}$$

In den früher abgeleiteten Momentenformeln m_g, m_0 wurde $\frac{P}{4\pi}$ ausgeklammert (Gl. 25, 26, 27, 28, 29, 30, 31, 32, 39, 40, 41). Die endgültige Form der Momente m_Σ lautet dementsprechend:

Äußeres Gebiet $\alpha>\varrho$

$$m_{r\Sigma}=\frac{P}{4\pi}\left\{\frac{A}{2}f_1(\vartheta,\psi)+\frac{1+\nu}{h}g_1(\vartheta,\psi)+\frac{B}{4}f_1(\lambda,\psi)+\frac{D}{h}g_1(\lambda,\psi)\right\} \tag{85}$$

$$m_{t\Sigma}=\frac{P}{4\pi}\left\{-\frac{A}{2}f_1(\vartheta,\psi)+\frac{1+\nu}{h}g_1(\vartheta;\psi)-\frac{B}{4}f_1(\lambda,\psi)+\frac{E}{h}g_1(\lambda,\psi)\right\} \tag{86}$$

$$m_{rt\Sigma}=\frac{P}{4\pi}\left\{\frac{A}{2}f_2(\vartheta,\psi)-\frac{B}{4}f_2(\lambda,\psi)+\frac{F}{h}g_2(\lambda,\psi)\right\} \tag{87}$$

Inneres Gebiet $\alpha<\varrho$

$$m'_{r\Sigma}=\frac{P}{4\pi}\left\{-\frac{A}{2}f_1(\vartheta',\psi)+\frac{1+\nu}{h}g_1(\vartheta',\psi)+\frac{B}{4}f_1(\lambda,\psi)+\frac{D}{h}g_1(\lambda,\psi)\right\} \tag{88}$$

$$m'_{t\Sigma}=\frac{P}{4\pi}\left\{\frac{A}{2}f_1(\vartheta',\psi)+\frac{1+\nu}{h}g_1(\vartheta'\psi)-\frac{B}{4}f_1(\lambda,\psi)+\frac{E}{h}(\lambda,\psi)\right\} \tag{89}$$

$$m'_{rt\Sigma}=\frac{P}{4\pi}\left\{\frac{A}{2}f_2(\vartheta',\psi)-\frac{B}{4}f_2(\lambda,\psi)+\frac{F}{h}g_2(\lambda,\psi)\right\} \tag{90}$$

Setzt man $\nu=0$, so vereinfachen sich die Gl. (85)—(86), (88)—(89) in der Schreibweise nur insofern, als das zweite Glied anstatt $\frac{1+\nu}{h}$ den Beiwert $\frac{1}{h}$ erhält. Die Gl. (87), (90) bleiben formal unverändert. Dagegen sind die Ausdrücke für A, B, D, E, F wesentlich einfacher, und zwar

$$A=\frac{\varrho^2}{\alpha^2}-1 \tag{57 a}$$

$$B=\frac{3}{\alpha^2}-\left[\frac{\varrho^2}{\alpha^2}+\varrho^2+1\right]=\frac{3-\varrho^2}{\alpha^2}-(1+\varrho^2) \tag{58 a}$$

$$D=-\left[\frac{3}{8}\left(\frac{1-\varrho^2}{\alpha^2}+\varrho^2\right)+\frac{5}{8}\right] \tag{81 a}$$

$$E=\frac{3}{8}\left[\frac{1-\varrho^2}{\alpha^2}-1\right]-\frac{5}{8}\varrho^2 \tag{82 a}$$

$$D+E=-(1+\varrho^2) \tag{83 a}$$

$$F=\frac{1}{8}(1-\varrho^2)\left(1+\frac{3}{\alpha^2}\right) \tag{84 a}$$

Die Vorzeichen der Funktionen $A-F$ sind die folgenden:

$sg A = -1$ wenn $\alpha > \varrho$ (äußeres Gebiet)
$sg A = +1$ wenn $\alpha < \varrho$ (inneres Gebiet)
$sg B = +1$
$sg D = -1$
$sg E = +1$ wenn α, ϱ klein, d. h. wenn $\alpha^2 + \varrho^2 + \frac{5}{3}(\alpha\varrho)^2 < 1$
$sg E = -1$ wenn α, ϱ groß, d. h. wenn $\alpha^2 + \varrho^2 + \frac{5}{3}(\alpha\varrho)^2 > 1$
$sg F = +1$.

Zur Vereinfachung der Auswertung der Gl. (85)—(90) wurden folgende Tabellen aufgestellt:

Tab. XII ξ, ξ^2, ξ^3, ξ^4, $\frac{1}{\xi^2}$, $\xi^{\frac{3}{2}}$
„ XIII $f_1(\xi^4, \psi)$
„ XIV $\frac{A}{2} f_1(\vartheta', \psi)$
„ XV $\frac{A}{2} f_1(\vartheta, \psi)$
„ XVI $f_2(\xi^4, \psi)$
„ XVII $\frac{A}{2} f_2(\vartheta', \psi)$
„ XVIII $\frac{A}{2} f_2(\vartheta, \psi)$
„ XIX $g_1(\xi^4, \psi)$
„ XX $g_2(\xi^4, \psi)$
„ XXI $B(\alpha, \varrho)$
„ XXII $D(\alpha, \varrho)$
„ XXIII $E(\alpha, \varrho)$
„ XXIV $F(\alpha, \varrho)$

Die in den Gleichungen (85)—(90) und in den Tabellen XII—XXIV vorkommenden Bezeichnungen sollen nachstehend noch kurz besprochen werden.

Die Lage einer Säulengruppe ist durch ϱ, die Anzahl der zugehörigen Stützen durch h festgelegt. Die Schnittstellen, in welchen die Momente gesucht werden, haben die Koordinaten α und $\varphi = \frac{\psi}{h}$. Bezüglich φ und ψ genügt es auf Abb. 10 (S. 30) hinzuweisen. Für jede Kombination α, ϱ ist der Wert $\frac{\varrho}{\alpha}$ bzw. $\frac{\alpha}{\varrho}$ zu bilden, je nachdem $\alpha > \varrho$ bzw. $\alpha < \varrho$, ferner der Wert $\alpha\varrho$. In den Funktionen f_1, f_2, g_1, g_2 kommen als Argumente nur die h-ten Potenzen dieser Werte vor, und zwar:

$$\vartheta = \left(\frac{\varrho}{a}\right)^h \text{ wenn } a > \varrho$$

$$\vartheta' = \left(\frac{a}{\varrho}\right)^h \text{ wenn } a < \varrho$$

und $$\lambda = (a\,\varrho)^h .$$

Die Ausrechnung der Werte ϑ, ϑ', λ ist aber gar nicht nötig. Die Tabellen XIII, XVI, XIX, XX geben die Funktionswerte f_1, f_2, g_1, g_2 für den praktisch wichtigsten Fall $h = 4$ unmittelbar in Abhängigkeit von $\xi = \frac{\varrho}{a}$ bzw. $\xi = \frac{a}{\varrho}$ und $\xi = a\,\varrho$ an. Ist $h \neq 4$, so sind als Leitwerte $\bar{\xi} = \xi^{\frac{h}{4}}$ einzuführen, also z. B. für $h = 6$

$$\left(\frac{\varrho}{a}\right)^{\frac{3}{2}} \text{ bzw. } \left(\frac{a}{\varrho}\right)^{\frac{3}{2}} \text{ und } (a\,\varrho)^{\frac{3}{2}}$$

für $h = 8$

$$\left(\frac{\varrho}{a}\right)^2 \text{ bzw. } \left(\frac{a}{\varrho}\right)^2 \text{ und } (a\,\varrho)^2 \text{ usw.}$$

Die Umrechnung geschieht am einfachsten mit Hilfe der Tab. XII.

Da also die Tab. XIII, XVI, XIX, XX für alle drei Veränderlichen ϑ, ϑ', λ verwendbar sind, wurde in der Überschrift dieser 4 Tabellen das erste Argument der Funktionen f_1, f_2, g_1, g_2 allgemein mit ξ^4 bezeichnet.

Zur Ermittlung von B, D, E, F, die nicht von einer Zahl $\frac{\varrho}{a}$ bzw. $\frac{a}{\varrho}$ oder $a\,\varrho$, sondern von a und ϱ je für sich abhängig sind, dienen die Tab. XXI—XXIV. Diese 4 Tabellen sind von h unabhängig. Zahlenmäßig treten die beiden letzten, nur von λ (und nicht von ϑ bzw. ϑ') abhängigen Glieder der Gl. (85)—(90), in welchen B, D, E, F vorkommen, in dem größten Teil der Pilzdecke neben den ersten Gliedern (mit den Argumenten ϑ bzw. ϑ') zurück. In allen 6 Formeln enthält das erste Glied den Faktor A, der (im Gegensatz zu B, D, E, F) nur vom Verhältnis $\frac{\varrho}{a}$ abhängt, ebenso, wie die Funktionen f_1, f_2. Die Zahlenwerte $\frac{A}{2} f_1(\vartheta', \psi)$, $\frac{A}{2} f_1(\vartheta, \psi)$, $\frac{A}{2} f_2(\vartheta', \psi)$, $\frac{A}{2} f_2(\vartheta, \psi)$ können also auch mit Hilfe der Leitwerte $\xi = \frac{a}{\varrho}$ bzw. $\xi = \frac{\varrho}{a}$ angeschrieben werden und sind für $h = 4$ in den Tab. XIV, XV, XVII, XVIII zusammengestellt. Für $h \neq 4$ sind diese letzten 4 Tabellen nicht verwendbar. Ist $h \neq 4$, so sind f_1, f_2 aus den Tab. XIII und XVI zu entnehmen (wobei, wie nochmals erwähnt sei, als Leitwerte $\bar{\xi} = \xi^{\frac{h}{4}}$ eingeführt werden müssen), während sich A aus Tab. XII ergibt, wenn man nur von den Quadratzahlen 1 subtrahiert. Für die Funktionen mit dem Argument ϑ gilt, wie leicht einzusehen, die Spalte ξ^2, für die Funktionen mit dem Argument ϑ' die Spalte $\frac{1}{\xi^2}$.

Die Tabellen XII—XX haben für ξ eine Teilung von 0,01, während für ψ das Intervall $\frac{\pi}{8}$ gewählt wurde. Außerdem wurde auch $\psi = \frac{\pi}{16}$ und $\frac{3}{16}\pi$ aufgenommen, um die Bereiche neben den Stützen, wo sich die Momente verhältnismäßig rasch ändern, genauer untersuchen zu können. Die Teilung dürfte allen praktischen Anforderungen genügen. Eine Interpolation zwischen den einzelnen Spalten ψ wird kaum in Frage kommen, um so wichtiger ist aber eine Interpolation für die Leitwerte ξ, welche in dem für den praktischen Gebrauch wichtigsten Teil der Tabellen sehr gut durchführbar ist.

Die Tabellen XIII—XX enthalten auch den Grenzfall $\vartheta = 1$, welcher noch näher erörtert wird.

In einem ziemlich großen Gebiet der Kreisplatte wird es genügen, sich auf die ersten Glieder der zu summierenden Reihen zu beschränken. Aus den Tabellen geht hervor, daß unbedenklich

$f_1(\xi^h, \psi) = \xi^h \cos\psi$ gesetzt werden kann, wenn $\xi < 0{,}35$

$g_1(\xi^h, \psi) = \xi^h \cos\psi$ gesetzt werden kann, wenn $\xi < 0{,}40$ usw.

Bezüglich der Glieder mit λ gilt dies also,

wenn $\varrho \leqq 0{,}35$ für die ganze Fläche,

wenn $0{,}35 < \varrho \leqq 0{,}60$ für das ganze innere Gebiet

und bei größerem ϱ auch für einen großen Teil des inneren Gebietes. Dadurch können, wenn $h = 4$ und $\nu = 0$ in den Gl. (85)—(90) die beiden letzten Glieder wie folgt vereinfacht werden:

$$\frac{B}{4} f_1(\lambda, \psi) + \frac{D}{h} g_1(\lambda, \psi) \sim \frac{1}{32}\left[\frac{21 - 5\varrho^2}{a^2} - (11\varrho^2 + 13)\right]\lambda\cos\psi = G\lambda\cos\psi \quad (91)$$

$$-\frac{B}{4} f_1(\lambda, \psi) + \frac{E}{h} g_1(\lambda, \psi) \sim \frac{1}{32}\left[\frac{5\varrho^2 - 21}{a^2} + 3\varrho^2 + 5\right]\lambda\cos\psi = H\lambda\cos\psi \quad (92)$$

$$-\frac{B}{4} f_2(\lambda, \psi) + \frac{F}{h} g_2(\lambda, \psi) \sim \frac{1}{32}\left[\frac{5\varrho^2 - 21}{a^2} + 7\varrho^2 + 9\right]\lambda\sin\psi = K\lambda\sin\psi \quad (93)$$

Ähnliche Vereinfachungen ergeben sich für $h = 6, 8$ usw., mit zunehmendem h wird der Geltungsbereich der Näherungsformeln größer.

Es gelten somit in einem großen Bereich der Platte folgende Formeln mit ausreichender Genauigkeit:

Äußeres Gebiet $a > \varrho$:

$$m_{r\Sigma} = \frac{P}{4\pi}\left\{\frac{A}{2} f_1(\vartheta, \psi) + \frac{1+\nu}{h} g_1(\vartheta, \psi) + G\lambda\cos\psi\right\} \quad (94)$$

$$m_{t\Sigma} = \frac{P}{4\pi}\left\{-\frac{A}{2} f_1(\vartheta, \psi) + \frac{1+\nu}{h} g_1(\vartheta, \psi) + H\lambda\cos\psi\right\} \quad (95)$$

$$m_{rt\Sigma} = \frac{P}{4\pi}\left\{\frac{A}{2} f_2(\vartheta, \psi) + K\lambda\sin\psi\right\} \quad (96)$$

Inneres Gebiet $\alpha < \varrho$:

$$m'_{r\Sigma} = \frac{P}{4\pi}\left\{-\frac{A}{2} f_1(\vartheta', \psi) + \frac{1+\nu}{h} g_1(\vartheta', \psi) + G\lambda \cos\psi\right\} \tag{97}$$

$$m'_{t\Sigma} = \frac{P}{4\pi}\left\{\frac{A}{2} f_1(\vartheta', \psi) + \frac{1+\nu}{h} g_1(\vartheta', \psi) + H\lambda \cos\psi)\right\} \tag{98}$$

$$m'_{rt\Sigma} = \frac{P}{4\pi}\left\{\frac{A}{2} f_2(\vartheta', \psi) + K\lambda \sin\psi\right\} \tag{99}$$

Die Werte $G\lambda$, $H\lambda$, $K\lambda$ sind in den Tab. XXV—XXVII enthalten.

Die Klammerausdrücke der Gl. (85)—(90) bzw. (94)—(99) sind Funktionen von ϱ, α und ψ, aber unabhängig von der Belastung. Hält man ϱ fest, so ergeben sich die „Einflußzahlen" für die Momente $m_{r\Sigma}$, $m_{t\Sigma}$, $m_{rt\Sigma}$ infolge der gegebenen Last- bzw. Säulenstellung, welche Einflußzahlen für die zu untersuchenden Stellen α, ψ zweckmäßigerweise im voraus berechnet werden. Man gelangt unter Benutzung der Tabellen XII—XXVII zu ähnlichen Einflußzahlen für $m_{r\Sigma}$, $m_{t\Sigma}$, $m_{rt\Sigma}$, wie die Tabellen X und XI für m_{r_0}, m_{t_0}.

Sind die Teilmomente m_0 und m_Σ ermittelt, so ist das Moment infolge des Belastungszustandes $X_i = -1$

$$m_i = m_{i0} + m_{i\Sigma}$$

und das gesuchte Gesamtmoment ergibt sich nach Gl. (1) zu

$$M = m_g - X_1 m_1 - X_2 m_2 - \cdots - X_n m_n$$

Bei der Auswertung ist es sehr vorteilhaft, dieses Moment in zwei Teile zu zerlegen, u. zwar in einen von φ (bzw. ψ) unabhängigen und in einen von φ abhängigen Teil. Der erste Teil wurde bereits (S. 50) als „Hauptwert" bezeichnet und ergibt sich aus Gl. (1), wenn an Stelle von m_i das zugehörige m_{i_0} gesetzt wird, als ob eine Schneidenlagerung vorliegen würde.

$$M_H = m_g - X_1 m_{10} - X_2 m_{20} - \cdots - X_n m_{n0}.$$

Der zweite Teil enthält den Einfluß der Punktlagerung und lautet wie folgt:

$$M_\Sigma = -X_1 m_{1\Sigma} - X_2 m_{2\Sigma} - \cdots - X_n m_{n\Sigma}$$

$$M = M_H + M_\Sigma.$$

Zum praktischen Gebrauch sei allgemein noch folgendes bemerkt:

Für die Überzähligen X_1, $X_2 \cdots X_n$ liefern die Elastizitätsgleichungen Verhältniszahlen, welche den Anteil der Stützenkräfte an der Vollbelastung der Platte angeben. Dies ist auch dann der Fall, wenn die Platte nur teilweise belastet ist. Die Tabellen VIII und IX sind andererseits so zusammengestellt, daß $m_g = \frac{p\,a^2}{4} \times$ Tabellenzahl. Multipliziert man die Einflußzahlen m_1, $m_2 \cdots m_n$ zunächst nur mit den die Überzähligen bestimmenden Verhältniszahlen, so ist am Schluß ebenfalls der Faktor $\frac{p\,a^2}{4}$ beizufügen. Man richtet also den ganzen Rechnungsgang so ein, daß sich für die Momente reine Zahlen ergeben, die mit $\frac{p\,a^2}{4}$ zu multiplizieren sind.

Auf diese Weise bewahrt man bis zum Endergebnis die Unabhängigkeit von der absoluten Größe und Belastung der Kreisplatte.

4. Der Grenzfall $\vartheta = 1$.

Bei der Ableitung der Momentenformeln wurde vorerst der Fall $\vartheta = 1$ ausgeschlossen, da die Gleichmäßigkeit der Konvergenz der Ableitungsreihen für die Grenzen des Intervalls nicht gesichert ist (S. 47). Nun soll dieser Fall näher untersucht werden. Es wird sich dabei zeigen — um das Ergebnis vorwegzunehmen —, daß die Momentenformeln auf dem Kreise $\vartheta = 1$, ψ beliebig, endliche, bestimmte Werte liefern, bis auf den einen Punkt (Lastangriffspunkt) $\vartheta = 1$, $\psi = 0$, wo die Formeln bestimmt unendlich ergeben.

Die m_0 sind von ϑ unabhängig, es genügt also die m_{Σ}, d. h. die Formeln (60), (61), (62) (welche die unendlichen Reihen enthalten) bzw. die Formeln (85) bis (90) zu betrachten, in denen die Reihen — deren Konvergenz nur für $\vartheta < 1$ bewiesen ist — auf geschlossene Form gebracht sind. In beiden Formelngruppen kommt ϑ nur in den ersten zwei Gliedern vor.

1. Das erste Glied von $m_{r\Sigma}$ und $m_{t\Sigma}$ ist

$$\sum_{p=1}^{\infty} A\vartheta^p \cos p\psi, \quad \text{mit } A = (1-\nu)\left[\left(\frac{\varrho}{a}\right)^2 - 1\right].$$

Der Koeffizient A wird für $\vartheta = 1$ gleich 0, es hat somit die Summe $\sum_{p=1}^{\infty} A\vartheta^p \cos p\psi$ für beliebiges ψ und beliebig großes p den Wert 0, d. h. die angeschriebene Reihe konvergiert für $\vartheta = 1$ und hat daselbst den Grenzwert 0. Dasselbe gilt für die Reihe $\sum_{p=1}^{\infty} A\vartheta^p \sin p\psi$, die das erste Glied vom $m_{rt\Sigma}$ bildet.

Betrachtet man des mathematischen Interesses halber nun auch die Funktion

$$Af_1(\vartheta, \psi) = (1-\nu)\left[\left(\frac{\varrho}{a}\right)^2 - 1\right]\vartheta\,\frac{\cos\psi - \vartheta}{1 - 2\vartheta\cos\psi + \vartheta^2}$$

welche für $\vartheta < 1$ definiert wurde und die Summe der obigen Reihe darstellt, für $\vartheta = 1$, so ergibt sich für alle $\psi \neq 0$ auch hier

$$\left\{(1-\nu)\left[\left(\frac{\varrho}{a}\right)^2 - 1\right]\vartheta\,\frac{\cos\psi - \vartheta^2}{1 - 2\vartheta\cos\psi + \vartheta^2}\right\}_{\substack{\varrho = a\\(\vartheta = 1)}} = 0\cdot\left(-\frac{1}{2}\right) = 0\,.$$

Für $\psi = 0$ hingegen nimmt der zweite Faktor die Form $\frac{0}{0}$ an, der Ausdruck wird unbestimmt. Es ergibt sich durch Anwendung der L'Hospitalschen Regel (nachdem Zähler und Nenner durch den gemeinschaftlichen Faktor $1 - \vartheta$ dividiert werden), wenn man sich vom äußeren Gebiet der Stelle $\varrho = a$ nähert und für $\frac{\varrho}{a} = \vartheta^{\frac{1}{h}}$ einsetzt

$$\lim_{\vartheta = 1} \frac{\left(\vartheta^{\frac{2}{h}} - 1\right)\vartheta}{1 - \vartheta} = \lim_{\vartheta = 1} \frac{\left(\frac{2}{h} + 1\right)\vartheta^{\frac{2}{h}} - 1}{-1} = -\frac{2}{h}\,.$$

Berechnet man den unbestimmten Ausdruck vom inneren Gebiet aus, $\frac{\varrho}{a} = \vartheta'^{\frac{1}{h}}$ einsetzend, so findet man den Grenzwert $= \frac{2}{h}$. Das heißt also, die Stelle $\vartheta = 1$, $\psi = 0$ ist ein singulärer Punkt der Funktion $A f_1 (\vartheta, \psi)$, welche für alle anderen Wertepaare ϑ, ψ die Summe der Reihe darstellt.

Bezüglich der Momente ist aus dieser Betrachtung nur von Belang, daß das erste Glied von m_Σ für $\vartheta = 1$ und alle Werte von ψ einen endlichen Beitrag liefert, und zwar Null.

2. Das zweite Glied von m_Σ ist

$$\frac{2(1+\nu)}{h} \sum_{p=1}^{\infty} \frac{\vartheta^p}{p} \cos p\psi$$

Für $\vartheta = 1$ wird diese Reihe, abgesehen vom konst. Faktor, gleich

$$\sum_{p=1}^{\infty} \frac{\cos p\psi}{p} = -\ln\left(2 \sin \frac{\psi}{2}\right)^{43)}.$$

Zu derselben Formel führt die geschlossene Form der Reihe

$$g_1 (\vartheta, \psi)_{\vartheta = 1} = -\ln (2 - 2 \cos \psi)^{\frac{1}{2}}$$
$$= -\ln\left(2 \sin \frac{\psi}{2}\right)$$

für alle $\psi \neq 0$ erhält man also endliche Werte. Für $\psi = 0$ wird die Reihe

$$\sum_{p=1}^{\infty} \frac{1}{p} = \infty$$

Das zweite Glied von m_Σ liefert also für $\vartheta = 1$, $\psi \neq 0$ einen endlichen, für $\psi = 0$ einen unendlichen Beitrag.

3. Das zweite Glied der Gl. (87), (90) führt mit $\lambda = 1$ zu der Reihe

$$\sum_{p=1}^{\infty} \frac{\sin p\psi}{p} = \begin{cases} \frac{\pi - \psi}{2}, & \text{wenn } 0 < \psi < 2\pi^{44)} \\ 0, & \psi = 0 \text{ und } 2\pi. \end{cases}$$

Dieser Fall kommt zwar praktisch nicht vor, sei aber der mathematischen Vollständigkeit halber erwähnt.

Daraus folgt, daß die Momentengleichungen auch im Falle $\varrho = a$ endliche Momentenwerte ergeben, mit der einzigen Ausnahme der Lastangriffsstelle selbst ($\psi = 0$), in welcher (wie zu erwarten war) die Voraussetzung der punktförmigen Kraftübertragung zu einem unendlich großen Radial- und Tangentialmoment führt. Es ist bereits erörtert worden, daß dieses unzutreffende Ergebnis durch die unzutreffende Annahme der Übertragung der Stützkräfte auf die Platte bedingt wird, welche Annahme zwar schon in verhältnismäßig kleiner Entfernung von der Lastangriffsstelle mit der Wirklichkeit gut übereinstimmende Ergebnisse liefert, in deren unmittelbarer Nähe aber notwendigerweise versagen muß.

Die Verfolgung der Momentenformeln Gl. (85)—(90) bis zur Stelle $\varrho = a$, $\psi = 0$ bietet eigentlich nur mathematisches Interesse. Im Bereich der

[43]) Knopp, Theorie und Anwendung der unendlichen Reihen (2. Auflage, Berlin 1924, Verlag von Julius Springer) S. 378.

[44]) Knopp a. a. O. S. 376.

Stützenköpfe gelten die Formeln nicht mehr, da ihre Voraussetzungen nicht gelten. Man kann nach den Gl. (85)—(90) nur bis zum Rand der Stützenköpfe gehen. Die Ermittlung der Momente innerhalb der Stützkopffläche ist praktisch an sich nicht nötig, da der gefährliche Querschnitt, wie dies verschiedene, vom Verfasser aufgestellte Pilzdeckenberechnungen (mit rechteckiger Säulenteilung) und wie vor allem amerikanische und schweizer Versuche an ausgeführten Pilzdecken bestätigen, am Stützkopfrande liegt. Für die Bemessung der Bewehrung über der Stütze sind also die am Stützkopfrand auftretenden Momente ausschlaggebend. Innerhalb der Stützkopffläche erhält die Platte durch den mit ihr monolithisch zusammenhängenden Stützenkopf eine solche Verstärkung, daß die Beanspruchung des Materials kleiner bleibt als am Rand, wenn auch die Biegungsmomente als solche größer sind.

Will man diese Biegungsmomente aber trotzdem erfassen, so kann man nach der Methode von Nádai vorgehen, wie das auf S. 17—18 dargelegt wurde.

In den an der Schnittfläche anzubringenden Randmomenten ist der Einfluß aller außerhalb der betrachteten Stützkopffläche wirkenden Kräfte enthalten. Wenn also diese Momente an dem herausgeschnittenen Plattenstück angreifen, so ersetzen sie vollkommen den Einfluß der übrigen Platte und es ist an sich gleichgültig, aus welchem Teil der Platte die näher zu untersuchende kleine Kreisfläche abgetrennt wird. Ein Unterschied besteht nur insofern, als die auf diese Weise erhaltene kleine Kreisplatte an ihrem Rande nicht genau zentralsymmetrisch belastet ist. Diese Abweichung ist aber unbedeutend, da man schon durch eine geringe Abweichung von der Kreisform zu einem solchen Schnitt gelangen kann, in welchem überall dasselbe Biegungsmoment angreift. Da es sich bei dieser Momentenermittlung nur um eine Näherungsberechnung handeln kann (u. a. schon wegen der Unsicherheit der Art der Lasteintragung), so erscheint es unbedenklich, für den gedachten Kreisschnitt den Mittelwert der Momente einzuführen, welche sich an den verschiedenen Stellen des Kreisschnittes nach der Plattenberechnung ergeben.

Die größere Steifigkeit der durch den Stützkopf verstärkten Platte ist auf die Momente zweifellos auch von Einfluß, doch würde eine weitere Untersuchung dieser Frage den Rahmen der vorliegenden Arbeit überschreiten und wäre auf die praktische Berechnung und Bemessung der Pilzdecken kaum von nennenswertem Einfluß.

Sind die Momente M_r, M_t, M_{rt} an einer beliebigen Stelle bekannt, so können daraus die Hauptspannungsmomente nach Größe und Richtung analytisch oder graphisch (mit Hilfe des dem Mohrschen Spannungskreis entsprechenden Momentenkreises)[45]) ermittelt werden, worauf hier nicht weiter eingegangen wird. Nach Bestimmung der Hauptspannungsmomente in einer genügenden Anzahl von Punkten erhält man auch die Spannungstrajektorien der Pilzdecke als zwei zueinander orthogonale Kurvenscharen.

[45]) S. z. B. Nádai a. a. O. S. 16—18.

V. Verallgemeinerung der Lösung. Schlußbetrachtungen.

A. Die am Rande fest eingespannte kreisförmig begrenzte Pilzdecke.

In den vorangegangenen Abschnitten wurde, wie auf S. 10 erwähnt, der Grenzfall der am Rande frei drehbar gelagerten Pilzdecke untersucht. Es ist gelungen, für die Momente geschlossene Formeln zu finden, die als strenge Lösung angesprochen werden dürfen. Der Einfluß der bei der Summierung eines Teiles der unendlichen Reihen gemachten vereinfachenden Annahmen bleibt weit unter der Genauigkeitsgrenze, die auch bei der schärfsten Berechnung verlangt werden kann.

Den anderen wichtigen Grenzfall bildet die am Rande fest eingespannte Pilzdecke. Die Durchbiegungsgleichung einer derartig gelagerten, durch eine exzentrische Einzellast beanspruchten elastischen Kreisplatte hat Föppl in seiner in Fußnote 17 angeführten Abhandlung ebenfalls in Form einer Fourierschen Reihe angegeben, worauf bereits hingewiesen wurde. Die Föpplschen Funktionen lauten für volle Randeinspannung unter Beibehaltung der ursprünglichen Bezeichnungen wie folgt[46]):

$$R_0 = \frac{P}{8K\pi}\left\{(r^2+p^2)\,ln\frac{r}{a} + \frac{(a^2+p^2)(a^2-r^2)}{2a^2}\right.$$

$$R_0' = \frac{P}{8K\pi}\left\{(r^2+p^2)\,ln\frac{p}{a} + \frac{(a^2+r^2)(a^2-p^2)}{2a}\right\} \qquad (100)$$

$$R_n = \frac{Pp^n}{8n(n-1)K\pi}\left\{\frac{r^n}{a^{2n}}\left[(n-1)p^2 - na^2 + (n-1)r^2 - \frac{n(n-1)}{n+1}\frac{p^2 r^2}{a^2}\right] + \right.$$
$$\left. + \frac{1}{r^n}\left[r^2 - \frac{n-1}{n+1}p^2\right]\right\}$$

$$R_n' = \frac{Pp^n}{8n(n-1)K\pi}\left\{r^n\left[(n-1)p^2a^{-2n} - na^{2-2n} + p^{2-2n}\right] + \right.$$
$$\left. + (n-1)r^{n+2}\left[a^{-2n} - \frac{n}{n+1}p^2a^{-2n-2} - \frac{1}{n+1}p^{-2n}\right]\right\} \qquad (101)$$

---

[46]) Das Glied R_1 (bzw. R'_1) kann auch hier, wie früher, außer acht gelassen werden.

Umgeformt (mit den in dieser Arbeit benutzten Bezeichnungen):

$$R_0 = \frac{Pa^2}{8N\pi}\left\{\frac{(1+\varrho^2)(1-\alpha^2)}{2} - (\alpha^2+\varrho^2)\,ln\,\frac{1}{\alpha}\right\} (\alpha \geqq \varrho)$$

$$R_0' = \frac{Pa^2}{8N\pi}\left\{\frac{(1+\alpha^2)(1-\varrho^2)}{2} - (\alpha^2+\varrho^2)\,ln\,\frac{1}{\varrho}\right\} (\alpha \leqq \varrho) \qquad (100a)$$

$$R_n = \frac{Pa^2}{8n(n-1)N\pi}\left\{\left(\frac{\varrho}{\alpha}\right)^n\left[\alpha^2 - \frac{n-1}{n+1}\varrho^2\right] + \right.$$

$$\left. + (\alpha\varrho)^n\left[(n-1)(\alpha^2+\varrho^2) - n - \frac{n(n-1)}{n+1}(\alpha\varrho)^2\right]\right\}$$

$$R_n' = \frac{Pa^2}{8n(n-1)N\pi}\left\{\left(\frac{\alpha}{\varrho}\right)^n\left[\varrho^2 - \frac{n-1}{n+1}\alpha^2\right] + \right.$$

$$\left. + (\alpha\varrho)^n\left[(n-1)(\alpha^2+\varrho^2) - n - \frac{n(n-1)}{n+1}(\alpha\varrho)^2\right]\right\} \qquad (101a)$$

Diese Ausdrücke können in derselben Weise behandelt werden, wie die entsprechenden bei freier Auflagerung. Die Formeln sind sogar insofern von vornherein einfacher, als die Funktionen R_0, R_n usw. von ν unabhängig sind. Natürlich müßte der ganze Rechnungsgang wiederholt werden, auch müßten zur praktischen Verwertung der Ergebnisse die entsprechenden Tabellen aufgestellt werden, grundsätzlich bietet aber dieser Fall, gegenüber dem ersten, nichts Neues. Für alle Werte bleibt die absolute und gleichmäßige Konvergenz der Reihen erhalten und man könnte durch ähnliche Kunstgriffe, wie die im IV. Abschnitt angewendeten, ebenfalls zu geschlossenen Formeln gelangen.

Im folgenden Unterabschnitt wird jedoch gezeigt, daß es gar nicht nötig ist, den einmal durchgeführten Rechnungsgang zu wiederholen, da man auf Grund der für die am Rande frei aufliegende Platte gegebenen Lösung auch die am Rande fest eingespannte Platte mit praktisch völlig ausreichender Annäherung beherrscht.

B. Berücksichtigung einer elastischen Einspannung.

In der Wirklichkeit liegt meistens weder eine freie Auflagerung, noch eine feste Einspannung vor, vielmehr besteht infolge des monolithischen Zusammenhanges der Decke mit den zylindrischen Wänden oder mit den Randsäulen (die durch biegungs- und torsionsfeste Randträger verbunden werden müssen) die Elastizitätsbedingung, daß die Verdrehung des Plattenrandes der Auflagerverdrehung gleich ist. Diese Verdrehung kann mit guter Annäherung am ganzen Umfang gleichmäßig vorausgesetzt werden. Der Beweis läßt sich wie folgt führen:

Der Tangentendrehwinkel setzt sich aus dem Einfluß der zentralsymmetrischen Belastung und aus dem Einfluß der Überzähligen $X_1, X_2, \cdots X_n$ zusammen. Die zentralsymmetrische Belastung verursacht eine am ganzen Umfang gleichmäßige Verdrehung, während der Einfluß der Stützenkräfte wieder in einen Hauptteil τ_0 (dem Gliede R_0 entsprechend) und in einen zusätzlichen Teil $\tau_{n\Sigma}$ (den Gliedern $R_n \cos n\varphi$ der Durchbiegungsreihe entsprechend) zerlegt werden kann. Diese ergeben sich aus den Ableitungen $\frac{dR_0}{da}$ (S. 48), $\frac{dR_n}{da}$ (Gl. 46 S. 50) mit $a = 1$ zu

$$\left(\frac{dR_0}{da}\right)_{a=1} = \frac{Pa^2}{4N\pi} \frac{(\varrho^2 - 1)}{1 + \nu} = \tau_0, \tag{102}$$

$$\left(\frac{dR_n}{da}\right)_{a=1} = \frac{Pa^2}{8N\pi} \varrho^n \left\{\frac{(4 - \nu)\varrho^2 - 4}{2n + 1 + \nu}\right\}. \tag{103}$$

Die gesamte Randverdrehung ist infolge einer Gruppe X_1

$$\tau = \tau_0 + \tau_{n\Sigma},$$

wobei

$$\tau_{n\Sigma} = \Sigma \tau_n = \sum_{n=h,2h,\dots} \frac{dR_n}{da} \cos n\varphi.$$

Zur Vereinfachung der Beweisführung soll $\nu = 0$ gesetzt werden. Dann ist

$$\left|\frac{dR_n}{da}\right| < \frac{Pa^2}{8N\pi}\left|2(\varrho^2 - 1)\cdot\frac{\varrho^n}{n}\right|.$$

Setzt man $n = hp$, $\varrho^h = \vartheta$, so ist mit sehr guter Annäherung

$$\tau_{n\Sigma} \sim \frac{Pa^2}{4N\pi}\cdot(\varrho^2 - 1)\frac{1}{h}\sum_{p=1}^{\infty}\frac{\vartheta^p}{p}\cos p\psi = \frac{Pa^2}{4N\pi}(\varrho^2 - 1)\frac{1}{h}g_1(\vartheta, \psi)$$

und

$$\tau = \frac{Pa^2}{4N\pi}(\varrho^2 - 1)\left[1 + \frac{1}{h} g_1(\vartheta, \psi)\right]. \tag{104}$$

Das zweite Glied des Klammerausdruckes ist gegenüber 1 sehr klein. Nimmt man z. B. in sehr ungünstiger Weise folgende Verhältnisse an: $\varrho = 0{,}70$, $h = 4$, so wird (vgl. Tab. XIX)

$$\frac{1}{4} g_1(\vartheta, 0) = 0{,}06864,$$

$$\frac{1}{4} g_1(\vartheta, \pi) = -0{,}05380,$$

d. h. die größte Abweichung vom Hauptwert bleibt auch in diesem Falle unter 7 %. In Wirklichkeit wird bei $\varrho = 0{,}70$ $h > 4$ sein (bei dieser Untersuchung dürfen alle zu demselben ϱ gehörenden Stützen in eine Gruppe zusammengefaßt werden). Nimmt man z. B. als äußersten, praktisch nie vorkommenden Fall $\varrho = 0{,}9$, $h = 8$ an, so muß in Tab. XIX als Leitwert $\varrho^2 = 0{,}81$ gewählt werden, und es wird

$$\frac{1}{8} g_1(\vartheta, 0) = 0{,}07037,$$

$$\frac{1}{8} g_1(\vartheta, \pi) = -0{,}04475.$$

Die größte Abweichung ist also auch hier nur 7 %. Normalen Verhältnissen würden etwa

$$\varrho = 0{,}50\,, \quad h = 4 \text{ entsprechen.}$$

$$\frac{1}{4} g_1 (\vartheta, 0) = 0{,}01613\,,$$

$$\frac{1}{4} g_1 (\vartheta, \pi) = -0{,}01516\,,$$

also eine größte Abweichung von 1,61 %.

Man kann daher bei der Ermittlung der Randverdrehung den Einfluß der Glieder R_n vernachlässigen und den Hauptwert τ_0 als Mittelwert einsetzen. Mit dieser Vereinfachung verursacht die Berücksichtigung der elastischen Einspannung keine Schwierigkeiten, wenn der elastische Widerstand des Auflagers, d. h. die Verdrehung des Auflagers infolge eines Momentes $X_r = -1$, bekannt ist. Das Einspannmoment kann als weitere Überzählige X_r[47]) in die Elastizitätsgleichungen eingeführt werden. Aus dem Maxwellschen Satz folgt, daß dann die Koeffizienten δ_{ir} der Elastizitätsgleichungen nach Gl. (102) berechnet werden können, wobei zu beachten ist, daß die übrigen Koeffizienten mit dem Faktor $\frac{16 N \pi}{a^2}$ multipliziert sind.

Die Erfassung einer elastischen Randeinspannung verursacht also nach der hier entwickelten Methode nicht die geringste Schwierigkeit, sie erhöht lediglich den Grad der statischen Unbestimmtheit um 1.

Auf diese Weise kann man natürlich von der freien Auflagerung auch zu der vollen Einspannung gelangen, während es umgekehrt genau so gut möglich wäre, von der vollen Einspannung auszugehen und daraus zur teilweisen Einspannung bzw. zur freien Auflagerung zu kommen. Nachdem für freie Auflagerung fertige Tabellen ausgewertet wurden, hätte also die Wiederholung dieser großen Rechenarbeit für einen in der Praxis kaum vorkommenden Grenzfall wenig Zweck, da man durch Hinzufügung einer weiteren Elastizitätsgleichung das Randeinspannmoment aus der Lösung für freie Auflagerung sofort erhalten kann.

Aus Gl. (102) ergibt sich (durch Ableitung nach ϱ, Einsetzen der Grenze $\varrho = 1$, Ausklammerung des Faktors $\frac{P a^2}{16 N \pi}$) $\delta_{rr} = 8$. Hierzu kommt aus der elastischen Verdrehung des Randes $\delta_{r\varepsilon}$ (vgl. S. 11). Bei voller Einspannung ist $\delta_{r\varepsilon} = 0$. δ_{r_0} ergibt sich bei Vollbelastung aus Gl. (17b) durch Ableitung nach α zu -2 (für $\nu = 0$).

---

[47]) X_r bedeutet das auf den Kreisumfang gleichmäßig verteilte Gesamtmoment. Das auf die Längeneinheit entfallende Moment ist also $\frac{X_r}{2 a \pi}$ bzw. mit $a = 1$ ist $m_r = \frac{X_r}{2\pi}$ für die ganze Platte. $m_t = m_r$. Da aus sämtlichen Momentenformeln der Faktor $\frac{P}{4\pi}$ ausgeklammert wurde, so ist der Beitrag eines Randmomentes X_r zu den eingeklammerten Momentenwerten $2 X_r$.

Bei teilweiser Belastung könnte man von der Ableitung der Gl. (21) u. (22) ausgehen, einfacher ist es jedoch, in derselben Weise zu verfahren, wie bei der Ermittlung der Beiwerte δ_{i_0} (S. 37ff.). Hierauf soll jedoch nicht weiter eingegangen werden.

C. Berücksichtigung einer biegungsfesten Verbindung mit den Innenstützen.

Bisher wurde der Einfluß der biegungsfesten Verbindung der Stützen mit der Decke auf den Spannungszustand der Platte außer acht gelassen. Aus der monolithischen Verbindung zwischen der Decke und den Stützen folgt aber, daß beide Teile dieselbe Verdrehung erleiden müssen, daß also die Stützen von der Platte nicht nur Achsialkräfte, sondern auch Biegungsspannungen erhalten (und umgekehrt), wenn die Tangentialebene der elastischen Fläche der Platte über den Stützen nicht wagrecht bleibt. Ist der Biegungswiderstand der Stützen bekannt und wird das von der Stütze aufgenommene Biegungsmoment als weitere Überzählige gemäß Abb. 16 eingeführt, so macht es grundsätzlich keine Schwierigkeiten, den Einfluß des biegungsfesten Zusammenhanges mit den Innensäulen zu erfassen, lediglich der Grad der statischen Unbestimmtheit des Systems wird mit jedem Moment X_s um 1 erhöht. Der Zustand $X_s = -1$ kann in erster Annäherung als schneidenförmig gleichmäßig verteiltes Moment angenommen werden, mit Hilfe einer Fourierschen Reihe könnte man dann auch eine Konzentration der Momente auf die Säulen zu erfassen. Diese Möglichkeit sei hier nur als Anregung mitgeteilt, ohne auf ihre formelmäßige Auswertung einzugehen.

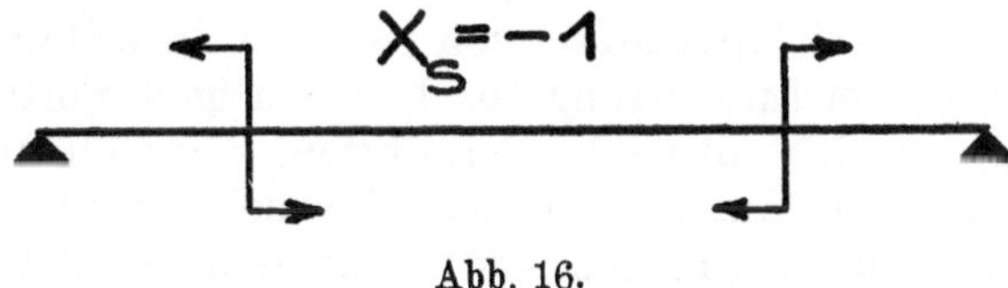

Abb. 16.

D. Der Einfluß der Breite der Stützfläche.

Obgleich das auf S. 16ff. erwähnte Prinzip von de Saint Vernant mit guter Annäherung gültig ist, so hat eine breite Stützkopffläche, wie aus der Theorie der gewöhnlichen Pilzdecken bekannt und insbesondere aus den Leweschen Tabellen (in dem bekannten, in Fußnote 1 angeführten Werk) zu erkennen ist, doch einen gewissen, wenn auch verhältnismäßig kleinen Einfluß auf die Biegungsmomente außerhalb der Lasteintragungsfläche. Dieser Einfluß dürfte hinreichend genau erfaßt werden können, wenn man die nach Abschnitt III ermittelten Stützenkräfte bei der Momentenberechnung nicht als Einzellasten in der Stützenachse wirkend annimmt, sondern in derselben Weise, wie dies Dr. Marcus tut[48]), in Teilkräften auf beiden

[48]) Dr.-Ing. H. Marcus, Die wirksame Stützfläche der trägerlosen Pilzdecken, „Beton u. Eisen“ 1926 Heft 19/20.

Seiten der Stützenachse wirken läßt (vgl. die Abb. 2 und 3 des Marcusschen Aufsatzes). Diese Verfeinerung der Berechnung wird sich nur bei größeren Stützkopfflächen lohnen, es dürfte dann eine Konzentration in den Viertelspunkten (in einem gegenseitigen Abstand von $\frac{1}{2}\,d$, wo d die Breite der wirksamen Stützfläche bedeutet) bzw. (nach der Abb. 10 von Marcus) in einem gegenseitigen Abstand von $\frac{2}{3}d$ zutreffend sein (Abb. 17).

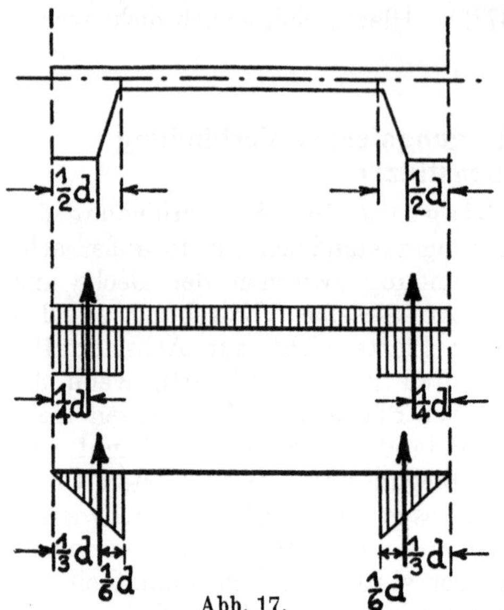

Abb. 17.

Die zahlenmäßige Durchführung dieses Gedankens verursacht zwar einen größeren Aufwand an Rechenarbeit, bietet jedoch grundsätzlich keinerlei Schwierigkeiten.

E. Querkräfte.

Die Verteilung der Querkräfte wurde nicht untersucht, da dies ohne praktische Bedeutung ist. Es genügt, wie bei rechteckig aufgeteilten, gradlinig begrenzten Pilzdecken üblich, die Stützenkräfte auf den Umfang der Säulenkopfplatten bzw. der Säulenköpfe gleichmäßig zu verteilen, wobei die Schubspannungen bei Anwendung von gewöhnlichem Handelszement den Wert von 4 kg/cm², bei Anwendung von hochwertigem Portlandzement den Wert von 5,5 kg/cm² nicht überschreiten dürfen, wenn die Deckung der gesamten Schubspannungen durch abgebogene Eiseneinlagen vermieden werden soll[49]). Wenn also diese Grenzen von vornherein bei der mit Rücksicht auf die Biegungsmomente erforderlichen Plattenstärke nicht eingehalten sind, so muß mit Rücksicht auf die Schubspannungen die Deckenplatte entweder entsprechend verstärkt oder die Säulenkopfplatte bzw. der Säulenkopf entsprechend verbreitert werden, da die Deckung der gesamten Schubfläche bei Pilzdecken zu einem großen Eisengewirr führt und sowohl in bezug auf Materialverbrauch als auch in bezug auf den Arbeitsaufwand sehr unwirtschaftlich ist. Diese Notwendigkeit kommt aber nur bei sehr großen Spannweiten und Nutzlasten vor und bildet eine seltene Ausnahme, im allgemeinen genügen die auf Grund der Biegungsmomente gewählten Betonabmessungen auch für die Schubspannungen. In keinem Falle ist eine nähere Verfolgung der Querkräfte von praktischem Interesse, weshalb auf die Ableitung dieser Formeln verzichtet werden kann. Dieselben

[49]) „Bestimmungen für Ausführung von Bauwerken aus Eisenbeton“ vom 9. September 1925 § 18 Ziff. 4 Abs. 4.

ergeben sich ohne weiteres durch Einsetzen der Ausdrücke R_n bzw. ihrer Ableitungen in die aus der Plattentheorie bekannten allgemeinen Formeln:

$$p_r = -N\frac{\partial \Delta w}{\partial r}, \; p_t = -N\frac{\partial \Delta w}{r\,\partial \varphi}.$$

F. Der Fall einer exzentrischen Einzellast.

Auf S. 14 der vorliegenden Arbeit wurde erwähnt, daß mindestens 4 Stützen auf einem Kreis $\varrho \neq 0$ vorausgesetzt werden. Es ist jedoch zu bemerken, daß die abgeleiteten Formeln ihre Gültigkeit restlos behalten, wenn $h = 2$ oder 3 ist (nur die aufgestellten Tabellen würden nicht ausreichen). Die Ermittlung der Momente aus einer exzentrischen Einzellast wäre nach der vorstehenden Methode ebenfalls ohne weiteres möglich, es müßten dann nur das bisher vernachlässigte Glied R_1 (bzw. R'_1) der Föpplschen Reihe und seine Ableitungen in die Berechnung aufgenommen werden. Darauf sei hier weiter nicht eingegangen, da der Fall einer exzentrischen Einzellast außerhalb der Problemstellung dieser Arbeit liegt und nach Ansicht des Verfassers theoretisch zwar sehr interessant, praktisch jedoch im allgemeinen ohne besondere Bedeutung ist.

G. Das Verfahren von Dr. Flügge. Vergleich an Hand eines Zahlenbeispiels.

Die vorangehenden Abschnitte waren bereits abgeschlossen, als (im März 1928) das Buch von Dr.-Ing. W. Flügge erschienen ist[50]). Die Flüggesche Arbeit ist der Lösung derselben Aufgabe gewidmet, wie die vorstehende, es ist daher nötig, an dieser Stelle kurz darauf einzugehen.

In Fußnote 18 (S. 14) wurde auf die Lösung von Melan hingewiesen, die für die am Rande fest eingespannte Platte ebenfalls als Ausgangspunkt hätte gewählt werden können. Wie dort weiter ausgeführt wurde, hat der Verfasser von der Anwendung dieser Lösung abgesehen, weil die Föpplsche Reihe zu einer Superposition viel geeigneter ist und weil Melan nur den Grenzfall der festen Einspannung behandelt hat und auf die freie Auflagerung, die für die Praxis viel wichtiger ist, gar nicht eingegangen ist.

Herr Dr. Flügge hat seine Arbeit auf die Lösung von Melan aufgebaut und dadurch einen interessanten Beitrag zur Plattenliteratur geliefert. Es ist nicht der Zweck der folgenden Zeilen, die theoretischen Einzelheiten seines Verfahrens zu besprechen, hier ist lediglich die Frage zu prüfen, inwiefern seine Methode zur praktischen Anwendung auf Pilzdecken geeignet ist.

---

[50]) Dr.-Ing. Wilhelm Flügge, Die strenge Berechnung von Kreisplatten unter Einzellasten mit Hilfe von krummlinigen Koordinaten und deren Anwendung auf die Pilzdecke (Verlag von Julius Springer, Berlin).

Um diese Frage beantworten zu können, verfolgt man zweckmäßigerweise die S. 47—54 des Flüggeschen Buches, wo der überhaupt mögliche einfachste Typus einer Pilzdecke zahlenmäßig behandelt wird.

Herr Dr. Flügge arbeitet mit orthogonalen Kreiskoordinaten (λ, ω), welche von der jeweiligen Last- (Stützen)-Stellung abhängig sind. In einem solchen Koordinatensystem ist die Superposition bei mehreren Lasten (Stützen) nicht möglich und so ist Herr Flügge (S. 10—11) genötigt, „alles in den verschiedenen λ — ω — Systemen Gerechnete zur Superposition in ein Polarkoordinatensystem" zu übertragen. Nachdem also die Stützkräfte bestimmt sind, müssen die Momente M_λ, M_ω für jede untersuchte Stelle, infolge einer jeden Stützenkraft für sich (!) ermittelt und daraus die Momente M_r, M_φ, $M_{r\varphi}$ (in der vorliegenden Arbeit mit M_t, M_{rt} bezeichnet) berechnet werden. Die Abb. 21a, b des Büchleins und die folgende tabellarische Zusammenstellung zeigen am besten, wie außerordentlich umständlich dieses Verfahren schon in dem allereinfachsten praktischen Fall ist. Nach der Flüggeschen Methode lassen sich die Symmetrieeigenschaften der Pilzdecke gar nicht ausnützen und so kommt es, daß der von ihm behandelte Fall bei freier Auflagerung nach seinem Verfahren „als fünffach statisch unbestimmtes System" (S. 54) zu untersuchen ist, während es nach der hier entwickelten Methode nur einfach statisch unbestimmt ist!

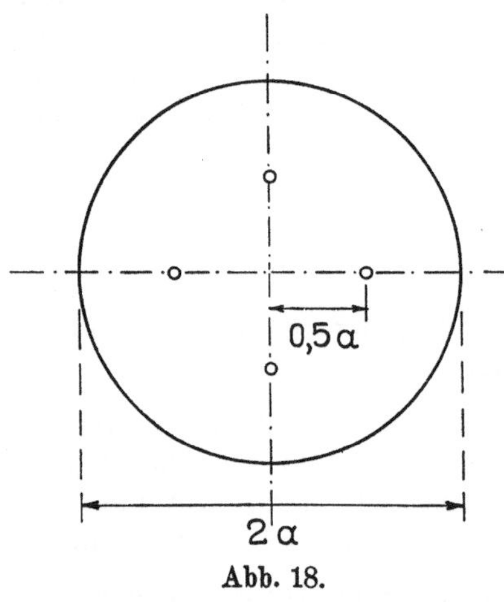

Abb. 18.

Zur Ermöglichung eines Vergleiches zwischen den beiden voneinander in allen Einzelheiten grundverschiedenen Verfahren sei nachstehend die von Herrn Flügge berechnete Decke ebenfalls untersucht, und zwar sowohl für freie Auflagerung als auch für feste Einspannung.

Beispiel von Dr. Flügge. (Siehe Abb. 18.)
Gegeben: $a = 10$ m, $\varrho = 0{,}5$, $h = 4$, $p = 1$ t/m² Vollbelastung.

1. Zunächst sei freie Auflagerung vorausgesetzt. Mit Hilfe der Tabellen I, VI, VII erhält man

$$\eta_0 = 1{,}36935 \qquad \delta_{10} = 0{,}89063$$

$$\eta_4 = 0{,}01592$$

$$\eta_8 = 0{,}00198$$

$$0{,}004816 \,.\, 0{,}5^2 = \underline{0{,}00121}$$

$$\delta_{11} = 1{,}38846\,.$$

Kontrolle des Restgliedes von δ_{11} nach Tabelle VI:

$$\sum_{p=3}^{9} = 10^{-5}(58+25+13+7+5+3+2) = 0{,}00113 < 0{,}00121$$

$$X_1 = \frac{0{,}89063}{1{,}38846} = 0{,}64145\,P, \quad P = 10^2.\pi.1 = 314{,}159 \text{ t}$$

$$A = \frac{X_1}{4} = \frac{0{,}64145.314{,}159}{4} = 50{,}3785 \text{ t}^{51)}.$$

2. Volle Einspannung am Rande.

Das Einspannmoment sei mit X_2 bezeichnet:

$$\delta_{11} = 1{,}38846 \qquad \delta_{10} = 0{,}89063$$

$$\delta_{22} = 8 \text{ (nach S. 72)} \qquad \delta_{20} = -2 \text{ (nach S. 72)}$$

$$\delta_{12} = 4\,(0{,}5^2 - 1) = -3 \text{ (nach Gl. 102).}$$

Die Elastizitätsgleichungen lauten:

$$1{,}38846\,X_1 - 3\,X_2 = 0{,}89063$$

$$-3\,X_1 + 8\,X_2 = -2.$$

Hieraus $$X_1 = \frac{8.0{,}89063 - 2.3}{1{,}38846.8 - 3.3} = \frac{1{,}12504}{2{,}10768} = 0{,}53378$$

$$A = \frac{0{,}53378.314{,}159}{4} = 41{,}9229 \text{ t}^{51)}$$

(nach Flügge 42,0714)

Differenz 0,35 %.

Diese Übereinstimmung ist als außerordentlich gut zu bezeichnen.

Vorstehend wurde absichtlich jede Zahl wiedergegeben, welche zur Ermittlung der Stützkräfte nötig ist. Hätte Herr Dr. Flügge sein Beispiel ebenfalls so ausführlich gehalten, so wäre der diesbezügliche Teil seiner Berechnung viel umfangreicher geworden, er verweist aber nur auf die zweimalige Auswertung seiner Gl. 64, ohne die Zwischenwerte anzuschreiben. Es ist auch zu beachten, daß man bei seinem Verfahren Hyperbelfunktionen, trigonometrische Funktionen, Potenzen von e aufsuchen muß, eine an sich einfache, aber bei vielen Stützen sehr zeitraubende Arbeit.

Das Randeinspannmoment ergibt sich zu

$$X_2 = -\frac{1}{4} + \frac{3}{8}X_1 = -0{,}04983.$$

Auf die Längeneinheit entfällt

$$m_r = -\frac{0{,}04983 \cdot 314{,}159}{2\pi} = -2{,}4915 \text{ mt/m}.$$

[51]) Diese „Genauigkeit" ist natürlich übertrieben, denn es hat gar keinen Zweck, Stützkräfte von der Größenordnung von 50 t auf 0,1 kg auszuwerten. Es geschieht dies hier lediglich deshalb, um im Falle 2 den Vergleich mit dem Flüggeschen Ergebnis zu ermöglichen.

Nach Flügge ist der Durchschnittswert des Randeinspannmomentes (vergl. seine Abb. 23) etwa — 7 mt/m.

Während also bei den Stützkräften die Übereinstimmung geradezu überraschend ist, zeigt sich bei dem Randeinspannmoment ein großer Widerspruch. Da sich die vorstehend berechneten Werte X_1 und X_2 durch die Auflösung eines Gleichungssystems ergeben und miteinander verknüpft sind, so ist es äußerst unwahrscheinlich, daß der eine richtig, der andere falsch sein könnte. Es ist also die Vermutung naheliegend, daß das in Abb. 23 von Flügge dargestellte Momentenbild nicht richtig ist.

Das Randeinspannmoment läßt sich in einfachster Weise kontrollieren, wenn man von der voll eingespannten Kreisplatte als Grundsystem ausgeht und den Einfluß der gleichmäßig verteilten Belastung p und der als Schneidenlast gedachten nunmehr bekannten Stützkräfte X_1 superponiert.

Aus der gleichmäßig verteilten Vollbelastung entsteht am Rande

$$m_{rg} = -\frac{P}{8\pi}\text{[52]} \tag{105}$$

Der Einfluß der Stützen X_1 ergibt sich aus dem Glied R_0 der Föpplschen Reihe (Gl. 100a) durch zweimalige Ableitung (mit $\nu = 0$) zu

$$m_r = \frac{P}{8\pi}\left\{\varrho^2 + 2\left(ln\frac{1}{a} - 1\right) + \frac{\varrho^2}{a^2}\right\} = \frac{P}{4\pi}\left\{\underbrace{\mu_{rf} + \varrho^2 - 1}_{\mu_{re}}\right\} \tag{106}$$

wo μ_{rf} den Beiwert für freie Auflagerung bedeutet. Es ist also für $\varrho = 0{,}5$, $a = 1{,}0$ $\mu_{re} = -0{,}75$. Hieraus ergibt sich das Randeinspannmoment zu

$$m_r = \frac{P}{4\pi}\left(-\frac{1}{2} + 0{,}53378 \cdot 0{,}75\right) = \frac{P}{4\pi}(-0{,}9966)$$

$$m_r = -\frac{1 \cdot 10^2}{4} \cdot 0{,}09966 = -2{,}4915 \text{ mt/m}$$

in genauer Übereinstimmung mit dem vorstehend ermittelten Werte.

Nachdem die Überzähligen X_1 und X_2 bekannt sind, wird die weitere Berechnung am besten tabellarisch zusammengefaßt. Während Herr Flügge den Halbmesser in 8 Teile teilt, wurden hier die Momente in den Schnitten $a = 0; 0{,}05; 0{,}10; \ldots 0{,}95; 1{,}00$ und außerdem neben den Stützen in $a = 0{,}475$ und 0,525 ausgewertet. Die Wiedergabe der Tabellen erscheint nicht notwendig, da aus der graphischen Darstellung der Momente alle Ergebnisse in sehr anschaulicher Weise zu erkennen sind. Es genügt vielmehr die Momentenermittlung für je einen Punkt im inneren und äußeren Bereich in allen Einzelheiten mitzuteilen. Es sei z. B. $a_i = 0{,}25$ und $a_a = 0{,}75$. $\psi = 0$.

[52]) Siehe z. B. Nádai a. a. O. S. 57.

1. $\alpha = 0{,}25$, $\frac{\alpha}{\varrho} = 0{,}50$, $\alpha\varrho = 0{,}125$,

$m'_{r\Sigma}$ nach Gl. (94):

$$-\frac{A}{2} f_1(\vartheta', \psi) = -0{,}10000 \quad \text{(nach Tab. XIV)}$$

$$\frac{1}{4} g_1(\vartheta', \psi) = +0{,}01613 \quad \text{(„ „ XIX)}$$

$$G \cdot \lambda \cos\psi = +0{,}00228 \quad \text{(„ „ XXV)}$$

$$m'_{r\Sigma} = -0{,}08159$$

$m'_{t\Sigma}$ ergibt sich aus Gl. (95). Mit den bereits aufgesuchten Werten ist

$$+\frac{A}{2} f_1(\vartheta', \psi) + \frac{1}{4} g_1(\vartheta', \psi) = +0{,}11613$$

$$H\lambda \cos\psi = -0{,}00237 \quad \text{(nach Tab. XXVI)}$$

$$m'_{t\Sigma} = +0{,}11376$$

Bei freier Auflagerung ist

$$m_{rg} = +0{,}70313 \quad \text{(„ „ VIII)}$$

$$-X_1 m_{r_1} = -0{,}64145 \,.\, 1{,}06815 = -0{,}68515 \quad \text{(„ „ X)}$$

$$M_{rH} = +0{,}01798$$

$$-X_1 m'_{r\Sigma} = +0{,}64145 \,.\, 0{,}08159 = +0{,}05236$$

$$M_r = +0{,}07034$$

$$m_{tg} = +0{,}73438 \quad \text{(„ „ IX)}$$

$$-X_1 m_{t_1} = -0{,}64145 \,.\, 1{,}06815 = -0{,}68515 \quad \text{(„ „ XI)}$$

$$M_{tH} = +0{,}04923$$

$$-X_1 m'_{t\Sigma} = -0{,}64145 \,.\, 0{,}11376 = -0{,}07292$$

$$M_t = -0{,}02369$$

Bei voller Einspannung ist

$$m_{rg} = +0{,}70313 \quad \text{(wie vor)}$$

$$-X_1 m_{r_1} = -0{,}52378 \,.\, 1{,}06815 = -0{,}57015$$

$$-X_2 m_{r_2} = -0{,}04983 \,.\, 2 = -0{,}09966 \quad \text{(vgl. Fußnote 47)}$$

$$M_{rH} = +0{,}03332$$

$$-X_1 m'_{r\Sigma} = +0{,}53378 \,.\, 0{,}08159 = +0{,}04345$$

$$M_r = +0{,}07677$$

$$m_{tg} = +0{,}73438 \quad \text{(wie vor)}$$

$$-X_1 m_{t_1} = -0{,}53378 \,.\, 1{,}06815 = -0{,}57015$$

$$-X_2 m_{t_2} = -0{,}04983 \,.\, 2 = -0{,}09966 \quad \text{(vgl. Fußnote 47)}$$

$$M_{tH} = +0{,}06457$$

$$-X_1 m'_{t\Sigma} = -0{,}53378 \,.\, 0{,}11376 = +0{,}06069$$

$$M_t = +0{,}00388$$

2. $\alpha = 0{,}75$, $\frac{\varrho}{\alpha} = 0{,}66667$, $\alpha\varrho = 0{,}375$,

$m_{r\Sigma}$ nach Gl. (85):

$$\left.\begin{array}{ll} \frac{A}{2} f_1(\vartheta, \psi)_{\xi=0{,}66} & = -0{,}06609 \\ \Delta \text{ für } 0{,}00667 & = -0{,}00230 \end{array}\right\} -0{,}06839 \text{ (nach Tab. XV)}$$

$$\left.\begin{array}{ll} \frac{1}{4} g_1(\vartheta, \psi)_{\xi=0{,}66} & = +0{,}05260 \\ \Delta \text{ für } 0{,}00667 & = +0{,}00244 \end{array}\right\} +0{,}05504 \text{ („ „ XIX)}$$

$$\frac{B}{4} f_1(\lambda, \psi) = 0{,}09097 \cdot 0{,}02020 \qquad = +0{,}01836 \text{ („ „ XIII und XXI)}$$

$$\frac{D}{4} g_1(\lambda, \psi) = -0{,}03048 \cdot 0{,}02000 \qquad = -0{,}00609 \text{ („ „ XIX „ XXII)}$$

$$m_{r\Sigma} \qquad = -0{,}00108$$

$m_{t\Sigma}$ ergibt sich nach Gl. (86). Mit den bereits aufgesuchten Werten ist

$$-\frac{A}{2} f_1(\vartheta, \psi) + \frac{1}{4} g_1(\vartheta, \psi) - \frac{B}{4} f_1(\lambda, \psi) = +0{,}10507$$

$$+\frac{E}{4} g_1(\lambda, \psi) = -0{,}00782 \cdot 0{,}02000 \qquad = -0{,}00016 \text{ (nach Tab. XIX und XXIII)}$$

$$m_{t\Sigma} \qquad = +0{,}10491$$

Aus diesen Hilfswerten folgen dann M_r, M_t genau so wie vor.

Die Drillungsmomente sind für $\psi = 0$ und $\psi = \pi$ null. Für $\psi = \frac{\pi}{2}$ und $\alpha = 0{,}25$, $\frac{\alpha}{\varrho} = 0{,}50$ ergibt sich $m'_{rt\Sigma}$ nach Gl. (99) wie folgt:

$$\frac{A}{2} f_2(\vartheta', \psi) \qquad = +0{,}09339 \text{ (nach Tab. XVII)}$$

$$K\lambda \sin\psi \qquad = -0{,}00233 \text{ („ „ XXVII)}$$

$$m'_{rt\Sigma} \qquad = +0{,}09106$$

Die so berechneten Zahlen müssen noch mit $\frac{p a^2}{4} = 25$ multipliziert werden, was jedoch beim graphischen Auftragen ohne weiteres durch Änderung des Maßstabes geschehen kann. Bei $m_{rt\Sigma}$ ist auch die Ausmultiplikation mit X_1 überflüssig, da dies ebenfalls durch Maßstabänderung erledigt wird (siehe Abb. 25). Abb. 19 veranschaulicht die $m_{r\Sigma}$-, Abb. 20 die $m_{t\Sigma}$-Linien, die Abb. 21—24 geben die Momentenlinien der drei untersuchten Schnitte wieder [53]). Die Randbedingung bei voller Einspannung ($M_{tH} = 0$) ist erfüllt.

---

[53]) Die Abb. 23 und 24 haben hier und bei Herrn Flügge dieselbe Bedeutung, abgesehen von den Kurven $\psi = \frac{\pi}{2}$ bzw. $\varphi = 22^0\,30'$. Es ist nur zu beachten, daß hier der Kreismittelpunkt links, der Rand rechts steht, während dies bei Herrn Flügge umgekehrt ist.

M rz - Linien
ρ = 0,5
0,5 cm = 0,02 P/4π
ψ = 0
ψ = π
ψ = π/2
ψ = 0

Abb. 19.

ψ = π
ψ = π/2
M tz - Linien
ρ = 0,5
0,5 cm = 0,05 P/4π
ψ = 0

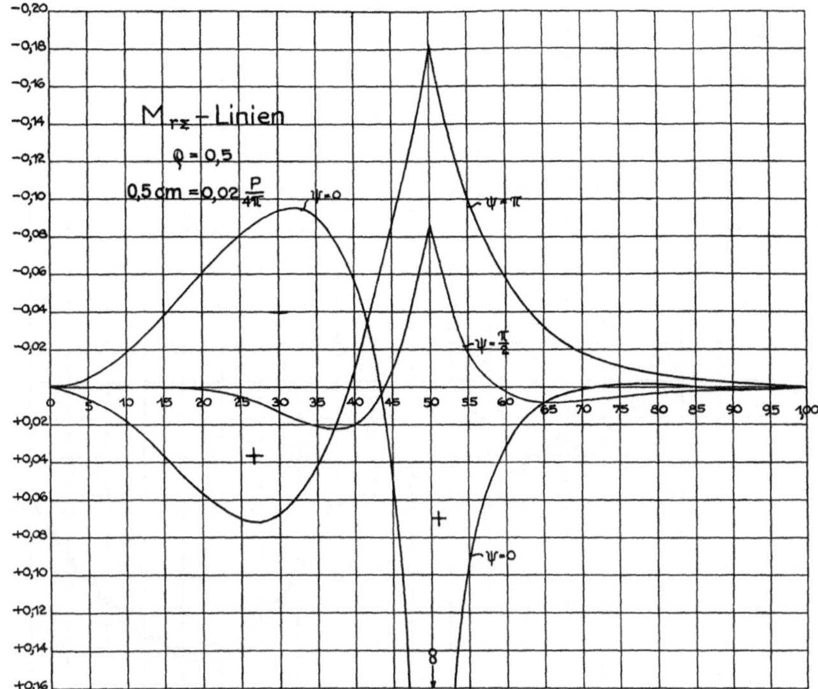

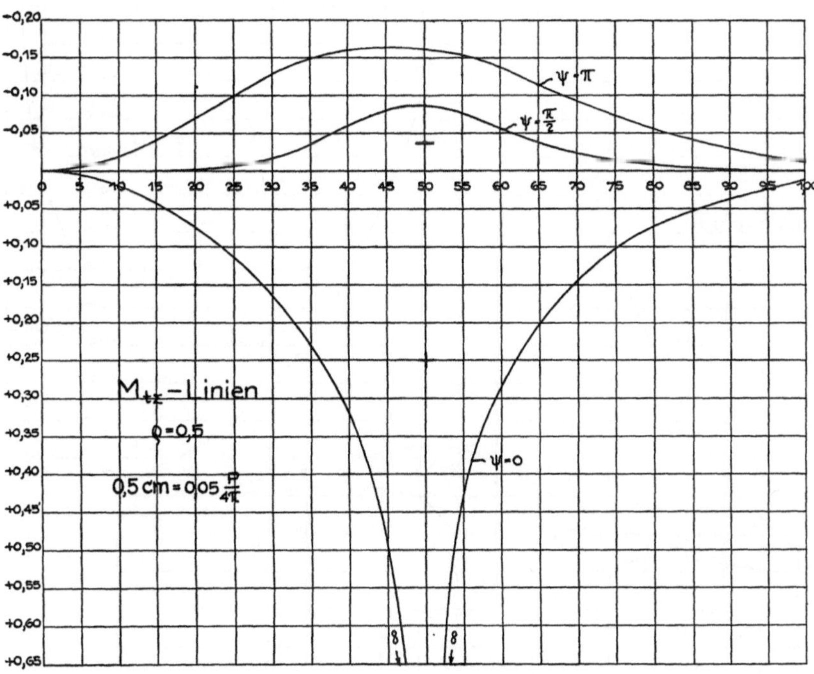

Abb. 20.

M_r
M_r bei freier Auflagerung.
$0{,}5\ cm = 0{,}02\ \frac{pa^2}{4}$
$\psi = \pi$
$\psi = \frac{\pi}{2}$
M_{rH}
$\psi = 0$
−5,5 −5,0 −4,5 −4,0 −3,5 −3,0 −2,5 −2,0 −1,5 −1,0 −0,5
+0,5 +1,0 +1,5 +2,0 +2,5 +3,0
−0,22 −0,20 −0,18 −0,16 −0,14 −0,12 −0,10 −0,08 −0,06 −0,04 −0,02
+0,02 +0,04 +0,06 +0,08 +0,10 +0,12
0 5 10 15 20 25 30 35 40 45 50 55 60 65 70 75 80 85 90 95 100

Abb. 21.

M_t
M_t bei freier Auflagerung.
$0{,}5\ cm = 0{,}02\ \frac{pa^2}{4}$
$\psi = 0$
M_{tH}
$\psi = \frac{\pi}{2}$
$\psi = \pi$
$0{,}5\ cm = 0{,}04\ \frac{pa^2}{4}$
−5,0 −4,5 −4,0 −3,5 −3,0 −2,5 −2,0 −1,5 −1,0 −0,5 0,0
+0,5 +1,0 +1,5 +2,0 +2,5 +3,0 +3,5
−0,22 −0,20 −0,18 −0,16 −0,14 −0,12 −0,10 −0,08 −0,06 −0,04 −0,02
+0,02 +0,04 +0,06 +0,08 +0,10 +0,12 +0,14
−0,44 −0,40 −0,36 −0,32 −0,28 −0,24 −0,20 −0,16 −0,12 −0,08 −0,04
0 5 10 15 20 25 30 35 40 45 50 55 60 65 70 75 80 85 90 95 100
40 45 50 55 60

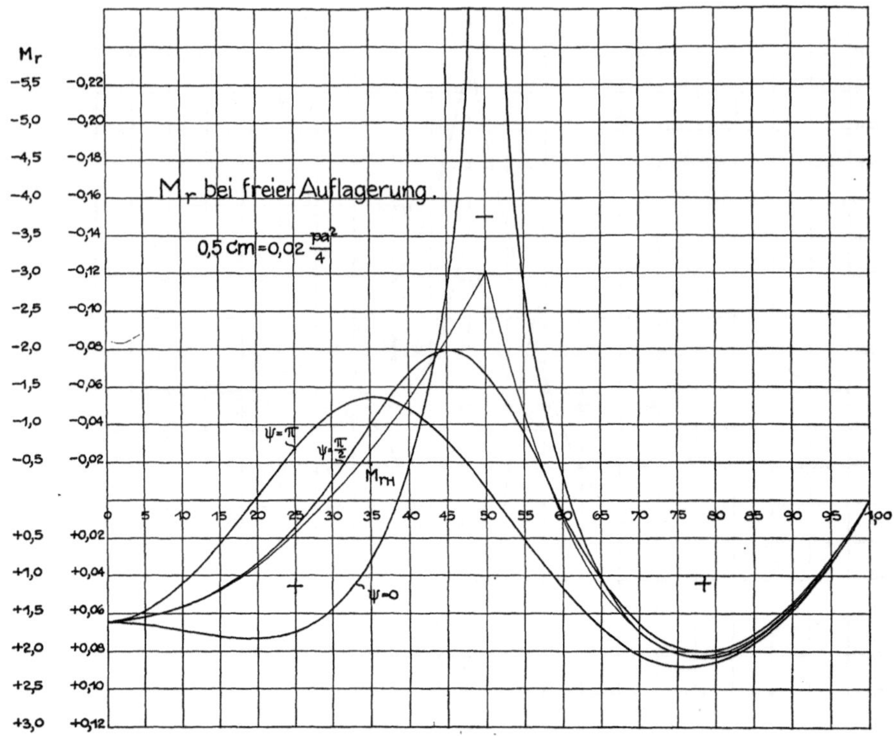

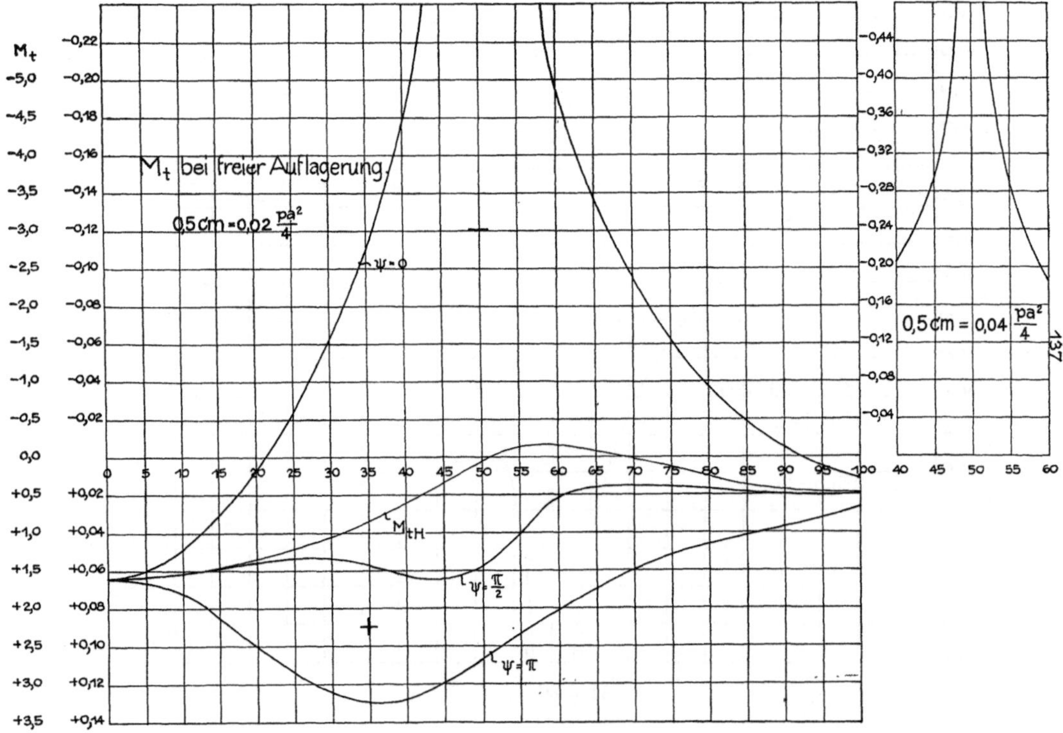

Abb. 22.

M_r
-6,0 -5,5 -5,0 -4,5 -4,0 -3,5 -3,0 -2,5 -2,0 -1,5 -1,0 -0,5
+0,5 +1,0 +1,5 +2,0
-0,24 -0,22 -0,20 -0,18 -0,16 -0,14 -0,12 -0,10 -0,08 -0,06 -0,04 -0,02
+0,02 +0,04 +0,06 +0,08 +0,10
M_r bei voller Einspannung.
0,5 cm = 0,02 pa²/4
ψ=0
M_rH
ψ=π/2
ψ=π
ψ=0
0 5 10 15 20 25 30 35 40 45 50 55 60 70 75 80 85 90 90 95 100

Abb. 23.

M_t
-5,5 -5,0 -4,5 -4,0 -3,5 -3,0 -2,5 -2,0 -1,5 -1,0 -0,5
+0,5 +1,0 +1,5 +2,0 +2,5 +3,0 +3,5
-0,22 -0,20 -0,18 -0,16 -0,14 -0,12 -0,10 -0,08 -0,06 -0,04 -0,02
+0,02 +0,04 +0,06 +0,08 +0,10 +0,12 +0,14
M_t bei voller Einspannung
0,5 cm = 0,02 pa²/4
ψ=0
M_tH
ψ=π/2
ψ=π
0 5 10 15 20 25 30 35 40 45 50 55 60 65 70 75 80 85 90 95

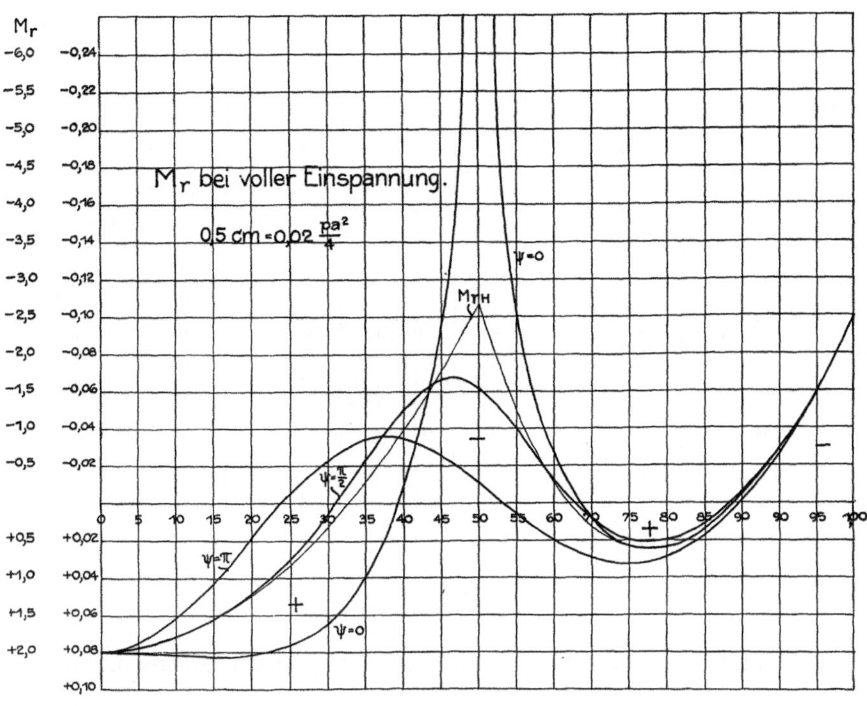

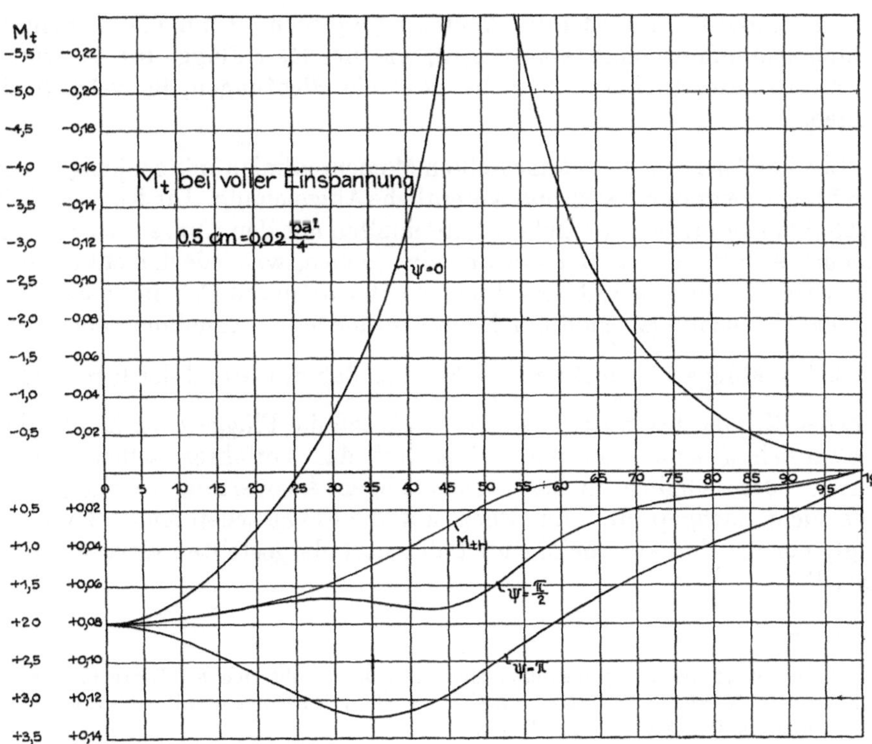

Abb. 24.

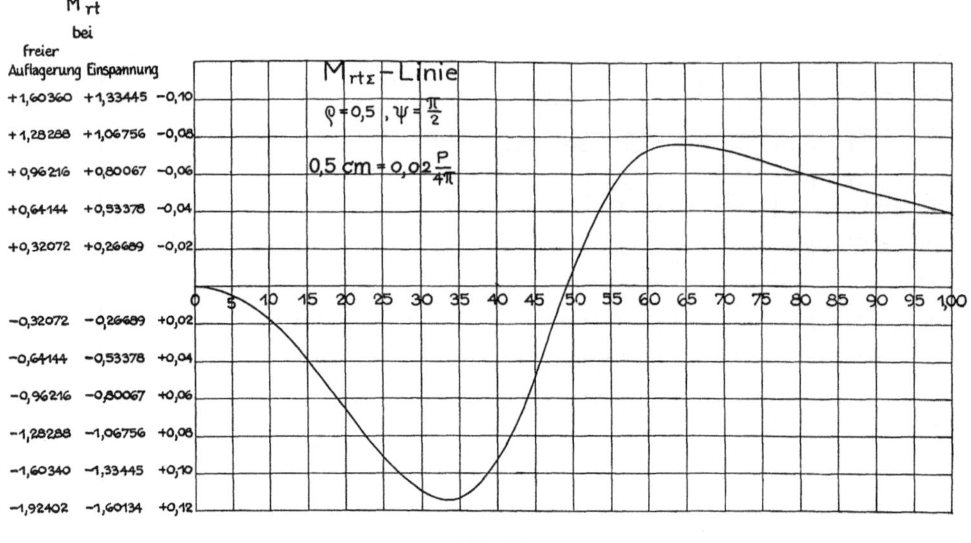

Abb. 25.

Für $\psi = 0$ und π sind M_r und M_t die Hauptspannungsmomente, für $\psi = \frac{\pi}{2}$ ist auch die Kenntnis von M_{rt} nötig, die drei Werte bestimmen den Spannungszustand eindeutig. Würde man jedoch auch in diesem Schnitt die Hauptspannungsmomente auftragen, wie dies Herr Flügge tut, so wären zwar die Größtwerte bekannt, nicht aber die Richtungen, in welchen sie auftreten.

Der Vergleich der hier dargestellten Momentenlinien mit denjenigen von Herrn Flügge zeigt durchweg eine wesentliche Abweichung. Die Kurven M_a in Abb. 23 (Flügge) für $\varphi = 0^0$ und $\varphi = 45^0$ müßten mit den Kurven M_r der vorstehenden Abb. 23 für $\psi = 0$, $\psi = \pi$ übereinstimmen, was jedoch nicht der Fall ist. Auch die Kurven nach Abb. 24 stimmen mit den Kurven M_t keineswegs überein. Die Abweichungen sind durch die verschiedenen Annahmen der Zahl ν (hier 0, bei Flügge $\frac{1}{6}$) nicht zu erklären, so daß auf Grund der hier wiedergegebenen Kurven festgestellt werden muß, daß die Flüggeschen Momentenwerte unrichtig sind. Ob der Fehler auf das Verfahren selbst zurückzuführen oder lediglich in der zahlenmäßigen Auswertung zu suchen ist, wurde nicht nachgeprüft. Ein Blick auf die Flüggeschen Abb. 23 und 24 genügt, um die Unwahrscheinlichkeit der dort dargestellten Kurven zu erkennen[54]).

[54]) Der Wert des Hauptspannungsmomentes M_a ergibt sich bei Herrn Flügge aus Abb. 21 b auf S. 51 zu $-2{,}35\ mt/m$. Auf S. 52 ist dieses Moment mit $-1{,}35\ mt/m$ angegeben, was ein Druckfehler sein dürfte.

Die Fehlerquellen des Flüggeschen Verfahrens sind in der Tat sehr zahlreich und sehr groß. Was nützt eine große Genauigkeit in den Formeln, wenn man nachher auf die mehrfache Anwendung eines graphischen Verfahrens angewiesen ist. Das Ergebnis der Superposition von fünf Werten ist u. U. eine Zahl von einer viel geringeren Größenordnung, als die einzelnen Teilbeträge, so daß ganz geringe Ungenauigkeiten dieser Teilbeträge das Endergebnis vollkommen verfälschen können. Aus diesem Grunde scheint die Kombination von analytischen und graphischen Verfahren wenig glücklich zu sein, denn auf graphischem Wege läßt sich die erforderliche Genauigkeit gar nicht erreichen[55]).

Das wesentliche Merkmal der kreisförmig begrenzten, zentralsymmetrisch belasteten Pilzdecken, nämlich eine sehr weitgehende Symmetrie, wird von Herrn Flügge gar nicht ausgenützt. Das vom Verfasser entwickelte Verfahren beruht gerade auf dieser Symmetrie. Die Superposition der Einflüsse der zu einer Gruppe zusammenfaßbaren Kräfte wird von vornherein erledigt, und darin besteht der sehr wesentliche Vorteil der vorliegenden Arbeit. Der Rechnungsgang ist bequem und übersichtlich, wie das die Seiten 76—80 bestätigen, alle Hilfswerte können aus Tabellen entnommen werden, die Wahrscheinlichkeit eines Fehlers ist gering, die Kontrolle von einzelnen Werten sehr einfach. Durch die Trennung der Momente in Hauptwerte (welche einer schneidenförmigen Lagerung entsprechen) und in Zusatzwerte wird auch die Anschaulichkeit erheblich gesteigert.

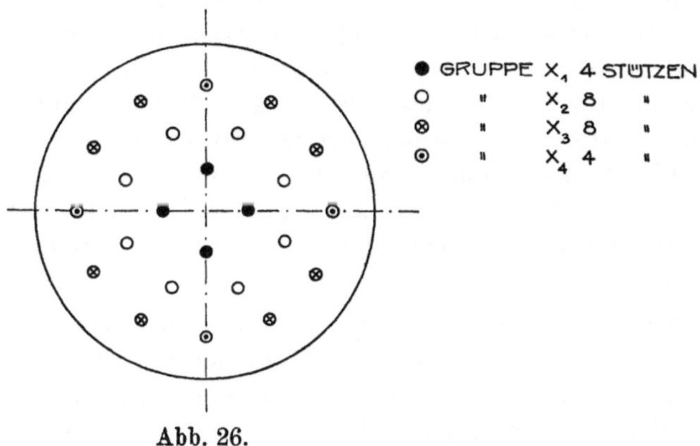

Abb. 26.

Die Vorteile des hier ausgearbeiteten Verfahrens sind um so größer, je mehr Stützen eine Pilzdecke besitzt. So ist z. B. das in Abb. 26 dargestellte System mit $4 + 8 + 12 = 24$ Stützen nur 4-fach statisch unbestimmt und kann bequem ohne einen besonderen Aufwand an Rechenarbeit erledigt werden, während nach Herrn Flügge ein solches System

[55]) Selbstverständlich genügt das graphische Verfahren vollkommen zur Ermittlung der Hauptspannungsrichtungen und der zugehörigen Momente, wenn einmal M_r, M_t, M_{rt} bekannt sind. Vor der Superposition ist aber eine größere Genauigkeit notwendig.

bei freier Auflagerung 25-fach (!) statisch unbestimmt ist. Das von Dr. Marcus in „Beton u. Eisen“ 1926 S. 224 beschriebene System ist nach dem Verfahren des Verfassers 9-fach statisch unbestimmt, wobei aber wesentliche Vereinfachungen möglich sind — nach Herrn Flügge ist der Grad der Unbestimmtheit 46-fach. Es erscheint daher völlig ausgeschlossen, daß man bei einer größeren Anzahl von Stützen nach seiner Methode vorgehen könnte.

Interessant ist auch der Vergleich zwischen den beiden Grenzfällen. Es folgt daraus, daß die Annahme einer Einspannung zu einer sehr gefährlichen Unterschätzung der positiven Radialmomente im Endfeld führen kann, während im Mittelfeld das Moment durch die Einspannung nur unwesentlich größer wird. Das maximale Radialmoment im Endfeld ist bei freier Auflagerung rund 2,5 mal so groß wie bei voller Einspannung, während im Mittelfeld das Moment durch die Einspannung nur um rund 12,5% zunimmt. Die negativen Momente über den Stützen $\varrho = 0{,}50$ sind bei freier Auflagerung ebenfalls größer als bei Einspannung.

Der gewissenhafte Konstrukteur wird einen Teil der Radialbewehrung am Rande immer aufbiegen. Führt man z. B. bei dem hier behandelten System die Hälfte der im Randfeld vorhandenen Bewehrung nach oben, so kann damit schon beinahe die Hälfte des bei vollkommener Einspannung entstehenden Randmomentes aufgenommen werden. Ein höherer Einspannungsgrad dürfte aber äußerst selten, nur in besonderen Ausnahmefällen vorliegen. Die Sicherheit einer kreisförmigen Pilzdecke ist also in keiner Weise gefährdet, wenn man am Rand freie Auflagerung annimmt und die Bewehrung am Rande nach den im Eisenbetonbau üblichen Grundsätzen anordnet. Ist der tatsächlich vorhandene Einspannungsgrad größer, als es der aus konstruktiven Gründen vorhandenen Randbewehrung entspricht, so können wohl am Rande Risse entstehen, diese bedeuten aber keine Gefahr für den Bestand der Decke. Umgekehrt ist bei der Annahme voller Einspannung die größte Vorsicht geboten, denn in diesem Falle kann eine etwaige Verdrehbarkeit des Randes den Einsturz der Decke zur Folge haben. Aus diesem Grunde ist es also zumindest unzweckmäßig, den Fall der vollen Einspannung als „Hauptfall“ zu wählen.

In der Abb. 23 des Herrn Flügge treten im Endfeld überhaupt keine positiven Radialmomente auf, danach wäre also zwischen dem Rand und den Stützen überhaupt keine untere Radialbewehrung erforderlich. Eine solche Konstruktion widerspricht offensichtlich jedem statischen Gefühl. Auf Grund des vorstehend berechneten Momentenverlaufes muß die Folgerung ausgesprochen werden, daß eine nach der Abb. 23 des Herrn Flügge bemessene Pilzdecke einstürzen würde, wenn die Zugfestigkeit des Betons zufällig nicht ausreicht, um die positiven Momente in den Randfeldern aufzunehmen. Auf die Zugfestigkeit des Betons darf man sich aber nicht verlassen.

Zum Schluß sei noch kurz auf eine grundsätzliche Frage eingegangen, welche Herr Dr. Flügge in seinem Vorwort anschneidet. Es wird dort gewissermaßen die Lösung „nur durch Reihenentwicklungen“ der „strengen Berechnung“ gegenübergestellt, wie Herr Dr. Flügge seine Arbeit im Titel bezeichnet. Unter dem letzteren Begriff dürfte Herr Dr. F. die Aufstellung von geschlossenen Formeln verstehen.

Man kann die Ansicht vertreten, daß eine geschlossene Formel gegenüber einer unendlichen Reihe eine gewisse mathematische Schönheit besitzt. Für den praktisch tätigen Ingenieur kann aber u. U. ein Reihenansatz viel brauchbarer und viel leistungsfähiger sein als eine geschlossene Formel. Bei der Auswertung der letzteren ist man ja meistens auch auf Tabellen angewiesen, die, aus irrationalen oder transzendenten Zahlen bestehend, in theoretischem Sinne nur eine beschränkte Genauigkeit haben und im allgemeinen mit Hilfe von unendlichen Reihen berechnet werden. Zahlenmäßig kann durch eine unendliche Reihe derselbe Genauigkeitsgrad erzielt werden wie durch eine geschlossene Formel, welche Logarithmen, hyperbolische Funktionen oder sogar nur Wurzelzeichen enthält. Die Behauptung des Herrn Flügge, daß „jeder Ingenieur, der einmal gezwungen gewesen ist, mit solchen Reihenansätzen zu arbeiten, unbefriedigt bleibt", erscheint also wenig begründet. Die Reihenentwicklung ist eine der fruchtbarsten Methoden, welche die moderne Mathematik hervorgebracht hat. Sie bietet die besten Anpassungsmöglichkeiten an die Eigenarten eines Problems und führt auch dann zum Ziele, wenn eine geschlossene Lösung überhaupt nicht besteht. Die Elastizitätslehre und insbesondere die Plattentheorie verdanken ihre schönsten Erfolge diesem mathematischen Hilfsmittel.

H. Kurze Zusammenfassung des Rechnungsganges.

Um den praktischen Gebrauch des hier entwickelten Verfahrens zu erleichtern, seien die einzelnen Schritte, die bei der Durcharbeitung eines gegebenen Systems zu befolgen sind, kurz wiederholt.

1. Ermittlung der Beiwerte der linken Seiten der Elastizitätsgleichungen (δ_{ii}, δ_{ik}) mit Hilfe der Tabellen I—VI nach den Formeln (14), (16) (S. 27—35).

2. Ermittlung der rechten Seiten der Elastizitätsgleichungen (δ_{io}). Für Vollbelastung sind die δ_{io}-Werte aus der letzten Zeile der Tabelle VII unmittelbar zu entnehmen, für teilweise Belastung aus derselben Tabelle durch einfache Addition der Tabellenwerte innerhalb der gegebenen Lastgrenzen, unter Hinzufügung eines Korrekturgliedes (S. 41). Die so erhaltene Summe ist mit 0,1 zu multiplizieren. Kontrolle mit Hilfe der letzten Zeile.

3. Auflösung der Elastizitätsgleichungen nach einem in der Statik üblichen Verfahren (z. B. Müller-Breslau, Gaußscher Algorithmus).

4. Ermittlung der Werte m_g, die aus den Tabellen VIII, IX unmittelbar entnommen werden können.

5. Ermittlung der Werte $-X_i m_{i_0}$. Die Momente m_{i_0} sind aus den Tabellen X, XI unmittelbar zu entnehmen.

6. Bildung der Hauptwerte der Momente $M_H = m_g - X_1 m_{10} - X_2 m_{20} - \cdots - X_n m_{n_0}$, welche einer Schneidenlagerung entsprechen. (Für die Drillungsmomente ist $M_H = 0$.)

7. Ermittlung der Einflußzahlen m_Σ für X_1, $X_2 = -1$ usw. nach den Formeln (85)—(90). Für ϑ, $\lambda \leqq 0{,}35$ können die vereinfachten Formeln (94)—(99) angewendet werden (S. 61, 64). Die einzelnen Glieder dieser Formeln können aus den Tabellen XIII—XX bzw. XXI—XXVII entnommen werden. Wenn $h = 4$, so sind die Leitwerte bei Funktionen von ϑ bzw. ϑ' unmittelbar $\frac{\varrho}{a}$ bzw. $\frac{a}{\varrho}$, bei Funktionen von λ: $(a\varrho)$. Ist $h = 6, 8, 12$, so sind bei den Tabellen XIII, XVI, XIX, XX die Potenzen $\frac{3}{2}$, 2, 3 von $\frac{\varrho}{a}$, $\frac{a}{\varrho}$, $a\varrho$ als Leitwerte einzuführen. Bei der Umrechnung leistet die Tabelle XII gute Dienste. Die Tabellen XIV, XV, XVII, XVIII gelten nur für $h = 4$.

8. Bildung der Werte $X_i m_{i\Sigma}$

9. Bildung der Momentenwerte

$$M_\Sigma = -X_1 m_{1\Sigma} - X_2 m_{2\Sigma} - \cdots - X_n m_{n\Sigma}$$

10. Aus 6 und 9 ergibt sich $M = M_H + M_\Sigma$

Bei der ganzen Berechnung ist die allgemeine Bemerkung auf S. 65 zu beachten. Die Schritte 4—10 werden zweckmäßigerweise tabellarisch zusammengefaßt. Der Arbeitsgang kann so eingerichtet werden, daß man das ganze Rechnungsschema von vornherein entwirft. Jeder zu untersuchenden Stelle a entspricht eine Zeile, jedem Glied, bzw. jedem Faktor der auszuwertenden Formeln eine Spalte. Das Schema wird dann spaltenweise ausgefüllt, so daß jede Tabelle nur einmal aufgeschlagen werden muß.

VI. Tabellen.

Die nachfolgenden Tabellen sind in den Abschnitten III—V besprochen worden, ihre Anwendung wurde an mehreren Beispielen gezeigt. Aus drucktechnischen Gründen mußten die Tabellen je in 2—4 Teilen wiedergegeben werden. Die Tabellen I—VII, XII—XXVII bestehen aus 2 Teilen, welche mit den Indizes „1“ und „2“ versehen und jeweils auf 2 gegenüberliegenden Seiten (links und rechts) abgedruckt sind. Dabei wurde die Spalte bzw. Zeile 0,50 für jede Hälfte wiederholt. Die Tabellen I—VI sind in bezug auf die Hauptdiagonale symmetrisch, so daß das ganze Gebiet $\alpha < \varrho$ zwecks Vermeidung von Wiederholungen leer gelassen wurde, was der Übersichtlichkeit zugute kommt. Die Tabellen VIII u. IX wurden in 4, die Tabellen X u. XI in 3 Teile geteilt. (Siehe das nachstehende Schema.)

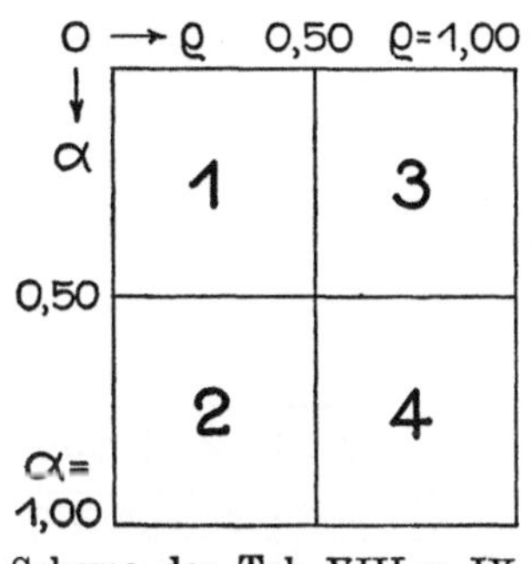

Schema der Tab. VIII u. IX.

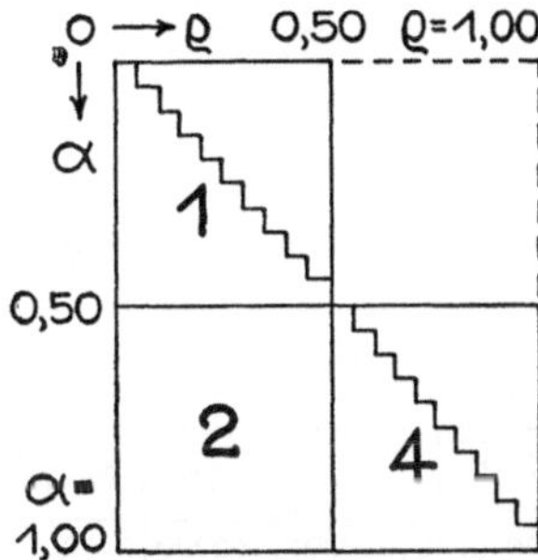

Schema der Tab. X u. XI.

Bei den letzteren konnte das Feld „3“ weggelassen werden, weil bei schneidenförmiger Belastung in ϱ die Momente im inneren Gebiet $\alpha < \varrho$ konstant, d. h. von α unabhängig sind. Die Werte der Hauptdiagonale $\alpha = \varrho$ gelten also im ganzen inneren Gebiet. Da den Feldern „4“ kein zweites zugeordnet ist, stehen ausnahmsweise die Felder „4“ der Tab. X u. XI auf der linken und rechten Seite einander gegenüber.

Es war ferner aus technischen Gründen zweckmäßig, die Zahlen ohne Vorzeichen zu lassen. In allen denjenigen Tabellen, welche sowohl positive als auch negative Werte enthalten, sind die beiden Gebiete durch eine starke Linie getrennt und es wird jedesmal angegeben, welches Gebiet negativ ist. Die Tabellen XVIII, XXII, XXVI, XXVII enthalten nur negative Zahlen, was ebenfalls überall vermerkt ist, während die Tabellen I—XII, XVI, XVII, XX, XXI, XXIV aus lauter positiven Zahlen bestehen, so daß bei den letzteren eine besondere Bemerkung nicht erforderlich erschien.

Tabelle I 1.

η_0

$\varrho \backslash \alpha$	0,00	0,05	0,10	0,15	0,20	0,25	0,30	0,35	0,40	0,45	0,50	α / ϱ
0,00	3,00000	2,97752	2,92395	2,84713	2,75124	2,63921	2,51328	2,37529	2,22679	2,06910	1,90343	0,00
0,05		2,96005	90996	83520	74080	62994	50499	36785	22011	06312	89809	0,05
0,10			2,86800	79941	70946	60211	48011	34552	20006	04516	88206	0,10
0,15				2,73977	65722	55574	43863	30831	16665	2,01523	85536	0,15
0,20					2,58409	49081	38057	25621	11988	1,97332	81797	0,20
0,25						2,40733	2,30591	2,18922	2,05975	1,91945	1,76991	0,25
0,30							2,21467	10735	1,98625	85360	71116	0,30
0,35								2,01059	89940	77578	64173	0,35
0,40									1,79917	68598	56162	0,40
0,45										1,58422	47083	0,45
0,50											1,36935	0,50

$$\eta_0 = (3 - \varrho^2)(1 - \alpha^2) - 2(\alpha^2 + \varrho^2) \ln \frac{1}{\alpha}.$$

Tabelle II 1.

η_4

$\varrho \backslash \alpha$	0,00	0,05	0,10	0,15	0,20	0,25	0,30	0,35	0,40	0,45	0,50	α / ϱ
0,00	0,00000	0,00000	0,00000	0,00000	0,00000	0,00000	0,00000	0,00000	0,00000	0,00000	0,00000	0,00
0,05		0,00017	9	4	3	2	1	1	1	1	0	0,05
0,10			0,00067	54	35	24	17	13	10	8	6	0,10
0,15				0,00150	140	106	80	61	48	38	31	0,15
0,20					0,00267	263	217	175	141	115	94	0,20
0,25						0,00416	0,00421	0,00368	0,00309	0,00259	0,00216	0,25
0,30							0,00599	614	555	482	413	0,30
0,35								0,00812	837	774	688	0,35
0,40									0,01053	1087	1020	0,40
0,45										0,01317	1355	0,45
0,50											0,01592	0,50

$$\eta_4 = \frac{1}{2}\left(\frac{\varrho}{\alpha}\right)^4 \left(\frac{\alpha^2}{3} - \frac{\varrho^2}{5}\right) + \frac{2(\alpha\varrho)^4}{9}\left[\frac{1}{4}(\alpha^2 + \varrho^2) - 1 + \frac{(\alpha\varrho)^2}{5}\right]$$

Tabelle I2.

η_0

$\varrho \diagdown \alpha$	0,50	0,55	0,60	0,65	0,70	0,75	0,80	0,85	0,90	0,95	1,00	α / ϱ
0,00	1,90343	1,73081	1,55221	1,36849	1,18046	0,98886	0,79438	0,59766	0,39932	0,19992	0,00000	0,00
0,05	89809	72608	54805	36489	1,17740	0,98633	79236	59615	39831	19942	0	0,05
0,10	88206	71188	53559	35410	1,16823	0,97873	78631	59163	39531	19791	0	0,10
0,15	85536	68821	51482	33611	1,15293	0,96607	77623	58410	39030	19541	0	0,15
0,20	81797	65508	48574	31093	1,13152	0,94834	76212	57356	38329	19191	0	0,20
0,25	1,76991	1,61249	1,44835	1,27855	1,10400	0,92555	0,74398	0,56000	0,37427	0,18741	0,00000	0,25
0,30	71116	56042	40266	23897	1,07036	0,89770	72181	54343	36325	18191	0	0,30
0,35	64173	49889	34865	19220	1,03060	0,86478	69561	52385	35023	17541	0	0,35
0,40	56162	42790	28634	13824	0,98472	0,82680	66537	50125	33520	16790	0	0,40
0,45	47083	34744	21572	07708	0,93273	0,78375	63110	47565	31817	15940	0	0,45
0,50	1,36935	1,25752	1,13679	1,00872	0,87462	0,73564	0,59280	0,44703	0,29914	0,14989	0,00000	0,50
0,55		1,15812	1,04956	0,93317	0,81040	0.68247	55047	41539	27810	13939	0	0,55
0,60			0,95401	0,85042	0,74005	0,62423	50411	38075	25506	12788	0	0,60
0,65				0,76048	0,66359	0.56092	45372	34309	23001	11538	0	0,65
0,70					0,58102	0,49255	39930	30242	20296	10187	0	0,70
0,75						0,41912	0,34084	0,25873	0,17391	0,08737	0,00000	0,75
0,80							0,27835	21204	14285	7186	0	0,80
0,85								0,16233	10980	5535	0	0,85
0,90									0,07473	3785	0	0,90
0,95										0,01934	0	0,95
1,00											0,00000	1,00

Tabelle II2.

η_4

$\varrho \diagdown \alpha$	0,50	0,55	0,60	0,65	0,70	0,75	0,80	0,85	0,90	0,95	1,00	α / ϱ
0,00	0,00000	0,00000	0,00000	0,00000	0,00000	0,00000	0,00000	0,00000	0,00000	0,00000	0,00000	0,00
0,05	0	0	0	0	0	0	0	0	0	0	0	0,05
0,10	6	5	4	4	3	2	2	1	1	0	0	0,10
0,15	31	26	21	17	14	12	9	7	4	2	0	0,15
0,20	94	78	65	54	44	36	28	21	14	7	0	0,20
0,25	0,00216	0,00181	0,00152	0,00127	0,00105	0,00085	0,00067	0,00050	0,00033	0,00016	0,00000	0,25
0,30	413	352	298	251	209	170	134	99	66	33	0	0,30
0,35	688	599	515	438	367	301	237	177	117	59	0	0,35
0,40	1020	917	806	695	588	485	385	287	191	96	0	0,40
0,45	1355	1280	1158	1018	872	726	580	435	290	145	0	0,45
0,50	0,01592	0,01628	0,01539	0,01389	0,01211	0,01020	0,00822	0,00620	0,00415	0,00208	0,00000	0,50
0,55		0,01862	1886	1771	1583	1354	1103	838	563	283	0	0,55
0,60			0,02104	2101	1945	1701	1406	1078	729	368	0	0,60
0,65				0,02283	2235	2019	1702	1321	901	456	0	0,65
0,70					0,02361	2245	1949	1541	1062	541	0	0,70
0,75						0,02292	0,02088	0,01696	0,01188	0,00610	0,00000	0,75
0,80							0,02037	1733	1245	647	0	0,80
0,85								0,01581	1188	632	0	0,85
0,90									0,00964	537	0	0,90
0,95										0,00328	0	0,95
1,00											0,00000	1,00

Tabelle III 1.

η_6

$\varrho \backslash \alpha$	0,00	0,05	0,10	0,15	0,20	0,25	0,30	0,35	0,40	0,45	0,50	α / ϱ
0,00	0,00000	0,00000	0,00000	0,00000	0,00000	0,00000	0,00000	0,00000	0,00000	0,00000	0,00000	0,00
0,05		0,00005	1	0	0	0	0	0	0	0	0	0,05
0,10			0,00019	9	3	2	1	0	0	0	0	0,10
0,15				0,00043	28	14	8	4	3	2	1	0,15
0,20					0,00076	59	36	22	14	9	6	0,20
0,25						0,00119	0,00101	0,00069	0,00046	0,00031	0,00021	0,25
0,30							0,00171	154	114	81	58	0,30
0,35								0,00233	217	170	127	0,35
0,40									0,00305	290	237	0,40
0,45										0,00385	372	0,45
0,50											0,00474	0,50

$$\eta_6 = \frac{1}{3}\left(\frac{\varrho}{\alpha}\right)^6 \left(\frac{\alpha^2}{5} - \frac{\varrho^2}{7}\right) + \frac{2}{13}(\alpha\,\varrho)^6 \left[\frac{1}{6}(\alpha^2 + \varrho^2) - \frac{3}{5} + \frac{(\alpha\,\varrho)^2}{7}\right]$$

Tabelle IV 1.

η_8

$\varrho \backslash \alpha$	0,00	0,05	0,10	0,15	0,20	0,25	0,30	0,35	0,40	0,45	0,50	α / ϱ
0,00	0,00000	0,00000	0,00000	0,00000	0,00000	0,00000	0,00000	0,00000	0,00000	0,00000	0,00000	0,00
0,05		0,00002	1	0	0	0	0	0	0	0	0	0,05
0,10			0,00008	2	0	0	0	0	0	0	0	0,10
0,15				0,00018	8	2	1	0	0	0	0	0,15
0,20					0,00032	19	8	4	2	1	1	0,20
0,25						0,00050	0,00034	0,00018	0,00009	0,00005	0,00003	0,25
0,30							0,00071	55	32	19	11	0,30
0,35								0,00097	79	51	32	0,35
0,40									0,00127	137	75	0,40
0,45										0,00161	142	0,45
0,50											0,00198	0,50

$$\eta_8 = \frac{1}{4}\left(\frac{\varrho}{\alpha}\right)^8 \left(\frac{\alpha^2}{7} - \frac{\varrho^2}{9}\right) + \frac{2}{17}(\alpha\,\varrho)^8 \left[\frac{1}{8}(\alpha^2 + \varrho^2) - \frac{3}{7} + \frac{(\alpha\,\varrho)^2}{9}\right]$$

Tabelle III 2.

η_6

ρ \ α	0,50	0,55	0,60	0,65	0,70	0,75	0,80	0,85	0,90	0,95	1,00	α / ρ
0,00	0,00000	0,00000	0,00000	0,00000	0,00000	0,00000	0,00000	0,00000	0,00000	0,00000	0,00000	0,00
0,05	0	0	0	0	0	0	0	0	0	0	0	0,05
0,10	0	0	0	0	0	0	0	0	0	0	0	0,10
0,15	1	1	1	0	0	0	0	0	0	0	0	0,15
0,20	6	4	3	2	2	1	1	1	0	0	0	0,20
0,25	0,00021	0,00015	0,00011	0,00008	0,00006	0,00004	0,00003	0,00002	0,00001	0,00001	0,00000	0,25
0,30	58	42	31	23	17	13	9	7	4	2	0	0,30
0,35	127	95	71	53	40	30	22	16	10	5	0	0,35
0,40	237	185	142	109	84	64	47	34	22	11	0	0,40
0,45	372	314	253	199	155	120	90	64	42	21	0	0,45
0,50	0,00474	0,00463	0,00400	0,00328	0,00263	0,00206	0,00156	0,00113	0,00073	0,00036	0,00000	0,50
0,55		0,00571	560	490	407	327	252	184	120	60	0	0,55
0,60			0,00670	658	579	480	379	280	185	92	0	0,60
0,65				0,00767	747	654	532	401	268	134	0	0,65
0,70					0,00848	812	694	538	365	184	0	0,70
0,75						0,00892	0,00828	0,00671	0,00466	0,00238	0,00000	0,75
0,80							0,00872	763	551	287	0	0,80
0,85								0,00753	586	315	0	0,85
0,90									0,00516	298	0	0,90
0,95										0,00199	0	0,95
1,00											0,00000	1,00

Tabelle IV 2.

η_8

ρ \ α	0,50	0,55	0,60	0,65	0,70	0,75	0,80	0,85	0,90	0,95	1,00	α / ρ
0,00	0,00000	0,00000	0,00000	0,00000	0,00000	0,00000	0,00000	0,00000	0,00000	0,00000	0,00000	0,00
0,05	0	0	0	0	0	0	0	0	0	0	0	0,05
0,10	0	0	0	0	0	0	0	0	0	0	0	0,10
0,15	0	0	0	0	0	0	0	0	0	0	0	0,15
0,20	1	0	0	0	0	0	0	0	0	0	0	0,20
0,25	0,00003	0,00002	0,00001	0,00001	0,00000	0,00000	0,00000	0,00000	0,00000	0,00000	0,00000	0,25
0,30	11	7	4	3	2	1	1	1	0	0	0	0,30
0,35	32	20	13	8	6	4	3	2	1	1	0	0,35
0,40	75	50	33	22	15	10	7	5	3	1	0	0,40
0,45	142	104	72	50	35	24	16	11	7	3	0	0,45
0,50	0,00198	0,00180	0,00138	0,00099	0,00071	0,00050	0,00035	0,00023	0,00015	0,00007	0,00000	0,50
0,55		0,00240	221	175	130	95	67	46	29	14	0	0,55
0,60			0,00285	266	215	164	120	83	57	26	0	0,60
0,65				0,00332	312	255	195	139	89	44	0	0,65
0,70					0,00378	355	289	214	140	69	0	0,70
0,75						0,00417	0,00384	0,00303	0,00205	0,00103	0,00000	0,75
0,80							0,00434	401	273	141	0	0,80
0,85								0,00408	324	174	0	0,85
0,90									0,00309	164	0	0,90
0,95										0,00134	0	0,95
1,00											0,00000	1,00

Tabelle V 1.

η_{12}

ϱ \ α	0,00	0,05	0,10	0,15	0,20	0,25	0,30	0,35	0,40	0,45	0,50	α / ϱ
0,00	0,00000	0,00000	0,00000	0,00000	0,00000	0,00000	0,00000	0,00000	0,00000	0,00000	0,00000	0,00
0,05		0,00001	0	0	0	0	0	0	0	0	0	0,05
0,10			0,00002	0	0	0	0	0	0	0	0	0,10
0,15				0,00005	1	0	0	0	0	0	0	0,15
0,20					0,00009	3	1	0	0	0	0	0,20
0,25						0,00015	0,00006	0,00002	0,00001	0,00000	0,00000	0,25
0,30							0,00021	11	4	2	1	0,30
0,35								0,00029	17	7	3	0,35
0,40									0,00037	25	12	0,40
0,45										0,00047	34	0,45
0,50											0,00058	0,50

$$\eta_{12} = \frac{1}{6}\left(\frac{\varrho}{\alpha}\right)^{12}\left(\frac{\alpha^2}{11} - \frac{\varrho^2}{13}\right) + \frac{2(\alpha\varrho)^{12}}{25}\left[\frac{1}{12}(\alpha^2+\varrho^2) - \frac{3}{11} + \frac{(\alpha\varrho)^2}{13}\right]$$

Tabelle VI 1.

η_n für $\alpha = \varrho$

n \ α=ϱ	0,00	0,05	0,10	0,15	0,20	0,25	0,30	0,35	0,40	0,45	0,50	ϱ=α / n
4	0,00000	0,00017	0,00067	0,00150	0,00267	0,00416	0,00599	0,00812	0,01053	0,01317	0,01592	4
6		5	19	43	76	119	171	233	305	385	474	6
8		2	8	18	32	50	71	97	127	161	198	8
12		0,00001	2	5	9	15	21	29	37	47	58	12
16			1	2	4	6	9	12	16	20	25	16
18			1	2	3	4	6	8	11	14	17	18
20			0,00001	1	2	3	5	6	8	10	13	20
24				0,00001	1	2	3	4	5	6	7	24
28					1	1	2	2	3	4	5	28
30					0,00001	1	1	2	2	3	4	30
32						1	1	1	2	2	3	32
36						0,00001	0,00001	0,00001	0,00001	0,00002	0,00002	36

$$\eta_{n\,(\alpha=\varrho)} = \frac{4\varrho^2}{n(n^2-1)} + \frac{2\varrho^{2n}}{2n+1}\left[\frac{2\varrho^2}{n} - \frac{3}{n-1} + \frac{\varrho^4}{n+1}\right]$$

Tabelle V2.

η_{12}

ϱ \ α	0,50	0,55	0,60	0,65	0,70	0,75	0,80	0,85	0,90	0,95	1,00	α / ϱ
0,00	0,00000	0,00000	0,00000	0,00000	0,00000	0,00000	0,00000	0,00000	0,00000	0,00000	0,00000	0,00
0,05	0	0	0	0	0	0	0	0	0	0	0	0,05
0,10	0	0	0	0	0	0	0	0	0	0	0	0,10
0,15	0	0	0	0	0	0	0	0	0	0	0	0,15
0,20	0	0	0	0	0	0	0	0	0	0	0	0,20
0,25	0,00000	0,00000	0,00000	0,00000	0,00000	0,00000	0,00000	0,00000	0,00000	0,00000	0,00000	0,25
0,30	1	0	0	0	0	0	0	0	0	0	0	0,30
0,35	3	1	1	0	0	0	0	0	0	0	0	0,35
0,40	12	6	3	1	1	0	0	0	0	0	0	0,40
0,45	34	18	9	5	2	1	1	0	0	0	0	0,45
0,50	0,00058	0,00044	0,00025	0,00014	0,00007	0,00004	0,00002	0,00001	0,00001	0,00000	0,00000	0,50
0,55		0,00071	56	34	20	11	6	4	2	1	0	0,55
0,60			0,00084	68	44	27	16	9	5	2	0	0,60
0,65				0,00099	82	56	35	21	12	5	0	0,65
0,70					0,00114	97	68	43	25	12	0	0,70
0,75						0,00130	0,00112	0,00078	0,00048	0,00023	0,00000	0,75
0,80							0,00144	123	82	40	0	0,80
0,85								0,00150	120	63	0	0,85
0,90									0,00133	82	0	0,90
0,95										0,00071	0	0,95
1,00											0,00000	1,00

Tabelle VI2.

η_n für $\alpha = \varrho$

n \ $\alpha=\varrho$	0,50	0,55	0,60	0,65	0,70	0,75	0,80	0,85	0,90	0,95	1,00	$\varrho=\alpha$ / n
4	0,01592	0,01862	0,02104	0,02283	0,02361	0,02292	0,02037	0,01581	0,00964	0,00328	0,00000	4
6	474	571	670	767	848	892	872	753	516	199	0	6
8	198	240	285	332	378	417	434	408	309	134	0	8
12	58	71	84	99	114	130	144	150	133	79	0	12
16	25	30	35	41	48	55	62	68	67	42	0	16
18	17	21	25	29	34	39	44	49	49	34	0	18
20	13	15	18	21	25	28	32	36	37	27	0	20
24	7	9	10	12	14	16	19	21	23	18	0	24
28	5	6	7	8	9	10	12	13	15	13	0	28
30	4	5	5	6	7	8	10	11	12	11	0	30
32	3	4	4	5	6	7	8	9	10	9	0	32
36	0,00002	0,00003	0,00003	0,00004	0,00004	0,00005	0,00005	0,00006	0,00007	0,00007	0,00000	36

Tabelle VII 1.

$\alpha \eta_0$, letzte Zeile η_g

ρ \ α	0,00	0,05	0,10	0,15	0,20	0,25	0,30	0,35	0,40	0,45	0,50	α / ρ
0,00	0,00000	0,14888	0,29239	0,42707	0,55025	0,65980	0,75398	0,83135	0,89072	0,93110	0,95172	0,00
0,05	0	14800	29100	42528	54816	65749	75150	82875	88804	92840	94905	0,05
0,10	0	14550	28680	41991	54189	65053	74403	82093	88002	92032	94103	0,10
0,15	0	14176	27994	41097	53144	63894	73159	80791	86666	90685	92768	0,15
0,20	0	13704	27095	39858	51682	62270	71417	78967	84795	88799	90899	0,20
0,25	0,00000	0,13150	0,26021	0,38336	0,49816	0,60183	0,69177	0,76623	0,82390	0,86375	0,88496	0,25
0,30	0	12525	24801	36579	47611	57648	66440	73757	79450	83412	85558	0,30
0,35	0	11839	23455	34625	45124	54731	63221	70371	75976	79910	82087	0,35
0,40	0	11101	22001	32500	42398	51494	59588	66479	71967	75869	78081	0,40
0,45	0	10316	20452	30228	39466	47986	55608	62152	67439	71290	73542	0,45
0,50	0,00000	0,09490	0,18821	0,27830	0,36359	0,44248	0,51335	0,57461	0,62465	0,66187	0,68468	0,50
0,55	0	8630	17119	25323	33102	40312	46813	52461	57116	60635	62876	0,55
0,60	0	7745	15356	22722	29714	36209	42080	47203	51454	54707	56840	0,60
0,65	0	6824	13541	20042	26219	31964	37169	41727	45530	48469	50436	0,65
0,70	0	5887	11682	17294	22630	27600	32111	36071	39384	41973	43731	0,70
0,75	0,00000	0,04932	0,09787	0,14491	0,18967	0,23139	0,26931	0,30267	0,33072	0,35269	36782	0,75
0,80	0	3962	7863	11643	15242	18600	21654	24346	26615	28400	29640	0,80
0,85	0	2981	5916	8762	11471	14000	16303	18335	20050	21404	23852	0,85
0,90	0	1992	3953	5855	7666	9357	10898	12258	13408	14318	14957	0,90
0,95	0	997	1979	2931	3838	4685	5457	6139	6716	7173	7495	0,95
1,00	0,00000	0,00000	0,00000	0,00000	0,00000	0,00000	0,00000	0,00000	0,00000	0,00000	0,00000	1,00
ρ / α	0,00	0,05	0,10	0,15	0,20	0,25	0,30	0,35	0,40	0,45	0,50	α \ ρ
η_g	1,25000	1,24625	1,23503	1,21638	1,19040	1,15723	1,11703	1,07000	1,01640	0,95650	0,89063	η_g

Gleichmäßig verteilte Ringbelastung zwischen ϱ_1 und ϱ_2:

$$\delta_{i_0} = 0{,}1 \left[\sum_{\varrho_1}^{\varrho_2} \alpha \eta_0 - \text{Korrektur} \right]$$

Wirkliche Durchbiegung: $w = \frac{P a^2}{16 N \pi} \delta_{i_0}$, wo $P = p_0 a^2 \pi$.

Tabelle VII 2.

$\alpha\,\eta_0$, letzte Zeile η_g

ϱ \ α	0,50	0,55	0,60	0,65	0,70	0,75	0,80	0,85	0,90	0,95	1,00	α / ϱ
0,00	0,95172	0,95195	0,93133	0,88952	0,82632	0,74165	0,63550	0,50801	0,35939	0,18992	0,00000	0,00
0,05	94905	94934	92883	88718	82418	73975	63389	50673	35848	18945	0	0,05
0,10	94103	94153	92135	88017	81776	73405	62905	50289	35578	18801	0	0,10
0,15	92768	92852	90889	86847	80705	72455	62098	49649	35127	18564	0	0,15
0,20	90899	91029	89144	85210	79206	71126	60970	48753	34496	18231	0	0,20
0,25	0,88496	0,88687	0,86901	0,83106	0,77280	0,69416	0,59518	0,47600	0,33684	0,17804	0,00000	0,25
0,30	85558	85823	84160	80533	74925	67328	57745	46192	32693	17281	0	0,30
0,35	82087	82439	80919	77493	72142	64859	55649	44527	31521	16664	0	0,35
0,40	78081	78535	77180	73986	68930	62010	53230	42606	30168	15951	0	0,40
0,45	73542	74109	72943	70010	65291	58781	50488	40430	28635	15143	0	0,45
0,50	0,68468	0,69164	0,68207	0,65567	0,61223	0,55173	0,47424	0,37998	0,26923	0,14240	0,00000	0,50
0,55	62876	63697	62974	60656	56728	51185	44038	35308	25029	13242	0	0,55
0,60	56840	57726	57241	55277	51804	46817	40329	32364	22955	12149	0	0,60
0,65	50436	51324	51025	49431	46451	42069	36298	29163	20701	10961	0	0,65
0,70	43731	44572	44403	43133	40671	36941	31944	25706	18266	9678	0	0,70
0,75	0,36782	0,37536	0,37454	0,36460	0,34479	0,31434	0,27267	0,21992	0,15652	0,08300	0,00000	0,75
0,80	29640	30276	30247	29492	27951	25563	22268	18023	12857	6827	0	0,80
0,85	23852	22846	22845	22301	21169	19405	16963	13798	9882	5258	0	0,85
0,90	14957	15296	15304	14951	14207	13043	11428	9333	6726	3596	0	0,90
0,95	7495	7666	7673	7500	7131	6553	5749	4705	3217	1837	0	0,95
1,00	0,00000	0,00000	0,00000	0,00000	0,00000	0,00000	0,00000	0,00000	0,00000	0,0000	0,00000	1,00
ϱ / α	0,50	0,55	0,60	0,65	0,70	0,75	0,80	0,85	0,90	0,95	1,00	α / ϱ
η_g	0,89063	0,81913	0,74240	0,66088	0,57503	0,48535	0,39240	0,29675	0,19903	0,09988	0,00000	η_g

Gleichmäßig verteilte Vollbelastung:

$$\delta_{i_0} = \eta_g = \frac{1}{4}\,(5 - 6\,\alpha^2 + \alpha^4).$$

Wirkliche Durchbiegung: $w = \dfrac{P a^2}{16\,N\pi}\,\delta_{i_0}$, wo $P = p_0\,a^2\,\pi$.

Tabelle VIII 1.

Radialmomente bei gleichmäßig verteilter Kreisbelastung von 0 bis ϱ.

$$m_{rg} = \frac{p_0 a^2}{4} \times \text{Tabellenzahl}$$

α \ ϱ	0,00	0,05	0,10	0,15	0,20	0,25	0,30	0,35	0,40	0,45	0,50	ϱ / α
0,00	0,00000	0,00999	0,03300	0,06506	0,10398	0,14817	0,19633	0,24735	0,30021	0,35395	0,40766	0,00
1	0	991	3293	6498	10390	14809	19626	24728	30013	35387	40759	1
2	0	969	3270	6476	10368	14787	19603	24705	29991	35365	40736	2
3	0	931	3233	6438	10330	14749	19566	24668	29953	35327	40699	3
4	0	879	3180	6386	10278	14697	19513	24615	29901	35275	40646	4
0,05	0,00000	0,00811	0,03113	0,06318	0,10210	0,14629	0,19446	0,24548	0,29833	0,35207	0,40579	0,05
6	0	747	3030	6236	10128	14547	19363	24465	29751	35125	40496	6
7	0	697	2933	6138	10030	14449	19266	24368	29653	35027	40399	7
8	0	656	2820	6026	9918	14337	19153	24255	29541	34915	40286	8
9	0	621	2693	5898	9790	14209	19026	24128	29413	34787	40159	9
0,10	0,00000	0,00591	0,02550	0,05756	0,09648	0,14067	0,18883	0,23985	0,29271	0,34645	0,40016	0,10
11	0	565	2411	5598	9490	13909	18726	23828	29113	34487	39859	11
12	0	541	2291	5426	9318	13737	18553	23655	28941	34315	39686	12
13	0	519	2186	5238	9130	13549	18366	23468	28753	34127	39499	13
14	0	499	2091	5036	8928	13347	18163	23265	28551	33925	39296	14
0,15	0,00000	0,00481	0,02006	0,04818	0,08710	0,13129	0,17946	0,23048	0,28333	0,33707	0,39079	0,15
16	0	464	1928	4605	8478	12897	17713	22815	28101	33475	38846	16
17	0	448	1856	4412	8230	12649	17466	22568	27853	33227	38599	17
18	0	433	1789	4236	7968	12387	17203	22305	27591	32965	38336	18
19	0	419	1727	4075	7690	12109	16926	22028	27313	32687	38059	19
0,20	0,00000	0,00406	0,01669	0,03925	0,07398	0,11817	0,16633	0,21735	0,27021	0,32395	0,37766	0,20
21	0	394	1615	3786	7110	11509	16326	21428	26713	32087	37459	21
22	0	382	1563	3656	6843	11187	16003	21105	26391	31765	37136	22
23	0	370	1514	3533	6595	10849	15666	20768	26053	31427	36799	23
24	0	359	1468	3418	6363	10497	15313	20415	25701	31075	36446	24
0,25	0,00000	0,00349	0,01424	0,03309	0,06145	0,10129	0,14946	0,20048	0,25333	0,30707	0,36079	0,25
26	0	339	1382	3205	5940	9766	14563	19665	24951	30325	35696	26
27	0	329	1341	3107	5746	9426	14166	19268	24553	29927	35299	27
28	0	320	1302	3013	5562	9104	13753	18855	24141	29515	34886	28
29	0	311	1265	2923	5387	8800	13326	18428	23713	29087	34459	29
0,30	0,00000	0,00303	0,01229	0,02837	0,05220	0,08512	0,12883	0,17985	0,23271	0,28645	0,34016	0,30
31	0	294	1195	2754	5061	8238	12445	17528	22813	28187	33559	31
32	0	286	1161	2675	4908	7978	12030	17055	22341	27715	33086	32
33	0	279	1129	2598	4762	7728	11635	16568	21853	27227	32599	33
34	0	271	1098	2524	4621	7490	11259	16065	21351	26725	32096	34
0,35	0,00000	0,00264	0,01068	0,02453	0,04486	0,07261	0,10899	0,15548	0,20833	0,26207	0,31579	0,35
36	0	256	1038	2384	4355	7041	10555	15035	20301	25675	31046	36
37	0	249	1010	2317	4229	6830	10225	14545	19753	25127	30499	37
38	0	243	982	2252	4107	6626	9908	14076	19191	24565	29936	38
39	0	236	956	2189	3989	6429	9603	13626	18613	23987	29359	39
0,40	0,00000	0,00230	0,00929	0,02128	0,03875	0,06240	0,09310	0,13194	0,18021	0,23395	0,28766	0,40
41	0	224	904	2069	3764	6056	9027	12779	17433	22787	28159	41
42	0	218	879	2011	3657	5878	8753	12379	16868	22165	27536	42
43	0	212	855	1955	3552	5705	8488	11993	16325	21527	26899	43
44	0	206	831	1900	3451	5538	8232	11620	15802	20875	26246	44
0,45	0,00000	0,00200	0,00808	0,01846	0,03352	0,05375	0,07984	0,11259	0,15297	0,20207	0,25579	0,45
46	0	195	786	1794	3255	5217	7743	10910	14809	19544	24896	46
47	0	189	764	1743	3161	5063	7509	10572	14338	18905	24199	47
48	0	184	742	1694	3069	4914	7282	10244	13881	18287	23486	48
49	0	179	721	1645	2980	4768	7061	9926	13439	17690	22759	49
0,50	0,00000	0,00174	0,00701	0,01598	0,02893	0,04625	0,06846	0,09616	0,13010	0,17112	0,22016	0,50
α / ϱ	0,00	0,05	0,10	0,15	0,20	0,25	0,30	0,35	0,40	0,45	0,50	α \ ϱ

Tabellenzahl: $\varrho^2 \mu_{rg} = \varrho^2 \left[ln \frac{1}{\alpha} + \frac{\beta^2 - \varrho^2}{4} \right]$, wenn $\alpha \geqq \varrho$ $\left(\beta = \frac{\varrho}{\alpha}\right)$

$\varrho^2 \mu'_{rg} = \varrho^2 \left[ln \frac{1}{\varrho} + 1 - \frac{\varrho^2 + 3\beta'^2}{4} \right]$, wenn $\alpha \leqq \varrho$ $\left(\beta' = \frac{\alpha}{\varrho}\right)$.

Tabelle VIII 2.

Radialmomente bei gleichmäßig verteilter Kreisbelastung von 0 bis ϱ.

$$m_{rg} = \frac{p_0 a^2}{4} \times \text{Tabellenzahl}$$

$\alpha \backslash \varrho$	0,00	0,05	0,10	0,15	0,20	0,25	0,30	0,35	0,40	0,45	0,50	ϱ / α
0,50	0,00000	0,00174	0,00701	0,01598	0,02893	0,04625	0,06846	0,09616	0,13010	0,17112	0,22016	0,50
51	0	169	680	1551	2807	4486	6636	9316	12594	16552	21279	51
52	0	164	661	1505	2724	4351	6432	9023	12190	16008	20564	52
53	0	159	641	1461	2642	4218	6232	8738	11796	15481	19872	53
54	0	154	622	1417	2562	4088	6038	8460	11414	14968	19201	54
0,55	0,00000	0,00150	0,00604	0,01374	0,02484	0,03962	0,05847	0,08189	0,11041	0,14470	0,18549	0,55
56	0	145	585	1332	2407	3838	5662	7924	10678	13985	17916	56
57	0	141	567	1293	2332	3716	5480	7665	10324	13513	17300	57
58	0	136	550	1251	2258	3597	5302	7413	9978	13053	16701	58
59	0	132	532	1211	2185	3481	5128	7166	9641	12604	16117	59
0,60	0,00000	0,00128	0,00515	0,01172	0,02114	0,03366	0,04957	0,06925	0,09311	0,12167	0,15549	0,60
61	0	124	499	1134	2045	3254	4790	6688	8989	11739	14994	61
62	0	120	482	1096	1976	3144	4627	6457	8673	11322	14453	62
63	0	116	466	1059	1909	3036	4466	6230	8365	10914	13925	63
64	0	112	450	1022	1843	2930	4308	6008	8063	10515	13410	64
0,65	0,00000	0,00108	0,00434	0,00987	0,01778	0,02826	0,04154	0,05790	0,07767	0,10125	0,12905	0,65
66	0	104	419	951	1714	2724	4002	5576	7477	9742	12413	66
67	0	100	404	917	1651	2623	3853	5366	7193	9368	11930	67
68	0	97	389	882	1589	2524	3706	5161	6915	9002	11458	68
69	0	93	374	849	1528	2427	3562	4958	6641	8642	10996	69
0,70	0,00000	0,00089	0,00359	0,00816	0,01468	0,02331	0,03421	0,04760	0,06373	0,08290	0,10543	0,70
71	0	86	345	783	1409	2237	3282	4565	6109	7944	10099	71
72	0	82	331	751	1351	2144	3145	4373	5851	7605	9664	72
73	0	79	317	719	1294	2053	3010	4184	5596	7272	9237	73
74	0	75	303	688	1237	1963	2877	3999	5346	6944	8819	74
0,75	0,00000	0,00072	0,00290	0,00657	0,01182	0,01874	0,02747	0,03816	0,05101	0,06623	0,08407	0,75
76	0	69	276	627	1127	1787	2618	3636	4859	6307	8004	76
77	0	65	263	597	1073	1701	2491	3459	4621	5997	7607	77
78	0	62	250	567	1020	1616	2366	3285	4387	5691	7217	78
79	0	59	237	538	967	1532	2243	3114	4157	5391	6834	79
0,80	0,00000	0,00056	0,00225	0,00509	0,00915	0,01450	0,02122	0,02945	0,03930	0,05095	0,06458	0,80
81	0	53	212	481	864	1368	2003	2778	3707	4805	6087	81
82	0	50	200	453	813	1288	1885	2614	3487	4518	5723	82
83	0	47	187	425	763	1209	1768	2452	3270	4236	5364	83
84	0	44	175	398	714	1131	1654	2292	3057	3959	5011	84
0,85	0,00000	0,00041	0,00163	0,00371	0,00665	0,01055	0,01540	0,02135	0,02846	0,03685	0,04663	0,85
86	0	38	152	344	617	976	1429	1980	2639	3415	4321	86
87	0	35	140	317	570	902	1318	1826	2434	3149	3984	87
88	0	32	129	291	523	827	1210	1675	2232	2887	3651	88
89	0	29	117	266	477	754	1102	1526	2032	2629	3324	89
0,90	0,00000	0,00026	0,00106	0,00240	0,00431	0,00681	0,00996	0,01379	0,01836	0,02374	0,03001	0,90
91	0	24	95	215	386	610	891	1233	1642	2123	2682	91
92	0	21	84	190	341	539	787	1090	1450	1875	2368	92
93	0	18	73	165	297	469	685	948	1261	1630	2058	93
94	0	15	62	141	253	400	584	807	1074	1388	1753	94
0,95	0,00000	0,00013	0,00052	0,00117	0,00209	0,00331	0,00483	0,00669	0,00890	0,01149	0,01451	0,95
96	0	10	41	93	167	263	385	532	708	914	1154	96
97	0	8	31	69	124	197	287	397	528	681	860	97
98	0	5	20	46	82	130	190	263	350	451	570	98
99	0	3	10	23	41	65	95	131	174	224	283	99
1,00	0,00000	0,00000	0,00000	0,00000	0,00000	0,00000	0,00000	0,00000	0,00000	0,00000	0,00000	1,00
α / ϱ	0,00	0,05	0,10	0,15	0,20	0,25	0,30	0,35	0,40	0,45	0,50	$\alpha \backslash \varrho$

Tabellenzahl: $\varrho^2 \mu_{rg} = \varrho^2 \left[ln \frac{1}{\alpha} + \frac{\beta^2 - \varrho^2}{4} \right]$

Tabelle VIII 3.

Radialmomente bei gleichmäßig verteilter Kreisbelastung von 0 bis ϱ.

$$m_{rg} = \frac{p_0 a^2}{4} \times \text{Tabellenzahl}$$

α \ ϱ	0,50	0,55	0,60	0,65	0,70	0,75	0,80	0,85	0,90	0,95	1,00	ϱ / α
0,00	0,40766	0,46047	0,51150	0,55988	0,60475	0,64522	0,68041	0,70942	0,73132	0,74517	0,75000	0,00
1	40759	46039	51142	55980	60467	64515	68034	70934	73124	74509	74993	1
2	40736	46017	51120	55958	60444	64492	68012	70912	73102	74487	74970	2
3	40699	45979	51082	55920	60407	64455	67974	70874	73064	74449	74933	3
4	40646	45927	51030	55868	60355	64402	67921	70822	73012	74397	74880	4
0,05	0,40579	0,45859	0,50962	0,55800	0,60287	0,64334	0,67853	0,70754	0,72945	0,74329	0,74813	0,05
6	40496	45777	50880	55718	60204	64252	67772	70672	72862	74247	74730	6
7	40399	45679	50782	55620	60107	64154	67674	70575	72765	74149	74633	7
8	40286	45567	50670	55508	59995	64042	67561	70462	72652	74037	74520	8
9	40159	45439	50542	55380	59867	63915	67434	70335	72524	73909	74393	9
0,10	0,40016	0,45297	0,50400	0,55238	0,59725	0,63772	0,67292	0,70192	0,72382	0,73767	0,74250	0,10
11	39859	45139	50242	55080	59567	63614	67133	70034	72224	73609	74093	11
12	39686	44967	50070	54908	59394	63442	66961	69862	72052	73436	73920	12
13	39499	44779	49882	54721	59208	63254	66774	69674	71864	73250	73733	13
14	39296	44577	49680	54518	59005	63052	66572	69472	71662	73047	73530	14
0,15	0,39079	0,44360	0,49462	0,54301	0,58787	0,62835	0,66354	0,69255	0,71444	0,72829	0,73313	0,15
16	38846	44127	49230	54068	58555	62602	66121	69022	71212	72597	73080	16
17	38599	43879	48982	53821	58308	62355	65874	68774	70964	72349	72833	17
18	38336	43617	48720	53558	58044	62092	65612	68512	70702	72086	72570	18
19	38059	43339	48442	53281	57767	61815	65334	68234	70425	71809	72293	19
0,20	0,37766	0,43047	0,48150	0,52988	0,57475	0,61522	0,65041	0,67942	0,70131	0,71517	0,72000	0,20
21	37459	42739	47842	52680	57167	61215	64733	67634	69824	71209	71693	21
22	37136	42417	47520	52358	56844	60892	64412	67312	69502	70887	71370	22
23	36799	42080	47182	52020	56507	60554	64074	66974	69164	70550	71033	23
24	36446	41727	46830	51668	56154	60202	63721	66622	68812	70196	70680	24
0,25	0,36079	0,41359	0,46462	0,51300	0,55787	0,59834	0,63354	0,66255	0,68444	0,69829	0,70313	0,25
26	35696	40977	46080	50918	55405	59452	62972	65872	68062	69446	69930	26
27	35299	40579	45682	50520	55007	59055	62573	65474	67664	69049	69533	27
28	34886	40167	45270	50108	54595	58642	62161	65062	67252	68637	69120	28
29	34459	39739	44842	49681	54167	58214	61734	64634	66824	68209	68693	29
0,30	0,34016	0,39297	0,44400	0,49238	0,53725	0,57772	0,61292	0,64192	0,66382	0,67767	0,68250	0,30
31	33559	38839	43942	48781	53267	57314	60834	63735	65924	67309	67793	31
32	33086	38367	43470	48308	52795	56842	60361	63262	65452	66836	67320	32
33	32599	37879	42982	47820	52306	56355	59874	62774	64964	66349	66833	33
34	32096	37377	42480	47318	51805	55852	59372	62272	64461	65846	66330	34
0,35	0,31579	0,36859	0,41962	0,46800	0,51287	0,55335	0,58854	0,61754	0,63944	0,65329	0,65813	0,35
36	31046	36327	41430	46268	50755	54802	58321	61222	63412	64797	65280	36
37	30499	35779	40882	45720	50207	54255	57773	60674	62864	64249	64733	37
38	29936	35217	40320	45158	49645	53692	57212	60112	62302	63687	64170	38
39	29359	34640	39742	44581	49067	53115	56634	59534	61724	63109	63593	39
0,40	0,28766	0,34047	0,39150	0,43988	0,48475	0,52522	0,56041	0,58942	0,61132	0,62517	0,63000	0,40
41	28159	33439	38542	43381	47867	51914	55434	58335	60524	61909	62393	41
42	27536	32817	37920	42758	47245	51292	54812	57712	59902	61287	61770	42
43	26899	32179	37282	42120	46607	50654	54173	57075	59264	60649	61133	43
44	26246	31527	36630	41468	45955	50002	53521	56421	58612	59996	60480	44
0,45	0,25579	0,30860	0,35962	0,40800	0,45287	0,49335	0,52854	0,55755	0,57944	0,59329	0,59813	0,45
46	24896	30177	35280	40118	44605	48652	52172	55072	57261	58646	59130	46
47	24199	29480	34582	39421	43907	47954	51474	54375	56564	57950	58433	47
48	23486	28767	33870	38708	43194	47242	50761	53662	55852	57237	57720	48
49	22759	28039	33142	37981	42467	46514	50034	52934	55125	56509	56993	49
0,50	0,22016	0,27297	0,32400	0,37238	0,41724	0,45772	0,49292	0,52192	0,54382	0,55766	0,56250	0,50
α / ϱ	0,50	0,55	0,60	0,65	0,70	0,75	0,80	0,85	0,90	0,95	1,00	α \ ϱ

Tabellenzahl $\varrho^2 \mu'_{rg} = \varrho^2 \left[ln \frac{1}{\varrho} + 1 - \frac{\varrho^2 + 3\beta'^2}{4} \right].$

Tabelle VIII 4.

Radialmomente bei gleichmäßig verteilter Kreisbelastung von 0 bis ϱ.

$$m_{rg} = \frac{p_0 a^2}{4} \times \text{Tabellenzahl}$$

$\alpha \backslash \varrho$	0,50	0,55	0,60	0,65	0,70	0,75	0,80	0,85	0,90	0,95	1,00	ϱ / α
0,50	0,22015	0,27297	0,32400	0,37238	0,41724	0,45772	0,49292	0,52192	0,54382	0,55766	0,56250	0,50
51	21279	26540	31642	36480	40967	45015	48534	51434	53624	55009	55493	51
52	20564	25768	30870	35708	40195	44242	47761	50662	52852	54237	54720	52
53	19872	24979	30082	34920	39407	43455	46973	49874	52064	53449	53933	53
54	19201	24178	29280	34118	38605	42652	46172	49071	51262	52646	53130	54
0,55	0,18549	0,23359	0,28462	0,33301	0,37787	0,41835	0,45354	0,48254	0,50444	0,51829	0,52313	0,55
56	17916	22547	27630	32468	36955	41002	44521	47422	49612	50997	51480	56
57	17300	21758	26782	31620	36107	40155	43674	46575	48764	50149	50633	57
58	16701	20991	25920	30758	35245	39292	42812	45712	47902	49286	49770	58
59	16117	20245	25042	29880	34367	38414	41933	44834	47025	48409	48893	59
0,60	0,15549	0,19519	0,24150	0,28988	0,33475	0,37522	0,41041	0,43942	0,46132	0,47517	0,48000	0,60
61	14994	18813	23262	28080	32567	36614	40134	43034	45224	46609	47093	61
62	14453	18124	22398	27158	31645	35692	39212	42112	44302	45686	46170	62
63	13925	17453	21556	26220	30707	34755	38274	41175	43364	44749	45233	63
64	13410	16798	20736	25268	29755	33802	37321	40222	42412	43797	44280	64
0,65	0,12905	0,16158	0,19937	0,24301	0,28787	0,32834	0,36354	0,39254	0,41444	0,42829	0,43313	0,65
66	12413	15533	19157	23338	27805	31852	35372	38272	40462	41846	42330	66
67	11930	14923	18395	22399	26807	30854	34374	37274	39464	40849	41333	67
68	11458	14326	17651	21482	25795	29842	33361	36262	38452	39836	40320	68
69	10996	13742	16924	20588	24767	28815	32333	35234	37424	38809	39293	69
0,70	0,10543	0,13171	0,16213	0,19714	0,23725	0,27772	0,31292	0,34191	0,36382	0,37767	0,38250	0,70
71	10099	12611	15517	18860	22687	26715	30234	33135	35324	36709	37193	71
72	9664	12062	14836	18025	21673	25642	29161	32062	34252	35637	36120	72
73	9237	11525	14170	17208	20682	24555	28074	30974	33165	34549	35033	73
74	8819	10998	13517	16409	19713	23452	26972	29872	32062	33447	33930	74
0,75	0,08407	0,10482	0,12876	0,15626	0,18765	0,22335	0,25853	0,28754	0,30944	0,32329	0,32813	0,75
76	8004	9975	12249	14858	17837	21222	24721	27622	29812	31197	31680	76
77	7607	9477	11634	14107	16929	20133	23574	26475	28664	30049	30533	77
78	7217	8988	11030	13370	16038	19068	22412	25312	27502	28886	29370	78
79	6834	8508	10437	12647	15166	18024	21234	24134	26324	27709	28193	79
0,80	0,06458	0,08036	0,09856	0,11938	0,14310	0,17002	0,20041	0,22942	0,25132	0,26516	0,27000	0,80
81	6087	7573	9284	11242	13472	15999	18854	21734	23924	25309	25793	81
82	5723	7118	8723	10559	12648	15017	17690	20512	22702	24087	24570	82
83	5364	6670	8171	9888	11841	14054	16549	19274	21464	22849	23333	83
84	5011	6229	7629	9229	11049	13109	15433	18022	20212	21597	22080	84
0,85	0,04663	0,05795	0,07095	0,08581	0,10269	0,12180	0,14334	0,16754	0,18944	0,20329	0,20813	0,85
86	4321	5368	6570	7943	9504	11269	13258	15492	17662	19046	19530	86
87	3984	4947	6054	7317	8752	10374	12202	14253	16364	17749	18233	87
88	3651	4533	5546	6701	8012	9495	11165	13038	15052	16436	16920	88
89	3324	4125	5046	6095	7286	8631	10146	11845	13725	15109	15593	89
0,90	0,03001	0,03724	0,04553	0,05498	0,06571	0,07782	0,09145	0,10673	0,12382	0,13767	0,14250	0,90
91	2682	3328	4068	4911	5867	6947	8161	9523	11044	12409	12893	91
92	2368	2938	3590	4333	5175	6126	7195	8393	9731	11037	11520	92
93	2058	2552	3119	3763	4494	5318	6244	7282	8440	9649	10133	93
94	1753	2173	2654	3202	3823	4522	5309	6190	7173	8246	8730	94
0,95	0,01451	0,01799	0,02197	0,02649	0,03162	0,03740	0,04389	0,05116	0,05927	0,06829	0,07313	0,95
96	1154	1430	1745	2104	2511	2969	3484	4060	4702	5417	5880	96
97	860	1065	1300	1567	1869	2210	2593	3020	3496	4028	4433	97
98	570	705	861	1038	1237	1463	1715	1998	2313	2663	2970	98
99	283	351	428	515	614	726	851	991	1147	1320	1493	99
1,00	0,00000	0,00000	0,00000	0,00000	0,00000	0,00000	0,00000	0,00000	0,00000	0,00000	0,00000	1,00
α / ϱ	0,50	0,55	0,60	0,65	0,70	0,75	0,80	0,85	0,90	0,95	1,00	$\varrho \backslash \alpha$

Tabellenzahl: $\varrho^2 \mu_{rg} = \varrho^2 \left[ln \frac{1}{\alpha} + \frac{\beta^2 - \varrho^2}{4} \right]$, wenn $\alpha \geqq \varrho$ $\left(\beta = \frac{\varrho}{\alpha} \right)$

$$\varrho^2 \mu'_{rg} = \varrho^2 \left[ln \frac{1}{\varrho} + 1 - \frac{\varrho^2 + 3\beta'^2}{4} \right], \text{ wenn } \alpha \leqq \varrho \left(\beta' = \frac{\alpha}{\varrho} \right).$$

Tabelle IX 1.

Tangentialmomente bei gleichmäßig verteilter Kreisbelastung von 0 bis ϱ.

$$m_{tg} = \frac{p_0 a^2}{4} \times \text{Tabellenzahl}$$

α \ ϱ	0,00	0,05	0,10	0,15	0,20	0,25	0,30	0,35	0,40	0,45	0,50	ϱ / α
0,00	0,00000	0,00999	0,03300	0,06506	0,10398	0,14817	0,19633	0,24735	0,30021	0,35395	0,40766	0,00
1	0	996	3298	6503	10395	14814	19631	24733	30018	35392	40764	1
2	0	989	3290	6496	10388	14807	19623	24725	30011	35385	40756	2
3	0	976	3278	6483	10375	14794	19611	24713	29998	35372	40744	3
4	0	959	3260	6466	10358	14777	19593	24695	29981	35355	40726	4
0,05	0,00000	0,00936	0,03238	0,06443	0,10335	0,14754	0,19571	0,24673	0,29958	0,35332	0,40704	0,05
6	0	910	3210	6416	10308	14727	19543	24645	29931	35305	40676	6
7	0	883	3178	6383	10275	14694	19511	24613	29898	35272	40644	7
8	0	857	3140	6346	10238	14657	19473	24575	29861	35235	40606	8
9	0	833	3098	6303	10195	14614	19431	24533	29818	35192	40564	9
0,10	0,00000	0,00810	0,03050	0,06256	0,10148	0,14567	0,19383	0,24485	0,29771	0,35145	0,40516	0,10
11	0	789	2998	6203	10095	14514	19331	24433	29718	35092	40464	11
12	0	769	2944	6146	10038	14457	19273	24375	29661	35035	40406	12
13	0	751	2890	6083	9975	14394	19211	24313	29598	34972	40344	13
14	0	733	2836	6016	9908	14327	19143	24245	29531	34905	40276	14
0,15	0,00000	0,00717	0,02784	0,05943	0,09835	0,14254	0,19071	0,24173	0,29458	0,34832	0,40204	0,15
16	0	702	2732	5866	9758	14177	18993	24095	29381	34755	40126	16
17	0	687	2683	5786	9675	14094	18911	24013	29298	34672	40044	17
18	0	674	2635	5705	9588	14007	18823	23925	29211	34585	39956	18
19	0	661	2589	5623	9495	13914	18731	23833	29118	34492	39864	19
0,20	0,00000	0,00648	0,02544	0,05542	0,09398	0,13817	0,18633	0,23735	0,29021	0,34395	0,39766	0,20
21	0	636	2501	5462	9296	13714	18531	23633	28918	34292	39664	21
22	0	625	2460	5383	9190	13607	18423	23525	28811	34185	39556	22
23	0	614	2420	5305	9082	13494	18311	23413	28698	34072	39444	23
24	0	604	2381	5229	8974	13377	18193	23295	28581	33955	39326	24
0,25	0,00000	0,00594	0,02344	0,05154	0,08865	0,13254	0,18071	0,23173	0,28458	0,33832	0,39204	0,25
26	0	584	2308	5081	8757	13127	17943	23045	28331	33705	39076	26
27	0	575	2273	5010	8649	12997	17811	22913	28198	33572	38944	27
28	0	566	2239	4940	8542	12863	17673	22775	28061	33435	38806	28
29	0	557	2206	4872	8436	12728	17531	22633	27918	33292	38664	29
0,30	0,00000	0,00549	0,02174	0,04806	0,08331	0,12592	0,17383	0,22485	0,27771	0,33145	0,38516	0,30
31	0	541	2143	4741	8228	12456	17231	22333	27618	32992	38364	31
32	0	533	2113	4677	8127	12320	17075	22175	27461	32835	38206	32
33	0	526	2083	4616	8027	12185	16916	22013	27298	32672	38044	33
34	0	518	2055	4555	7929	12050	16755	21845	27131	32505	37876	34
0,35	0,00000	0,00511	0,02027	0,04496	0,07833	0,11917	0,16593	0,21673	0,26958	0,32332	0,37704	0,35
36	0	504	2000	4438	7738	11784	16430	21495	26781	32155	37526	36
37	0	497	1973	4382	7645	11653	16267	21314	26598	31972	37344	37
38	0	491	1948	4327	7553	11523	16103	21130	26411	31785	37156	38
39	0	484	1923	4273	7463	11395	15941	20943	26218	31592	36964	39
0,40	0,00000	0,00478	0,01898	0,04220	0,07375	0,11269	0,15779	0,20755	0,26021	0,31395	0,36766	0,40
41	0	472	1874	4168	7288	11144	15617	20565	25818	31192	36564	41
42	0	466	1851	4117	7203	11021	15457	20375	25612	30985	36356	42
43	0	460	1828	4068	7120	10899	15298	20185	25402	30772	36144	43
44	0	454	1806	4019	7037	10779	15140	19994	25190	30555	35926	44
0,45	0,00000	0,00449	0,01784	0,03971	0,06957	0,10661	0,14984	0,19804	0,24976	0,30332	0,35704	0,45
46	0	443	1762	3925	6877	10544	14829	19614	24760	30105	35476	46
47	0	438	1741	3879	6799	10429	14676	19426	24543	29873	35244	47
48	0	433	1721	3834	6722	10316	14524	19238	24326	29638	35006	48
49	0	428	1700	3790	6647	10204	14374	19051	24108	29401	34764	49
0,50	0,00000	0,00423	0,01681	0,03746	0,06573	0,10094	0,14226	0,18865	0,23890	0,29160	0,34516	0,50
α / ϱ	0,00	0,05	0,10	0,15	0,20	0,25	0,30	0,35	0,40	0,45	0,50	α \ ϱ

Tabellenzahl: $\varrho^2 \mu_{tg} = \varrho^2 \left[ln \frac{1}{\alpha} + 1 - \frac{\beta^2 + \varrho^2}{4} \right]$, wenn $\alpha \geqq \varrho$ $\left(\beta = \frac{\varrho}{\alpha}\right)$

$\varrho^2 \mu'_{tg} = \varrho^2 \left[ln \frac{1}{\varrho} + 1 - \frac{\beta'^2 + \varrho^2}{4} \right]$, wenn $\alpha \leqq \varrho$ $\left(\beta' = \frac{\alpha}{\varrho}\right)$

Tabelle IX 2.

Tangentialmomente bei gleichmäßig verteilter Kreisbelastung von 0 bis ϱ.

$$m_{tg} = \frac{p_0 a^2}{4} \times \text{Tabellenzahl}$$

α \ ϱ	0,00	0,05	0,10	0,15	0,20	0,25	0,30	0,35	0,40	0,45	0,50	ϱ / α
0,50	0,00000	0,00423	0,01681	0,03746	0,06573	0,10094	0,14226	0,18865	0,23890	0,29160	0,34516	0,50
51	0	418	1661	3704	6500	9985	14079	18681	23673	28919	34264	51
52	0	413	1642	3662	6428	9878	13934	18498	23456	28676	34007	52
53	0	408	1623	3621	6357	9773	13791	18317	23240	28432	33747	53
54	0	403	1605	3580	6288	9669	13649	18137	23024	28187	33484	54
0,55	0,00000	0,00399	0,01587	0,03541	0,06219	0,09566	0,13509	0,17958	0,22810	0,27942	0,33218	0,55
56	0	394	1569	3502	6152	9465	13370	17781	22596	27697	32951	56
57	0	390	1552	3463	6085	9365	13233	17606	22384	27453	32681	57
58	0	386	1535	3425	6020	9267	13098	17433	22173	27208	32411	58
59	0	381	1518	3388	5956	9170	12965	17261	21964	26964	32140	59
0,60	0,00000	0,00377	0,01501	0,03352	0,05892	0,09074	0,12832	0,17090	0,21756	0,26721	0,31868	0,60
61	0	373	1485	3315	5830	8979	12702	16922	21549	26479	31596	61
62	0	369	1469	3280	5768	8886	12573	16755	21344	26238	31324	62
63	0	365	1453	3245	5707	8794	12446	16590	21140	25998	31052	63
64	0	361	1438	3211	5647	8703	12320	16426	20938	25759	30780	64
0,65	0,00000	0,00357	0,01422	0,03177	0,05588	0,08614	0,12195	0,16264	0,20738	0,25522	0,30509	0,65
66	0	353	1407	3143	5530	8525	12072	16104	20539	25286	30239	66
67	0	350	1392	3110	5473	8438	11951	15945	20342	25051	29969	67
68	0	346	1378	3078	5416	8352	11831	15788	20147	24818	29700	68
69	0	342	1363	3046	5360	8266	11712	15632	19953	24586	29432	69
0,70	0,00000	0,00339	0,01349	0,03014	0,05305	0,08182	0,11594	0,15478	0,19761	0,24355	0,29166	0,70
71	0	335	1335	2983	5251	8099	11478	15326	19570	24127	28900	71
72	0	332	1321	2952	5197	8017	11363	15175	19381	23899	28636	72
73	0	328	1308	2922	5144	7936	11250	15026	19194	23674	28373	73
74	0	325	1294	2892	5091	7856	11138	14878	19009	23450	28112	74
0,75	0,00000	0,00321	0,01281	0,02862	0,05040	0,07777	0,11027	0,14732	0,18825	0,23228	0,27852	0,75
76	0	318	1268	2833	4988	7699	10917	14587	18643	23007	27593	76
77	0	315	1255	2804	4938	7621	10808	14444	18462	22789	27334	77
78	0	312	1242	2776	4888	7545	10701	14302	18284	22571	27081	78
79	0	309	1229	2747	4839	7469	10595	14161	18106	22356	26827	79
0,80	0,00000	0,00305	0,01217	0,02720	0,04790	0,07394	0,10489	0,14022	0,17930	0,22142	0,26575	0,80
81	0	302	1204	2692	4742	7321	10385	13884	17756	21930	26324	81
82	0	299	1192	2665	4694	7247	10282	13748	17583	21719	26075	82
83	0	296	1180	2638	4647	7175	10181	13613	17412	21510	25828	83
84	0	293	1168	2612	4601	7104	10080	13479	17243	21302	25582	84
0,85	0,00000	0,00290	0,01157	0,02585	0,04555	0,07033	0,09980	0,13346	0,17075	0,21097	0,25338	0,85
86	0	287	1145	2560	4509	6963	9881	13215	16908	20892	25096	86
87	0	284	1133	2534	4464	6894	9783	13085	16743	20690	24855	87
88	0	282	1122	2509	4420	6825	9687	12956	16579	20490	24616	88
89	0	279	1111	2484	4376	6757	9591	12829	16417	20291	24378	89
0,90	0,00000	0,00276	0,01100	0,02458	0,04332	0,06690	0,09496	0,12702	0,16256	0,20093	0,24143	0,90
91	0	273	1089	2434	4289	6624	9402	12577	16096	19897	23909	91
92	0	271	1078	2410	4246	6558	9309	12453	15938	19702	23676	92
93	0	268	1067	2386	4204	6493	9217	12330	15781	19509	23445	93
94	0	265	1057	2362	4162	6429	9125	12208	15626	19318	23216	94
0,95	0,00000	0,00262	0,01046	0,02339	0,04121	0,06365	0,09035	0,12087	0,15472	0,19128	0,22989	0,95
96	0	260	1036	2315	4080	6302	8945	11968	15319	18939	22763	96
97	0	257	1025	2292	4039	6239	8856	11849	15167	18752	22538	97
98	0	255	1015	2270	3999	6177	8769	11732	15017	18567	22316	98
99	0	252	1005	2247	3959	6116	8681	11615	14868	18382	22095	99
1,00	0,00000	0,00250	0,00995	0,02225	0,03920	0,06055	0,08595	0,11497	0,14720	0,18200	0,21875	1,00
α / ϱ	0,00	0,05	0,10	0,15	0,20	0,25	0,30	0,35	0,40	0,45	0,50	α \ ϱ

$$\text{Tabellenzahl: } \varrho^2 \mu_{tg} = \varrho^2 \left[l\,n \frac{1}{\alpha} + 1 - \frac{\beta^2 + \varrho^2}{4} \right].$$

Tabelle IX 3.

Tangentialmomente bei gleichmäßig verteilter Kreisbelastung von 0 bis ϱ.

$$m_{tg} = \frac{p_0 a^2}{4} \times \text{Tabellenzahl}$$

α \ ϱ	0,50	0,55	0,60	0,65	0,70	0,75	0,80	0,85	0,90	0,95	1,00	ϱ / α
0,00	0,40766	0,46047	0,51150	0,55988	0,60475	0,64522	0,68041	0,70942	0,73132	0,74517	0,75000	0,00
1	40764	46044	51147	55985	60472	64519	68039	70939	73129	74514	74998	1
2	40756	46037	51140	55978	60465	64512	68031	70932	73122	74507	74990	2
3	40744	46024	51127	55966	60452	64500	68019	70919	73109	74494	74978	3
4	40726	46007	51110	55948	60435	64482	68001	70902	73092	74477	74960	4
0,05	0,40704	0,45985	0,51087	0,55925	0,60412	0,64460	0,67979	0,70879	0,73069	0,74454	0,74938	0,05
6	40676	45957	51060	55898	60385	64432	67951	70852	73041	74426	74910	6
7	40644	45924	51027	55865	60352	64400	67919	70819	73009	74394	74878	7
8	40606	45887	50990	55828	60315	64362	67881	70782	72972	74357	74840	8
9	40564	45844	50947	55786	60272	64320	67839	70738	72929	74314	74798	9
0,10	0,40516	0,45797	0,50900	0,55738	0,60224	0,64272	0,67791	0,70692	0,72882	0,74267	0,74750	0,10
11	40464	45744	50847	55686	60172	64220	67739	70640	72830	74214	74698	11
12	40406	45687	50790	55628	60115	64162	67681	70582	72772	74157	74640	12
13	40344	45625	50727	55566	60052	64100	67619	70520	72710	74094	74578	13
14	40276	45557	50660	55498	59985	64032	67551	70452	72642	74027	74510	14
0,15	0,40204	0,45485	0,50587	0,55425	0,59912	0,63960	0,67479	0,70379	0,72570	0,73954	0,74438	0,15
16	40126	45407	50510	55348	59834	63882	67401	70302	72492	73877	74360	16
17	40044	45324	50427	55266	59752	63799	67319	70219	72409	73794	74278	17
18	39956	45237	50340	55178	59664	63712	67231	70132	72322	73706	74190	18
19	39864	45144	50247	55086	59572	63619	67139	70039	72229	73614	74098	19
0,20	0,39766	0,45047	0,50150	0,54988	0,59475	0,63522	0,67041	0,69942	0,72132	0,73517	0,74000	0,20
21	39664	44945	50047	54885	59372	63420	66939	69839	72029	73414	73898	21
22	39556	44837	49940	54778	59265	63312	66831	69732	71922	73306	73790	22
23	39444	44724	49827	54666	59152	63200	66719	69619	71809	73195	73678	23
24	39326	44607	49710	54548	59035	63082	66601	69502	71691	73076	73560	24
0,25	0,39204	0,44484	0,49587	0,54426	0,58912	0,62960	0,66479	0,69380	0,71569	0,72954	0,73438	0,25
26	39076	44357	49460	54298	58785	62832	66351	69252	71442	72826	73310	26
27	38944	44224	49327	54165	58652	62700	66219	69119	71309	72694	73178	27
28	38806	44087	49190	54028	58515	62562	66081	68982	71171	72556	73040	28
29	38664	43944	49047	53886	58372	62420	65939	68839	71029	72414	72898	29
0,30	0,38516	0,43797	0,48900	0,53738	0,58225	0,62272	0,65791	0,68692	0,70881	0,72267	0,72750	0,30
31	38364	43644	48747	53585	58072	62120	65639	68539	70729	72114	72598	31
32	38206	43487	48590	53428	57915	61962	65481	68382	70572	71956	72440	32
33	38044	43324	48427	53265	57752	61800	65319	68219	70409	71794	72278	33
34	37876	43157	48260	53098	57585	61632	65151	68052	70242	71627	72110	34
0,35	0,37704	0,42984	0,48087	0,52925	0,57412	0,61459	0,64979	0,67880	0,70069	0,71454	0,71938	0,35
36	37526	42807	47910	52748	57234	61282	64801	67702	69892	71277	71760	36
37	37344	42624	47727	52565	57052	61099	64619	67519	69709	71094	71578	37
38	37156	42437	47540	52378	56865	60912	64431	67332	69521	70907	71390	38
39	36964	42244	47347	52186	56672	60720	64239	67139	69330	70714	71198	39
0,40	0,36766	0,42047	0,47150	0,51988	0,56474	0,60522	0,64041	0,66942	0,69132	0,70517	0,71000	0,40
41	36564	41845	46947	51785	56272	60320	63839	66739	68929	70314	70798	41
42	36356	41637	46740	51578	56065	60112	63631	66532	68722	70106	70590	42
43	36144	41424	46527	51365	55852	59900	63419	66320	68509	69894	70378	43
44	35926	41207	46310	51148	55635	59682	63201	66102	68292	69677	70160	44
0,45	0,35704	0,40985	0,46087	0,50926	0,55412	0,59460	0,62979	0,65880	0,68069	0,69454	0,69938	0,45
46	35476	40757	45860	50698	55185	59232	62751	65652	67842	69226	69710	46
47	35244	40524	45627	50466	54952	59000	62519	65419	67609	68994	69478	47
48	35006	40287	45390	50228	54714	58762	62281	65182	67372	68757	69240	48
49	34764	40044	45147	49986	54472	58520	62039	64939	67130	68514	68998	49
0,50	0,34516	0,39797	0,44900	0,49738	0,54224	0,58272	0,61791	0,64692	0,66882	0,68267	0,68750	0,50
α / ϱ	0,50	0,55	0,60	0,65	0,70	0,75	0,80	0,85	0,90	0,95	1,00	ϱ \ α

Tabellenzahl: $\varrho^2 \mu'_{tg} = \varrho^2 \left[l\,n \frac{1}{\varrho} + 1 - \frac{\beta'^2 + \varrho^2}{4} \right]$

Tabelle IX 4.

Tangentialmomente bei gleichmäßig verteilter Kreisbelastung von 0 bis ϱ.

$$m_{tg} = \frac{p_0 a^2}{4} \times \text{Tabellenzahl}$$

α \ ϱ	0,50	0,55	0,60	0,65	0,70	0,75	0,80	0,85	0,90	0,95	1,00	ϱ / α
0,50	0,34516	0,39797	0,44900	0,49738	0,54224	0,58272	0,61791	0,64692	0,66882	0,68267	0,68750	0,50
51	34264	39544	44647	49485	53972	58020	61539	64439	66629	68014	68498	51
52	34007	39287	44390	49228	53715	57762	61281	64182	66371	67757	68240	52
53	33747	39024	44127	48966	53452	57499	61019	63920	66109	67494	67978	53
54	33484	38757	43860	48698	53185	57232	60751	63652	65842	67226	67710	54
0,55	0,33218	0,38484	0,43587	0,48425	0,52912	0,56959	0,60479	0,63379	0,65570	0,66954	0,67438	0,55
56	32951	38207	43310	48148	52635	56682	60201	63102	65292	66677	67160	56
57	32681	37925	43027	47865	52352	56400	59919	62819	65009	66394	66878	57
58	32411	37640	42740	47578	52064	56112	59631	62532	64721	66106	66590	58
59	32140	37351	42447	47285	51772	55820	59339	62239	64429	65814	66298	59
0,60	0,31868	0,37060	0,42150	0,46988	0,51475	0,55522	0,59041	0,61942	0,64132	0,65517	0,66000	0,60
61	31596	36767	41847	46685	51172	55220	58739	61639	63830	65214	65698	61
62	31324	36472	41541	46378	50864	54912	58431	61332	63522	64907	65390	62
63	31052	36175	41230	46066	50552	54600	58119	61019	63209	64594	65078	63
64	30780	35877	40916	45748	50235	54282	57801	60702	62892	64277	64760	64
0,65	0,30509	0,35579	0,40600	0,45426	0,49912	0,53960	0,57479	0,60379	0,62569	0,63954	0,64438	0,65
66	30239	35280	40280	45098	49585	53632	57151	60052	62242	63626	64110	66
67	29969	34981	39960	44766	49252	53300	56819	59720	61909	63294	63778	67
68	29700	34681	39637	44431	48915	52962	56481	59382	61572	62957	63440	68
69	29432	34382	39313	44091	48572	52620	56139	59039	61230	62614	63098	69
0,70	0,29166	0,34083	0,38988	0,43749	0,48225	0,52272	0,55791	0,58692	0,60882	0,62266	0,62750	0,70
71	28900	33785	38662	43405	47872	51919	55439	58340	60530	61914	62398	71
72	28636	33487	38336	43058	47515	51562	55081	57982	60172	61557	62040	72
73	28373	33189	38010	42710	47155	51199	54719	57619	59810	61194	61678	73
74	28112	32893	37683	42359	46790	50832	54351	57252	59442	60827	61310	74
0,75	0,27852	0,32598	0,37356	0,42008	0,46423	0,50460	0,53979	0,56880	0,59069	0,60454	0,60938	0,75
76	27593	32303	37030	41656	46053	50082	53601	56502	58692	60077	60560	76
77	27334	32010	36705	41303	45680	49700	53219	56119	58309	59694	60178	77
78	27081	31718	36379	40950	45306	49314	52831	55732	57921	59307	59790	78
79	26827	31427	36054	40596	44930	48925	52439	55339	57529	58914	59398	79
0,80	0,26575	0,31138	0,35731	0,40242	0,44553	0,48532	0,52041	0,54942	0,57132	0,58516	0,59000	0,80
81	26324	30850	35408	39889	44174	48137	51639	54539	56729	58114	58598	81
82	26075	30563	35086	39535	43795	47739	51232	54132	56322	57707	58190	82
83	25828	30278	34765	39182	43414	47339	50821	53719	55909	57294	57778	83
84	25582	29994	34444	38828	43033	46935	50404	53302	55491	56876	57360	84
0,85	0,25338	0,29712	0,34126	0,38477	0,42653	0,46533	0,49988	0,52879	0,55069	0,56454	0,56938	0,85
86	25096	29432	33809	38126	42272	46128	49567	52452	54642	56026	56510	86
87	24855	29153	33493	37775	41891	45723	49144	52020	54209	55594	56078	87
88	24616	28875	33178	37425	41510	45316	48718	51584	53772	55156	55640	88
89	24378	28600	32865	37077	41130	44909	48291	51144	53330	54714	55198	89
0,90	0,24143	0,28325	0,32553	0,36730	0,40750	0,44501	0,47861	0,50701	0,52882	0,54266	0,54750	0,90
91	23909	28053	32243	36383	40370	44093	47430	50255	52430	53814	54298	91
92	23676	27782	31934	36038	39991	43684	46998	49806	51972	53357	53840	92
93	23445	27513	31626	35694	39614	43277	46565	49355	51511	52894	53378	93
94	23216	27245	31321	35351	39237	42868	46131	48901	51046	52426	52910	94
0,95	0,22989	0,26979	0,31017	0,35010	0,38860	0,42460	0,45697	0,48446	0,50578	0,51954	0,52438	0,95
96	22763	26715	30714	34670	38485	42053	45261	47989	50107	51477	51960	96
97	22538	26452	30413	34331	38111	41646	44826	47530	49632	50995	51478	97
98	22316	26192	30114	33994	37737	41240	44391	47072	49155	50508	50990	98
99	22095	25932	29816	33659	37365	40835	43955	46611	48676	50018	50498	99
1,00	0,21875	0,25675	0,29520	0,33325	0,36995	0,40430	0,43520	0,46150	0,48195	0,49525	0,50000	1,00
α / ϱ	0,50	0,55	0,60	0,65	0,70	0,75	0,80	0,85	0,90	0,95	1,00	ϱ \ α

Tabellenzahl: $\varrho^2 \mu_{tg} = \varrho^2 \left[ln \frac{1}{a} + 1 - \frac{\beta^2 + \varrho^2}{4} \right]$, wenn $a \geqq \varrho$ $\left(\beta = \frac{\varrho}{a} \right)$

$\varrho^2 \mu'_{tg} = \varrho^2 \left[ln \frac{1}{\varrho} + 1 - \frac{\beta'^2 + \varrho^2}{4} \right]$, wenn $a \leqq \varrho$ $\left(\beta' = \frac{a}{\varrho} \right)$

Tabelle X 1.

Radialmomente bei schneidenförmiger Belastung in ϱ.

$$m_{r_0} = \frac{P}{4\pi} \times \text{Tabellenzahl}$$

α \ ϱ	0,00	0,05	0,10	0,15	0,20	0,25	0,30	0,35	0,40	0,45	0,50	ϱ \ α
0,00	∞											0,00
1	4,60517											1
2	3,91202											2
3	3,50656											3
4	3,21888											4
0,05	2,99573	3,49448										0,05
6	81341	3,15938										6
7	65926	2,91311										7
8	52573	71979										8
9	40795	56102										9
0,10	2,30259	2,42634	2,79759									0,10
11	20728	30933	61550									11
12	12026	20582	46249									12
13	2,04022	11294	33108									13
14	1,96611	2,02864	21622									14
0,15	1,89712	1,95143	2,11434	2,38587								0,15
16	83258	88016	2,02289	26078								16
17	77196	81396	1,93997	14998								17
18	71480	75213	86412	2,05077								18
19	66073	69411	79424	1,96112								19
0,20	1,60944	1,63944	1,72944	1,87944	2,08944							0,20
21	56065	58774	66903	80450	1,99416							21
22	51413	53870	61243	73532	90735							22
23	46968	49206	55919	67109	82775							23
24	42712	44757	50892	61118	75434							24
0,25	1,38629	1,40504	1,46129	1,55504	1,68629	1,85504						0,25
26	34707	36432	51604	50224	62293	77810						26
27	30933	32523	37292	45240	56368	70675						27
28	27297	28766	33174	40521	50807	64031						28
29	23787	25149	29233	36039	45569	57821						29
0,30	1,20397	1,21661	1,25453	1,31772	1,40620	1,51995	1,65897					0,30
31	17118	18294	21821	27700	35930	46512	59445					31
32	13943	15039	18326	23805	31475	41336	53389					32
33	10866	11889	14958	20072	27232	36437	47689					33
34	07881	08837	11706	16488	23182	31789	42308					34
0,35	1,04982	1,05878	1,08564	1,13041	1,19309	1,27367	1,37217	1,48857				0,35
36	1,02165	03005	05523	09721	15597	23153	32387	43301				36
37	0,99425	1,00213	1,02578	06518	12034	19127	27796	38041				37
38	96758	0,97499	0,99721	03424	08609	15275	23422	33050				38
39	94161	94858	96948	1,00432	05310	11582	19247	28306				39
0,40	0,91629	0,92285	0,94254	0,97535	1,02129	1,08035	1,15254	1,23785	1,33629			0,40
41	89160	89778	91634	94727	0,99058	04625	11430	19471	28751			41
42	86750	87334	89085	92003	96088	1,01341	07760	15347	24102			42
43	84397	84948	86601	89356	93214	0,98173	04235	11398	19664			43
44	82098	82619	84181	86784	90429	95115	1,00842	07611	15421			44
0,45	0,79851	0,80343	0,81820	0,84281	0,87727	0,92158	0,97573	1,03973	1,11357	1,19726		0,45
46	77653	78119	79516	81845	85105	89296	94419	1,00474	07460	15378		46
47	75502	75943	77266	79470	82556	86524	91373	0,97105	03718	11212		47
48	73397	73814	75067	77155	80078	83835	88428	93856	1,00119	07217		48
49	71335	71731	72918	74896	77665	81225	85577	90720	0,96654	1,03380		49
0,50	0,69315	0,69690	0,70815	0,72690	0,75315	0,78690	0,82815	0,87689	0,93315	0,99690	1,06815	0,50
α / ϱ	0,00	0,05	0,10	0,15	0,20	0,25	0,30	0,35	0,40	0,45	0,50	α / ϱ

Tabellenzahl: $\mu_{r_0} = \frac{\varrho^2}{2}\left(\frac{1}{\alpha^2} - 1\right) + ln\,\frac{1}{\alpha}$, wenn $\alpha \geqq \varrho$

$\mu_{r_0} = \frac{1-\varrho^2}{2} + ln\,\frac{1}{\varrho}$ (unabhängig von α), wenn $\alpha \leqq \varrho$.

Tabelle X 2.

Radialmomente bei schneidenförmiger Belastung in ϱ.

$$m_{r_0} = \frac{P}{4\pi} \times \text{Tabellenzahl}$$

α \ ϱ	0,00	0,05	0,10	0,15	0,20	0,25	0,30	0,35	0,40	0,45	0,50	ϱ / α
0,50	0,69315	0,69690	0,70815	0,72690	0,75315	0,78690	0,82815	0,87689	0,93315	0,99690	1,06815	0,50
51	67334	67690	68757	70535	73024	76224	80135	84758	90092	96137	1,02893	51
52	65393	65730	66742	68428	70789	73825	77535	81919	86979	92712	0,99121	52
53	63488	63808	64768	66368	68608	71488	75008	79168	83968	89408	95488	53
54	61619	61922	62833	64352	66477	69210	72551	76499	81053	86216	91986	54
0,55	0,59784	0,60072	0,60937	0,62378	0,64395	0,66989	0,70160	0,73907	0,78230	0,83130	0,88606	0,55
56	57982	58256	59076	60444	62360	64822	67831	71388	75492	80143	85342	56
57	56212	56472	57251	58520	60368	62705	65562	68939	72835	77250	82185	57
58	54473	54719	55459	56692	58418	60617	63350	66555	70254	74446	79131	58
59	52763	52997	53700	54870	56509	58616	61191	64234	67745	71725	76173	59
0,60	0,51083	0,51305	0,51972	0,53083	0,54638	0,56638	0,59083	0,61972	0,65305	0,69083	0,73305	0,60
61	49430	49641	50273	51328	52805	54703	57023	59765	62929	66515	70523	61
62	47804	48004	48604	49605	51007	52808	55010	57613	60615	64018	67822	62
63	46204	46394	46963	47913	49243	50952	53042	55511	58360	61589	65198	63
64	44629	44809	45349	46250	47512	49133	51115	53457	56160	59223	62646	64
0,65	0,43078	0,43249	0,43762	0,44616	0,45812	0,47350	0,49229	0,51450	0,54013	0,56918	0,60164	0,65
66	41552	41714	42199	43009	44143	45601	47382	49488	51917	54670	57748	66
67	40048	40201	40662	41429	42503	43884	45572	47567	49869	52478	55394	67
68	38566	38712	39148	39874	40892	42200	43798	45687	47867	50338	53099	68
69	37106	37243	37657	38344	39307	40545	42058	43846	45810	48248	50861	69
0,70	0,35668	0,35798	0,36188	0,36838	0,37749	0,38920	0,40351	0,42043	0,43994	0,46206	0,48678	0,70
71	34249	34372	34741	35356	36217	37323	38676	40274	42119	44209	46546	71
72	32850	32967	33315	33896	34708	35754	37031	38541	40283	42257	44463	72
73	31471	31581	31909	32457	33224	34210	35416	36840	38483	40346	42428	73
74	30111	30214	30524	31040	31763	32692	33828	35171	36720	38475	40437	74
0,75	0,28768	0,28865	0,29157	0,29643	0,30324	0,31199	0,32268	0,33532	0,34990	0,36643	0,38490	0,75
76	27444	27535	27809	28266	28906	29729	30735	31923	33294	34848	36585	76
77	26137	26222	26480	26909	27510	28282	29226	30342	31630	33089	34719	77
78	24846	24927	25168	25570	26133	26858	27743	28789	29995	31363	32892	78
79	23572	23648	23873	24250	24777	25454	26283	27261	28391	29671	31101	79
0,80	0,22314	0,22385	0,22596	0,22947	0,23439	0,24072	0,24846	0,25760	0,26814	0,28010	0,29346	0,80
81	21072	21138	21334	21662	22120	22710	23431	24283	25265	26379	27624	81
82	19845	19906	20089	20393	20820	21368	22038	22829	23743	24778	25935	82
83	18633	18689	18859	19141	19536	20044	20665	21399	22246	23205	24278	83
84	17435	17488	17644	17905	18270	18740	19314	19992	20775	21662	22653	84
0,85	0,16252	0,16300	0,16444	0,16684	0,17020	0,17452	0,17980	0,18604	0,19325	0,20141	0,21053	0,85
86	15082	15126	15258	15478	15787	16183	16667	17239	17899	18647	19483	86
87	13926	13966	14087	14288	14569	14930	15372	15893	16496	17178	17941	87
88	12783	12820	12929	13111	13366	13694	14094	14568	15114	15733	16425	88
89	11653	11696	11795	11959	12178	12484	12845	13271	13753	14321	14944	89
0,90	0,10536	0,10565	0,10653	0,10800	0,11065	0,11269	0,11592	0,11973	0,12413	0,12911	0,13468	0,90
91	9431	9457	9535	9665	9846	10080	10365	10703	11092	11533	12026	91
92	8338	8361	8429	8542	8711	8905	9155	9450	9790	10176	10607	92
93	7257	7277	7335	7433	7570	7745	7960	8214	8507	8840	9210	93
94	6188	6204	6253	6336	6451	6599	6780	6994	7241	7521	7834	94
0,95	0,05129	0,05143	0,05183	0,05251	0,05345	0,05467	0,05615	0,05791	0,05994	0,06223	0,06480	0,95
96	4082	4093	4125	4178	4252	4348	4465	4603	4763	4944	5146	96
97	3046	3054	3077	3117	3172	3242	3329	3431	3548	3682	3831	97
98	2020	2026	2041	2067	2103	2149	2206	2273	2350	2438	2536	98
99	1005	1008	1015	1028	1046	1069	1096	1129	1167	1211	1259	99
1,00	0,00000	0,00000	0,00000	0,00000	0,00000	0,00000	0,00000	0,00000	0,00000	0,00000	0,00000	1,00
α / ϱ	0,00	0,05	0,10	0,15	0,20	0,25	0,30	0,35	0,40	0,45	0,50	ϱ \ α

Tabellenzahl: $\mu_{r_0} = \frac{\varrho^2}{2}\left(\frac{1}{\alpha^2} - 1\right) + \ln\frac{1}{\alpha}$.

Tabelle X 4.

Radialmomente bei schneidenförmiger Belastung in ϱ.

$$m_{r_0} = \frac{P}{4\pi} \times \text{Tabellenzahl}$$

α \ ϱ	0,50	0,55	0,60	0,65	0,70	0,75	0,80	0,85	0,90	0,95	1,00	ϱ / α
0,50	1,06815											0,50
51	1,02893											51
52	0,99121											52
53	95488											53
54	91986											54
0,55	0,88606	0,94659										0,55
56	85342	91087										56
57	82185	87640										57
58	79131	84309										58
59	76173	81089										59
0,60	0,73305	0,77972	0,83083									0,60
61	70523	74952	79804									61
62	67822	72026	76630									62
63	65198	69186	73555									63
64	62646	66430	70574									64
0,65	0,60164	0,63752	0,67682	0,71953								0,65
66	57748	61149	64874	68923								66
67	55394	58616	62146	65982								67
68	53099	56151	59494	63127								68
69	50861	53750	56914	60352								69
0,70	0,48678	0,51410	0,54402	0,57655	0,61168							0,70
71	46546	49128	51956	55030	58351							71
72	44463	46902	49573	52476	55611							72
73	42428	44729	47249	49988	52946							73
74	40437	42606	44981	47563	50351							74
0,75	0,38490	0,40532	0,42768	0,45199	0,47824	0,50643						0,75
76	36585	38505	40607	42893	45361	48012						76
77	34719	36522	38496	40642	42959	45448						77
78	32892	34581	36432	38443	40616	42949						78
79	31101	32682	34413	36296	38329	40512						79
0,80	0,29346	0,30822	0,32439	0,34197	0,36096	0,38135	0,40314					0,80
81	27624	29000	30507	32145	33914	35814	37845					81
82	25935	27214	28615	30137	31782	33548	35436					82
83	24278	25463	26762	28173	29697	31334	33084					83
84	22653	23749	24949	26254	27662	29176	30793					84
0,85	0,21053	0,22061	0,23165	0,24366	0,25662	0,27054	0,28543	0,30127				0,85
86	19483	20408	21420	22520	23708	24985	26349	27801				86
87	17941	18784	19707	20711	21795	22959	24204	25529				87
88	16425	17190	18027	18938	19921	20977	22106	23307				88
89	14944	15633	16378	17208	18094	19045	20062	21145				89
0,90	0,13468	0,14084	0,14758	0,15491	0,16283	0,17133	0,18042	0,19010	0,20036			0,90
91	12026	12571	13168	13816	14517	15269	16074	16930	17838			91
92	10607	11083	11605	12172	12784	13442	14145	14894	15688			92
93	9210	9620	10069	10557	11084	11650	12256	12900	13583			93
94	7834	8180	8559	8970	9415	9893	10403	10946	11523			94
0,95	0,06480	0,06763	0,07074	0,07412	0,07776	0,08168	0,08586	0,09032	0,09505	0,10004		0,95
96	5146	5369	5613	5879	6166	6475	6804	7155	7528	7921		96
97	3831	3996	4177	4373	4585	4813	5056	5315	5590	5880		97
98	2536	2644	2763	2891	3031	3180	3340	3510	3690	3881		98
99	1259	1312	1371	1434	1502	1576	1655	1739	1827	1921		99
1,00	0,00000	0,00000	0,00000	0,00000	0,00000	0,00000	0,00000	0,00000	0,00000	0,00000	0,00000	1,00
α / ϱ	0,50	0,55	0,60	0,65	0,70	0,75	0,80	0,85	0,90	0,95	1,00	ϱ \ α

Tabellenzahl: $\mu_{r_0} = \frac{\varrho^2}{2}\left(\frac{1}{\alpha^2} - 1\right) + ln\frac{1}{\alpha}$, **wenn** $\alpha \geqq \varrho$

$\mu_{r_0} = \frac{1-\varrho^2}{2} + ln\frac{1}{\varrho}$ **(unabhängig von** α**), wenn** $\alpha \leqq \varrho$.

Tabelle XI 4.

Tangentialmomente bei schneidenförmiger Belastung in ϱ.

$$m_{t_0} = \frac{P}{4\pi} \times \text{Tabellenzahl}$$

α \ ϱ	0,50	0,55	0,60	0,65	0,70	0,75	0,80	0,85	0,90	0,95	1,00	ϱ / α
0,50	1,06815											0,50
51	06776											51
52	06665											52
53	06488											53
54	06252											54
0,55	1,05961	0,94659										0,55
56	05622	94627										56
57	05239	94534										57
58	04815	94386										58
59	04354	94188										59
0,60	1,03860	0,93944	0,83083									0,60
61	03337	93657	83056									61
62	02785	93332	82977									62
63	02210	92971	82852									63
64	01611	92577	82683									64
0,65	1,00993	0,92155	0,82475	0,71953								0,65
66	1,00356	91704	82229	71930								66
67	0,99702	91229	81950	71863								67
68	99033	90732	81639	71756								68
69	98351	90213	81299	71611								69
0,70	0,97657	0,89675	0,80933	0,71430	0,61168							0,70
71	96952	89120	80542	71218	61148							71
72	96238	88549	80128	70975	61090							72
73	95515	87964	79694	70705	60996							73
74	94784	87365	79240	70408	60870							74
0,75	0,94046	0,86754	0,78768	0,70088	0,60713	0,50643						0,75
76	93302	86133	78280	69745	60527	50626						76
77	92554	85501	77777	69382	60314	50575						77
78	91800	84861	77260	68999	60077	50493						78
79	91043	84212	76731	68599	59816	50382						79
0,80	0,90283	0,83557	0,76189	0,68182	0,59533	0,50244	0,40314					0,80
81	89520	82894	75637	67749	59230	50080	40299					81
82	88755	82226	75075	67303	58909	49892	40254					82
83	87988	81553	74504	66843	58569	49682	40182					83
84	87217	80872	73922	66367	58208	49445	40078					84
0,85	0,86451	0,80193	0,73338	0,65888	0,57842	0,49200	0,39961	0,30127				0,85
86	85681	79507	72745	65395	57456	48930	39816	30113				86
87	84912	78818	72145	64891	57057	48643	39649	30074				87
88	84142	78127	71540	64379	56646	48340	39461	30009				88
89	83363	77424	70929	63849	56213	48012	39245	29912				89
0,90	0,82604	0,76738	0,70314	0,63331	0,55789	0,47689	0,39030	0,29812	0,20036			0,90
91	81836	76041	69695	62796	55345	47343	38788	29682	20024			91
92	81070	75343	69072	62255	54892	46984	38531	29533	19989			92
93	80305	74645	68445	61707	54430	46614	38259	29364	19931			93
94	79541	73945	67816	61155	53960	46233	37972	29179	19852			94
0,95	0,78779	0,73245	0,67185	0,60597	0,53483	0,45841	0,37672	0,28977	0,19754	0,10004		0,95
96	78019	72546	66551	60035	52998	45440	37360	28759	19637	9994		96
97	77261	71846	65915	59469	52507	45029	37036	28527	19502	9962		97
98	76505	71147	65278	58899	52010	44611	36701	28281	19350	9910		98
99	75751	70448	64640	58326	51508	44184	36355	28022	19183	9839		99
1,00	0,75000	0,69750	0,64000	0,57750	0,51000	0,43750	0,36000	0,27750	0,19000	0,09750	0,00000	1,00
α / ϱ	0,50	0,55	0,60	0,65	0,70	0,75	0,80	0,85	0,90	0,95	1,00	α \ ϱ

Tabellenzahl: $\mu_{t_0} = 1 - \frac{\varrho^2}{2}\left(1 + \frac{1}{\alpha^2}\right) + ln\frac{1}{\alpha}$, wenn $\alpha \geqq \varrho$

$\mu_{t_0} = \frac{1 - \varrho^2}{2} + ln\frac{1}{\varrho}$ (unabhängig von α), wenn $\alpha \leqq \varrho$.

Tabelle XI 1.

Tangentialmomente bei schneidenförmiger Belastung in ϱ.

$$m_{t_0} = \frac{P}{4\pi} \times \text{Tabellenzahl}$$

α \ ϱ	0,00	0,05	0,10	0,15	0,20	0,25	0,30	0,35	0,40	0,45	0,50	ϱ / α
0,00	∞											0,00
1	5,60517											1
2	4,91202											2
3	4,50656											3
4	4,21888											4
0,05	3,99573	3,49448										0,05
6	81341	46494										6
7	65926	40291										7
8	52573	32917										8
9	40795	25238										9
0,10	3,30259	3,17634	2,79759									0,10
11	20728	10272	78905									11
12	12026	3,03221	76804									12
13	3,04022	2,96501	73936									13
14	2,96611	90109	70601									14
0,15	2,89712	2,84031	2,66990	2,38587								0,15
16	83258	78250	63227	38188								16
17	77196	72745	59395	37143								17
18	71480	67497	55548	35633								18
19	66073	62486	51723	33785								19
0,20	2,60944	2,57694	2,47944	2,31694	2,08944							0,20
21	56065	53105	44227	29430	08713							21
22	51413	48705	40582	27044	08091							22
23	46968	44480	37016	24576	07160							23
24	42712	40417	33531	22055	05989							24
0,25	2,38629	2,36504	2,30129	2,19504	2,04629	1,85504						0,25
26	34707	32733	26811	16940	03122	85355						26
27	30933	29094	23575	14376	2,01499	84941						27
28	27297	25577	20419	11822	1,99786	84312						28
29	23787	22176	17342	09286	98006	83504						29
0,30	2,20397	2,18883	2,14342	2,06772	1,96175	1,82550	1,65897					0,30
31	17118	15693	11415	04287	94307	81475	65792					31
32	13943	12598	08561	2,01832	92412	80301	65498					32
33	10866	09594	05775	1,99411	90501	79045	65044					33
34	07881	06675	03056	97024	88580	77723	64454					34
0,35	2,04982	2,03837	2,00401	1,94674	1,86656	1,76347	1,63748	1,48857				0,35
36	2,02165	2,01076	1,97807	92360	84733	74927	62943	48779				36
37	1,99425	1,98387	95273	90083	82816	73473	62055	48560				37
38	96758	95768	92796	87843	80908	71992	61095	48217				38
39	94161	93214	90374	85640	79012	70490	60075	47706				39
0,40	1,91629	1,90723	1,88004	1,83473	1,77129	1,68973	1,59004	1,47223	1,33629			0,40
41	89160	88291	85685	81342	75262	67445	57890	46598	33569			41
42	86750	85917	83406	79248	73412	65910	56740	45903	33399			42
43	84397	83596	81193	77188	71580	64371	55560	45146	33130			43
44	82098	81328	79016	75162	69768	62832	54355	44336	32776			44
0,45	1,79851	1,79109	1,76882	1,73170	1,67974	1,61294	1,53129	1,43479	1,32345	1,19726		0,45
46	77653	76937	74790	71211	66201	59760	51886	42582	31846	19678		46
47	75502	74811	72739	69284	64448	58231	50631	41650	31287	19542		47
48	73397	72729	70727	67389	62716	56709	49366	40688	30675	19327		48
49	71335	70689	68753	65525	61065	55195	48093	39700	30016	19040		49
0,50	1,69315	1,68690	1,66815	1,63690	1,59315	1,53690	1,46815	1,38690	1,29315	1,18690	1,06815	0,50
α / ϱ	0,00	0,05	0,10	0,15	0,20	0,25	0,30	0,35	0,40	0,45	0,50	ϱ \ α

Tabellenzahl: $\mu_{t_0} = 1 - \frac{\varrho^2}{2}\left(1 + \frac{1}{\alpha^2}\right) + ln\frac{1}{\alpha}$, wenn $\alpha \geqq \varrho$

$\mu_{t_0} = \frac{1-\varrho^2}{2} + ln\frac{1}{\varrho}$ (unabhängig von α), wenn $\alpha \leqq \varrho$.

Tabelle XI 2.

Tangentialmomente bei schneidenförmiger Belastung in ϱ.

$$m_{t_0} = \frac{P}{4\pi} \times \text{Tabellenzahl}$$

α \ ϱ	0,00	0,05	0,10	0,15	0,20	0,25	0,30	0,35	0,40	0,45	0,50	ϱ / α
0,50	1,69315	1,68690	1,66815	1,63690	1,59315	1,53690	1,46815	1,38690	1,29315	1,18690	1,06815	0,50
51	67334	66729	64912	61884	57645	52195	45533	37661	28577	18282	06776	51
52	65393	64805	63044	60107	55996	50711	44251	36616	27807	17823	06665	52
53	63488	62918	61208	58358	54368	49238	42968	35558	27008	17318	06488	53
54	61619	61065	59404	56636	52760	47777	41686	34489	26184	16771	06252	54
0,55	1,59784	1,59246	1,57631	1,54940	1,51172	1,46328	1,40408	1,33411	1,25337	1,16188	1,05961	0,55
56	57982	57458	55888	53270	49604	44892	39132	32326	24472	15571	05622	56
57	56212	55702	54173	51624	48056	43469	37862	31235	23589	14924	05239	57
58	54473	53976	52486	50004	46527	42058	36596	30140	22692	14250	04815	58
59	52763	52279	50827	48407	45018	40661	35336	29043	21781	13552	04354	59
0,60	1,51083	1,50610	1,49194	1,46833	1,43527	1,39277	1,34083	1,27944	1,20860	1,12833	1,03860	0,60
61	49430	48969	47586	45281	42055	37906	32836	26844	19930	12094	03337	61
62	47804	47353	46003	43752	40601	36549	31597	25745	18992	11339	02785	62
63	46204	45764	44444	42244	39165	35205	30366	24647	18047	10568	02210	63
64	44629	44199	42908	40757	37746	33874	29142	23550	17098	09785	01611	64
0,65	1,43078	1,42657	1,41395	1,39291	1,36345	1,32557	1,27927	1,22456	1,16143	1,08989	1,00993	0,65
66	41552	41140	39904	37844	34960	31253	26721	21366	15186	08183	1,00356	66
67	40048	39644	38434	36417	33593	29961	25523	20278	14227	07368	0,99702	67
68	38566	38171	36985	35008	32241	28683	24335	19195	13265	06545	99033	68
69	37106	36719	35556	33619	30906	27418	23155	18117	12303	05715	98351	69
0,70	1,35668	1,35287	1,34147	1,32247	1,29586	1,26165	1,21984	1,17043	1,11341	1,04879	0,97657	0,70
71	34249	33876	32757	30892	28282	24925	20822	15974	10379	04039	96952	71
72	32850	32484	31386	29555	26992	23697	19670	14910	09418	03194	96238	72
73	31471	31112	30033	28235	25718	22482	18527	13852	08459	02346	95515	73
74	30111	29757	28697	26931	24458	21279	17393	12800	07501	01496	94784	74
0,75	1,28768	1,28421	1,27379	1,25643	1,23213	1,20088	1,16268	1,11754	1,06546	1,00643	0,94046	0,75
76	27444	27102	26078	24371	21981	18908	15153	10715	05593	0,99789	93302	76
77	26137	25801	24793	23114	20763	17741	14047	09681	04644	98934	92554	77
78	24846	24516	23524	21872	19559	16585	12950	08654	03697	98079	91800	78
79	23572	23247	22271	20645	18368	15440	11862	07633	02754	97224	91043	79
0,80	1,22314	1,21994	1,21033	1,19432	1,17189	1,14307	1,10783	1,06619	1,01814	0,96369	0,90283	0,80
81	21072	20757	19810	18232	16024	13184	09713	05612	1,00879	95515	89520	81
82	19845	19534	18602	17047	14871	12073	08653	04611	0,99947	94662	88755	82
83	18633	18327	17407	15875	13730	10972	07601	03617	99020	93811	87988	83
84	17435	17133	16227	14716	12600	09881	06557	02629	98096	92959	87217	84
0,85	1,16252	1,15954	1,15060	1,13570	1,11484	1,08802	1,05524	1,01649	0,97179	0,92113	0,86451	0,85
86	15082	14788	13906	12436	10378	07732	04498	1,00676	96266	91268	85681	86
87	13926	13636	12766	11315	09284	06673	03481	0,99709	95357	90424	84912	87
88	12783	12497	11638	10206	08201	05623	02472	98749	94453	89584	84142	88
89	11653	11361	10512	09098	07129	04573	01462	97786	93554	88736	83363	89
0,90	1,10536	1,10257	1,09419	1,08022	1,06067	1,03553	1,00481	0,96849	0,92660	0,87911	0,82604	0,90
91	09431	09155	08327	06948	05016	02532	0,99497	95910	91770	87079	81836	91
92	08338	08066	07248	05884	03975	01521	98522	94977	90886	86251	81070	92
93	07257	06988	06179	04831	02945	1,00519	97554	94050	90008	85426	80305	93
94	06188	05921	05122	03789	01924	0,99526	96595	93131	89134	84604	79541	94
0,95	1,05129	1,04866	1,04075	1,02758	1,00913	0,98542	0,95643	0,92218	0,88265	0,83786	0,78779	0,95
96	04082	03822	03040	01737	0,99912	97566	94699	91311	87402	82971	78019	96
97	03046	02788	02015	1,00725	98920	96600	93763	90411	86543	82160	77261	97
98	02020	01765	1,01000	0,99724	97938	95641	92835	89518	85690	81353	76505	98
99	01005	1,00753	0,99995	98732	96964	94692	91914	88631	84843	80549	75751	99
1,00	1,00000	0,99750	0,99000	0,97750	0,96000	0,93750	0,91000	0,87750	0,84000	0,79750	0,75000	1,00
α / ϱ	0,00	0,05	0,10	0,15	0,20	0,25	0,30	0,35	0,40	0,45	0,50	α \ ϱ

Tabellenzahl: $\mu_{t_0} = 1 - \frac{\varrho^2}{2}\left(1 + \frac{1}{\alpha^2}\right) + ln\,\frac{1}{\alpha}\cdot$

Tabelle XII 1.

Potenzen von ξ.

ξ	ξ^2	ξ^3	ξ^4	$1/\xi^2$	$\xi^{3/2}$
0,00	0,0000	0,000000	0,00000000	∞	0,000000
1	1	1	1	10000,000000	1000
2	4	8	16	2500,000000	2828
3	9	27	81	1111,111111	5196
4	16	64	256	625,000000	8000
0,05	0,0025	0,000125	0,00000625	400,000000	0,011180
6	36	216	1296	277,777778	14697
7	49	343	2401	204,081633	18520
8	64	512	4096	156,250000	22627
9	81	729	6561	123,456790	27000
0,10	0,0100	0,001000	0,00010000	100,000000	0,031623
11	121	1331	14641	82,644628	36483
12	144	1728	20736	69,444444	41569
13	169	2197	28561	59,171598	46872
14	196	2744	38416	51,020408	52383
0,15	0,0225	0,003375	0,00050625	44,444444	0,058095
16	256	4096	65536	39,062500	64000
17	289	4913	83521	34,602076	70093
18	324	5832	104976	30,864198	76368
19	361	6859	130321	27,700831	82819
0,20	0,0400	0,008000	0,00160000	25,000000	0,089443
21	441	9261	194481	22,675737	96234
22	484	10648	234256	20,661157	103189
23	529	12167	279841	18,903592	110304
24	576	13824	331776	17,361111	117576
0,25	0,0625	0,015625	0,00390625	16,000000	0,125000
26	676	17576	456976	14,792899	132575
27	729	19683	531441	13,717421	140296
28	784	21952	614656	12,755102	148162
29	841	24389	707281	11,890606	156170
0,30	0,0900	0,027000	0,00810000	11,111111	0,164317
31	961	29791	923521	10,405827	172601
32	1024	32768	1048576	9,765625	181019
33	1089	35937	1185921	9,182736	189571
34	1156	39304	1336336	8,650519	198252
0,35	0,1225	0,042875	0,01500625	8,163265	0,207063
36	1296	46656	1679616	7,716049	216000
37	1369	50653	1874161	7,304602	225062
38	1444	54872	2085136	6,925208	234248
39	1521	59319	2313441	6,574622	243555
0,40	0,1600	0,064000	0,02560000	6,250000	0,252982
41	1681	68921	2825761	5,948840	262527
42	1764	74088	3111696	5,668934	272191
43	1849	79507	3418801	5,408329	281970
44	1936	85184	3748096	5,165289	291863
0,45	0,2025	0,091125	0,04100625	4,938272	0,301869
46	2116	97336	4477456	4,725898	311987
47	2209	103823	4879681	4,526935	322216
48	2304	110592	5308416	4,340278	332554
49	2401	117649	5764801	4,164931	343000
0,50	0,2500	0,125000	0,06250000	4,000000	0,353553
ξ	ξ^2	ξ^3	ξ^4	$1/\xi^2$	$\xi^{3/2}$

Tabelle XII 2.

Potenzen von ξ.

ξ	ξ^2	ξ^3	ξ^4	$1/\xi^2$	$\xi^{3/2}$
0,50	0,2500	0,125000	0,06250000	4,000000	0,35355
51	2601	132651	6765201	3,844675	36421
52	2704	140608	7311616	3,698225	37498
53	2809	148877	7890481	3,559986	38585
54	2916	157464	8503056	3,429355	39682
0,55	0,3025	0,166375	0,09150625	3,305785	0,40789
56	3136	175616	9834496	3,188776	41907
57	3249	185193	10556001	3,077870	43034
58	3364	195112	11316496	2,972652	44172
59	3481	205379	12117361	2,872738	45319
0,60	0,3600	0,216000	0,12960000	2,777778	0,46476
61	3721	226981	13845841	2,687450	47643
62	3844	238328	14776336	2,601457	48819
63	3969	250047	15752961	2,519526	50005
64	4096	262144	16777216	2,441406	51200
0,65	0,4225	0,274625	0,17850625	2,366864	0,52405
66	4356	287496	18974736	2,295684	53619
67	4489	300763	20151121	2,227668	54842
68	4624	314432	21381376	2,162630	56074
69	4761	328509	22667121	2,100399	57316
0,70	0,4900	0,343000	0,24010000	2,040816	0,58566
71	5041	357911	25411681	1,983733	59826
72	5184	373248	26873856	1,929012	61094
73	5329	389017	28398241	1,876525	62371
74	5476	405224	29986576	1,826150	63657
0,75	0,5625	0,421875	0,31640625	1,777778	0,64952
76	5776	438976	33362176	1,731302	66255
77	5929	456533	35153041	1,686625	67567
78	6084	474552	37015056	1,643655	68888
79	6241	493039	38950081	1,602307	70217
0,80	0,6400	0,512000	0,40960000	1,562500	0,71554
81	6561	531441	43046721	1,524158	72900
82	6724	551368	45212176	1,487210	74254
83	6889	571787	47458321	1,451589	75617
84	7056	592704	49787136	1,417234	76987
0,85	0,7225	0,614125	0,52200625	1,384083	0,78366
86	7396	636056	54700816	1 352082	79753
87	7569	658503	57289761	1,321178	81148
88	7744	681472	59969536	1,291322	82551
89	7921	704969	62742241	1,262467	83962
0,90	0,8100	0,729000	0,65610000	1,234568	0,85381
91	8281	753571	68574961	1,207584	86808
92	8464	778688	71639296	1,181474	88243
93	8649	804357	74805201	1,156203	89686
94	8836	830584	78074896	1,131734	91136
0,95	0,9025	0,857375	0,81450625	1,108033	0,92595
96	9216	884736	84934656	1,085069	94060
97	9409	912673	88529281	1,062812	95534
98	9604	941192	92236816	1,041233	97015
99	9801	970299	96059601	1,020304	98504
1,00	1,0000	1,000000	1,00000000	1,000000	1,00000
ξ	ξ^2	ξ^3	ξ^4	$1/\xi^2$	$\xi^{3/2}$

Tabelle XIII 1.

$f_1(\xi^4, \psi)$

$\xi \backslash \psi$	0	$\pi/16$	$\pi/8$	$\frac{3}{16}\pi$	$\pi/4$	$\frac{3}{8}\pi$	$\pi/2$	$\frac{5}{8}\pi$	$\frac{3}{4}\pi$	$\frac{7}{8}\pi$	π	ψ / ξ
0,00	0,00000	0,00000	0,00000	0,00000	0,00000	0,00000	0,00000	0,00000	0,00000	0,00000	0,00000	0,00
1	0	0	0	0	0	0	0	0	0	0	0	1
2	0	0	0	0	0	0	0	0	0	0	0	2
3	0	0	0	0	0	0	0	0	0	0	0	3
4	0	0	0	0	0	0	0	0	0	0	0	4
0,05	0,00001	0,00001	0,00001	0,00001	0,00000	0,00000	0,00000	0,00000	0,00000	0,00001	0,00001	0,05
6	1	1	1	1	1	1	0	1	1	1	1	6
7	2	2	2	2	2	1	0	1	2	2	2	7
8	4	4	4	3	3	2	0	2	3	4	4	8
9	7	6	6	6	5	3	0	3	5	6	7	9
0,10	0,00010	0,00010	0,00009	0,00008	0,00007	0,00004	0,00000	0,00004	0,00007	0,00009	0,00010	0,10
11	15	14	14	12	10	6	0	6	10	14	15	11
12	21	20	19	17	15	8	0	8	15	19	21	12
13	29	28	26	24	20	11	0	11	20	26	29	13
14	38	38	36	32	27	15	0	15	27	36	38	14
0,15	0,00051	0,00050	0,00047	0,00042	0,00036	0,00019	0,00000	0,00019	0,00036	0,00047	0,00051	0,15
16	66	64	61	55	46	25	0	25	46	61	66	16
17	84	82	77	69	59	32	0	32	59	77	84	17
18	105	103	97	87	74	40	0	40	74	97	105	18
19	130	128	120	108	92	50	0	50	92	120	130	19
0,20	0,00160	0,00157	0,00148	0,00133	0,00113	0,00061	0,00000	0,00062	0,00113	0,00148	0,00160	0,20
21	195	191	180	162	138	74	0	75	138	179	194	21
22	235	230	217	195	166	89	1	90	166	216	234	22
23	281	275	259	233	198	107	1	108	198	258	279	23
24	333	326	307	276	235	126	1	128	235	306	331	24
0,25	0,00392	0,00385	0,00362	0,00325	0,00276	0,00148	0,00002	0,00151	0,00276	0,00360	0,00389	0,25
26	459	450	424	381	323	173	2	176	323	421	455	26
27	534	524	493	443	376	201	3	205	376	489	529	27
28	619	606	571	513	435	233	4	238	435	565	611	28
29	712	698	657	590	500	267	5	274	500	650	702	29
0,30	0,00817	0,00801	0,00753	0,00676	0,00573	0,00305	0,00007	0,00315	0,00573	0,00744	0,00804	0,30
31	932	914	859	771	653	347	9	360	653	847	915	31
32	1060	1039	977	876	741	393	11	409	741	961	1038	32
33	1200	1176	1106	991	838	444	14	464	838	1086	1172	33
34	1355	1327	1247	1118	945	499	18	524	945	1222	1319	34
0,35	0,01524	0,01493	0,01402	0,01256	0,01061	0,00558	0,00023	0,00590	0,01061	0,01371	0,01479	0,35
36	1708	1674	1572	1407	1187	622	28	662	1187	1532	1652	36
37	1910	1871	1757	1572	1325	692	35	741	1325	1707	1840	37
38	2130	2086	1958	1750	1474	766	44	828	1474	1896	2043	38
39	2368	2320	2176	1944	1635	846	54	922	1635	2100	2261	39
0,40	0,02627	0,02573	0,02412	0,02153	0,01809	0,00932	0,00066	0,01024	0,01809	0,02319	0,02496	0,40
41	2908	2847	2668	2380	1996	1023	80	1136	1996	2555	2748	41
42	3212	3144	2944	2624	2198	1120	97	1257	2198	2808	3018	42
43	3540	3465	3243	2887	2415	1222	117	1387	2415	3077	3306	43
44	3894	3810	3564	3169	2646	1330	140	1529	2647	3365	3613	44
0,45	0,04276	0,04183	0,03910	0,03472	0,02894	0,01444	0,00168	0,01682	0,02895	0,03672	0,03939	0,45
46	4687	4584	4282	3798	3159	1563	200	1847	3160	3998	4286	46
47	5130	5016	4681	4146	3442	1688	238	2025	3443	4344	4653	47
48	5606	5480	5109	4518	3742	1818	281	2217	3744	4711	5041	48
49	6118	5978	5568	4916	4062	1953	331	2424	4064	5098	5451	49
0,50	0,06667	0,06512	0,06060	0,05340	0,04401	0,02093	0,00389	0,02646	0,04404	0,05507	0,05882	0,50
ξ / ψ	0	$\pi/16$	$\pi/8$	$\frac{3}{16}\pi$	$\pi/4$	$\frac{3}{8}\pi$	$\pi/2$	$\frac{5}{8}\pi$	$\frac{3}{4}\pi$	$\frac{7}{8}\pi$	π	$\psi \backslash \xi$

Die Tabellenwerte **rechts** von der starken Linie sind **negativ**.

Tabelle XIII 2.

$f_1(\xi^4, \psi)$

ξ \ ψ	0	$\pi/16$	$\pi/8$	$\frac{3}{16}\pi$	$\pi/4$	$\frac{3}{8}\pi$	$\pi/2$	$\frac{5}{8}\pi$	$\frac{3}{4}\pi$	$\frac{7}{8}\pi$	π	ψ / ξ
0,50	0,06667	0,06512	0,06060	0,05340	0,04401	0,02093	0,00389	0,02646	0,04404	0,05507	0,05882	0,50
51	7256	7085	6586	5793	4760	2237	456	2884	4764	5938	6337	51
52	7888	7700	7148	6274	5140	2384	532	3140	5145	6392	6813	52
53	8566	8358	7749	6786	5541	2534	619	3415	5548	6868	7314	53
54	9293	9063	8390	7331	5964	2686	718	3708	5974	7368	7837	54
0,55	0,10072	0,09818	0,09075	0,07908	0,06409	0,02840	0,00830	0,04024	0,06423	0,07891	0,08384	0,55
56	10907	10625	9806	8521	6877	2993	958	4360	6895	8438	8954	56
57	11802	11490	10585	9170	7368	3144	1102	4720	7393	9009	9548	57
58	12761	12415	11415	9858	7882	3293	1264	5104	7915	9604	10166	58
59	13788	13406	12300	10584	8419	3437	1447	5513	8462	10224	10808	59
0,60	0,14890	0,14466	0,13243	0,11352	0,08979	0,03575	0,01652	0,05949	0,09036	0,10868	0,11473	0,60
61	16071	15601	14247	12163	9563	3703	1881	6413	9636	11536	12162	61
62	17338	16816	15315	13017	10168	3820	2137	6906	10263	12229	12874	62
63	18699	18118	16453	13917	10794	3923	2422	7430	10918	12946	13609	63
64	20159	19512	17664	14864	11441	4007	2738	7985	11599	13687	14367	64
0,65	0,21730	0,21008	0,18953	0,15858	0,12106	0,04071	0,03088	0,08573	0,12309	0,14451	0,15147	0,65
66	23418	22612	20324	16901	12788	4110	3475	9195	13047	15239	15949	66
67	25237	24334	21783	17993	13483	4119	3902	9853	13813	16050	16772	67
68	27196	26184	23334	19135	14189	4093	4372	10546	14606	16883	17615	68
69	29311	28173	24984	20327	14901	4028	4887	11277	15428	17739	18479	69
0,70	0,31596	0,30313	0,26739	0,21566	0,15615	0,03918	0,05451	0,12046	0,16277	0,18615	0,19361	0,70
71	34069	32619	28603	22853	16323	3755	6066	12853	17154	19513	20263	71
72	36750	35106	30585	24184	17020	3534	6736	13699	18058	20430	21182	72
73	39661	37793	32688	25555	17696	3247	7463	14586	18988	21367	22117	73
74	42830	40698	34921	26961	18340	2886	8250	15512	19944	22321	23069	74
0,75	0,46286	0,43844	0,37288	0,28595	0,18941	0,02444	0,09100	0,16479	0,20926	0,23293	0,24036	0,75
76	50065	47257	39794	29845	19485	1912	10016	17486	21932	24282	25016	76
77	54209	50966	42444	31301	19954	1282	10998	18533	22962	25286	26010	77
78	58768	55003	45239	32745	20329	543	12050	19620	24014	26304	27015	78
79	63800	59407	48180	34157	20588	311	13173	20745	25088	27336	28032	79
0,80	0,69377	0,64219	0,51261	0,35509	0,20706	0,01291	0,14367	0,21908	0,26182	0,28379	0,29058	0,80
81	75583	69489	54475	36770	20655	2404	15633	23108	27295	29434	30093	81
82	82522	75271	57802	37898	20404	3658	16972	24343	28426	30499	31135	82
83	90325	81629	61217	38845	19917	5060	18383	25613	29573	31572	32184	83
84	0,99152	88632	64678	39550	19157	6616	19864	26914	30734	32653	33239	84
0,85	1,09208	0,96357	0,68122	0,39944	0,18086	0,08331	0,21414	0,28245	0,31909	0,33739	0,34297	0,85
86	20755	1,04888	71462	39942	16661	10208	23031	29603	33096	34831	35359	86
87	34136	14305	74573	39448	14843	12248	24711	30987	34292	35927	36423	87
88	49810	24687	77288	38356	12592	14450	26451	32394	35497	37025	37488	88
89	68401	36079	79375	36548	9874	16811	28246	33821	36709	38125	38553	89
0,90	1,90782	1,48470	0,80535	0,33900	0,06659	0,19324	0,30093	0,35265	0,37925	0,39225	0,39617	0,90
91	2,18217	61718	80381	30291	2927	21983	31985	36724	39145	40324	40679	91
92	52600	75437	78440	25611	1330	24776	33916	38194	40366	41421	41738	92
93	2,96909	1,88773	74158	19771	6105	27690	35880	39672	41587	42515	42794	93
94	3,56100	2,00036	66942	12724	11376	30710	37872	41155	42806	43604	43844	94
0,95	4,39101	2,06112	0,56237	0,04472	0,17101	0,33819	0,39883	0,42641	0,44022	0,44689	0,44889	0,95
96	5,63760	2,01738	41646	4914	23223	36997	41907	44126	45234	45767	45927	96
97	7,71771	1,79183	23091	15284	29666	40225	43938	45607	46438	46838	46958	97
98	11,88121	1,29919	952	26455	36342	43482	45968	47081	47635	47901	47981	98
99	24,38366	0,50415	23864	38127	43154	46747	47991	48547	48823	48955	48995	99
1,00	∞	0,50000	0,50000	0,50000	0,50000	0,50000	0,50000	0,50000	0,50000	0,50000	0,50000	1,00
ξ / ψ	0	$\pi/16$	$\pi/8$	$\frac{3}{16}\pi$	$\pi/4$	$\frac{3}{8}\pi$	$\pi/2$	$\frac{5}{8}\pi$	$\frac{3}{4}\pi$	$\frac{7}{8}\pi$	π	ψ \ ξ

Die Tabellenwerte **rechts** von der starken Linie sind **negativ**.

Tabelle XIV 1.

$$\frac{A}{2} f_1(\vartheta', \psi)$$

(Für $h = 4$)

$\xi \backslash \psi$	0	$\pi/16$	$\pi/8$	$\frac{3}{16}\pi$	$\pi/4$	$\frac{3}{8}\pi$	$\pi/2$	$\frac{5}{8}\pi$	$\frac{3}{4}\pi$	$\frac{7}{8}\pi$	π	ψ / ξ
0,00	0,00000	0,00000	0,00000	0,00000	0,00000	0,00000	0,00000	0,00000	0,00000	0,00000	0,00000	0,00
1	5	5	5	4	4	2	0	2	4	5	5	1
2	20	20	19	17	14	8	0	8	14	19	20	2
3	45	44	42	37	32	17	0	17	32	42	45	3
4	80	78	74	66	57	31	0	31	57	74	80	4
0,05	0,00125	0,00123	0,00115	0,00104	0,00088	0,00048	0,00000	0,00048	0,00088	0,00115	0,00125	0,05
6	179	176	166	149	127	69	0	69	127	166	179	6
7	244	239	225	203	172	93	0	93	172	225	244	7
8	318	312	294	264	225	122	0	122	225	294	318	8
9	402	394	371	334	284	154	0	154	284	371	402	9
0,10	0,00495	0,00485	0,00457	0,00411	0,00351	0,00189	0,00000	0,00189	0,00351	0,00457	0,00495	0,10
11	598	586	552	497	423	229	0	229	423	552	598	11
12	710	696	656	590	502	272	0	272	502	656	710	12
13	831	815	768	691	587	318	0	318	587	768	831	13
14	961	942	888	799	679	368	0	368	679	888	961	14
0,15	0,01100	0,01078	0,01016	0,00914	0,00778	0,00421	0,00000	0,00421	0,00778	0,01016	0,01100	0,15
16	1247	1223	1152	1037	882	477	0	477	882	1152	1247	16
17	1403	1376	1296	1167	992	537	0	537	992	1296	1403	17
18	1568	1537	1448	1303	1108	600	0	600	1108	1448	1568	18
19	1740	1706	1607	1447	1230	666	0	666	1230	1607	1740	19
0,20	0,01922	0,01885	0,01776	0,01597	0,01358	0,00732	0,00003	0,00738	0,01358	0,01772	0,01918	0,20
21	2111	2070	1950	1754	1490	803	4	810	1490	1944	2104	21
22	2308	2263	2131	1917	1628	876	6	886	1628	2123	2298	22
23	2512	2464	2319	2085	1772	954	7	963	1772	2310	2498	23
24	2723	2670	2514	2260	1919	1032	9	1045	1919	2502	2705	24
0,25	0,02942	0,02884	0,02716	0,02441	0,02072	0,01113	0,00011	0,01130	0,02072	0,02698	0,02918	0,25
26	3166	3104	2922	2626	2228	1196	14	1217	2228	2901	3137	26
27	3397	3331	3134	2817	2390	1281	18	1306	2390	3111	3361	27
28	3635	3564	3354	3012	2554	1367	22	1398	2554	3321	3591	28
29	3879	3802	3578	3213	2723	1454	27	1493	2723	3539	3824	29
0,30	0,04128	0,04047	0,03807	0,03417	0,02896	0,01543	0,00033	0,01590	0,02896	0,03760	0,04062	0,30
31	4384	4297	4041	3626	3071	1633	40	1690	3071	3984	4304	31
32	4644	4552	4280	3840	3249	1724	48	1792	3249	4212	4548	32
33	4910	4813	4523	4056	3430	1815	58	1897	3430	4442	4795	33
34	5181	5078	4771	4276	3614	1907	68	2004	3614	4674	5044	34
0,35	0,05457	0,05347	0,05023	0,04500	0,03800	0,01999	0,00081	0,02113	0,03800	0,04909	0,05295	0,35
36	5737	5620	5278	4726	3987	2090	95	2224	3987	5144	5547	36
37	6021	5898	5537	4954	4176	2181	111	2337	4176	5381	5799	37
38	6309	6180	5799	5185	4366	2270	129	2453	4366	5617	6051	38
39	6601	6465	6064	5418	4557	2359	149	2570	4557	5853	6302	39
0,40	0,06897	0,06753	0,06332	0,05652	0,04748	0,02446	0,00172	0,02689	0,04748	0,06088	0,06552	0,40
41	7195	7045	6602	5888	4940	2531	197	2810	4940	6322	6800	41
42	7498	7340	6874	6125	5131	2614	226	2933	5131	6554	7045	42
43	7802	7637	7148	6362	5322	2693	257	3058	5322	6783	7287	43
44	8110	7936	7423	6600	5512	2770	292	3184	5513	7009	7524	44
0,45	0,08420	0,08237	0,07699	0,06838	0,05699	0,02843	0,00331	0,03312	0,05701	0,07231	0,07757	0,45
46	8732	8541	7977	7075	5885	2913	373	3441	5887	7449	7984	46
47	9047	8846	8255	7311	6069	2977	419	3571	6071	7661	8205	47
48	9363	9152	8533	7546	6250	3037	469	3703	6253	7868	8419	48
49	9681	9460	8812	7779	6428	3091	524	3835	6431	8068	8625	49
0,50	0,10000	0,09768	0,09090	0,08010	0,06601	0,03140	0,00584	0,03968	0,06605	0,08261	0,08823	0,50
ξ / ψ	0	$\pi/16$	$\pi/8$	$\frac{3}{16}\pi$	$\pi/4$	$\frac{3}{8}\pi$	$\pi/2$	$\frac{5}{8}\pi$	$\frac{3}{4}\pi$	$\frac{7}{8}\pi$	π	$\psi \backslash \xi$

Die Tabellenwerte rechts von der starken Linie sind negativ.

Tabelle XIV 2.

$$\frac{A}{2} f_1(\vartheta', \psi)$$

(Für $h = 4$)

$\xi \backslash \psi$	0	$\pi/16$	$\pi/8$	$\frac{3}{16}\pi$	$\pi/4$	$\frac{3}{8}\pi$	$\pi/2$	$\frac{5}{8}\pi$	$\frac{3}{4}\pi$	$\frac{7}{8}\pi$	π	ψ / ξ
0,50	0,10000	0,09768	0,09090	0,08010	0,06601	0,03140	0,00584	0,03968	0,06605	0,08261	0,08823	0,50
51	10321	10078	9367	8239	6770	3182	648	4102	6776	8446	9013	51
52	10642	10388	9643	8464	6934	3216	717	4236	6941	8623	9192	52
53	10965	10698	9918	8686	7092	3244	792	4371	7101	8791	9361	53
54	11288	11008	10292	8904	7244	3263	872	4505	7256	8950	9519	54
0,55	0,11612	0,11319	0,10463	0,09117	0,07389	0,03274	0,00957	0,04639	0,07405	0,09098	0,09665	0,55
56	11937	11628	10731	9325	7526	3275	1048	4772	7546	9235	9799	56
57	12261	11937	10997	9527	7655	3267	1145	4904	7680	9360	9920	57
58	12586	12246	11259	9723	7774	3248	1247	5034	7806	9473	10027	58
59	12911	12553	11517	9911	7883	3218	1355	5162	7924	9573	10120	59
0,60	0,13236	0,12859	0,11772	0,10091	0,07981	0,03178	0,01468	0,05288	0,08032	0,09660	0,10198	0,60
61	13560	13163	12020	10262	8068	3124	1587	5411	8130	9734	10261	61
62	13883	13465	12263	10423	8142	3059	1711	5530	8218	9793	10309	62
63	14206	13765	12500	10574	8202	2980	1840	5645	8295	9836	10340	63
64	14529	14063	12730	10712	8246	2888	1973	5755	8360	9864	10354	64
0,65	0,14851	0,14358	0,12953	0,10838	0,08274	0,02782	0,02110	0,05859	0,08412	0,09876	0,10352	0,65
66	15171	14649	13167	10949	8285	2662	2251	5957	8452	9873	10332	66
67	15491	14937	13371	11045	8277	2528	2395	6048	8479	9852	10295	67
68	15810	15221	13565	11124	8248	2380	2541	6131	8491	9815	10240	68
69	16127	15500	13746	11184	8199	2217	2689	6205	8488	9760	10167	69
0,70	0,16443	0,15775	0,13915	0,11223	0,08126	0,02039	0,02837	0,06269	0,08471	0,09687	0,10076	0,70
71	16757	16044	14069	11241	8029	1847	2984	6322	8437	9598	9967	71
72	17071	16307	14207	11234	7906	1642	3129	6363	8388	9490	9839	72
73	17382	16563	14326	11200	7755	1423	3271	6392	8322	9364	9693	73
74	17692	16811	14425	11137	7576	1192	3408	6408	8238	9220	9529	74
0,75	0,18000	0,17050	0,14501	0,11043	0,07366	0,00950	0,03539	0,06409	0,08138	0,09058	0,09347	0,75
76	18306	17280	14551	10913	7125	699	3662	6394	8019	8879	9147	76
77	18611	17497	14572	10746	6850	440	3776	6363	7883	8681	8930	77
78	18913	17701	14559	10538	6542	175	3878	6314	7728	8465	8695	78
79	19214	17891	14510	10287	6200	94	3967	6247	7555	8232	8442	79
0,80	0,19512	0,18062	0,14417	0,09987	0,05824	0,00363	0,04041	0,06162	0,07364	0,07982	0,08173	0,80
81	19809	18211	14277	9637	5413	630	4097	6056	7154	7714	7887	81
82	20103	18336	14081	9232	4971	891	4134	5930	6925	7430	7585	82
83	20395	18431	13822	8771	4497	1143	4151	5783	6677	7129	7267	83
84	20685	18490	13493	8251	3996	1380	4144	5615	6412	6812	6934	84
0,85	0,20972	0,18505	0,13082	0,07671	0,03473	0,01600	0,04112	0,05424	0,06128	0,06479	0,06586	0,85
86	21258	18465	12580	7031	2933	1797	4054	5211	5826	6132	6224	86
87	21541	18356	11976	6335	2384	1967	3968	4976	5507	5769	5849	87
88	21821	18162	11258	5587	1834	2105	3853	4719	5171	5393	5461	88
89	22100	17858	10417	4796	1296	2206	3707	4438	4817	5003	5059	89
0,90	0,22376	0,17413	0,09445	0,03976	0,00781	0,02266	0,03529	0,04136	0,04448	0,04600	0,04646	0,90
91	22649	16785	8343	3144	304	2282	3320	3812	4063	4185	4222	91
92	22920	15919	7117	2324	121	2248	3077	3466	3663	3758	3787	92
93	23189	14743	5792	1544	477	2163	2802	3098	3248	3320	3342	93
94	23455	13176	4409	838	749	2023	2495	2710	2820	2872	2888	94
0,95	0,23719	0,11133	0,03038	0,00242	0,00924	0,01827	0,02154	0,02303	0,02378	0,02414	0,02425	0,95
96	23979	8581	1771	209	988	1574	1782	1877	1924	1947	1953	96
97	24238	5627	725	480	932	1263	1380	1432	1458	1471	1475	97
98	24495	2678	20	545	749	896	948	970	982	988	989	98
99	24750	512	242	387	438	475	487	493	496	497	497	99
1,00	0,25000	0,00000	0,00000	0,00000	0,00000	0,00000	0,00000	0,00000	0,00000	0,00000	0,00000	1,00
ξ / ψ	0	$\pi/16$	$\pi/8$	$\frac{3}{16}\pi$	$\pi/4$	$\frac{3}{8}\pi$	$\pi/2$	$\frac{5}{8}\pi$	$\frac{3}{4}\pi$	$\frac{7}{8}\pi$	π	$\psi \backslash \xi$

Die Tabellenwerte rechts von der starken Linie sind negativ.

Tabelle XV 1.

$$\frac{A}{2} f_1(\vartheta, \psi)$$

(Für $h = 4$)

$\xi \backslash \psi$	0	$\pi/16$	$\pi/8$	$\frac{3}{16}\pi$	$\pi/4$	$\frac{3}{8}\pi$	$\pi/2$	$\frac{5}{8}\pi$	$\frac{3}{4}\pi$	$\frac{7}{8}\pi$	π	ψ / ξ
0,00	0,00000	0,00000	0,00000	0,00000	0,00000	0,00000	0,00000	0,00000	0,00000	0,00000	0,00000	0,00
1	0	0	0	0	0	0	0	0	0	0	0	1
2	0	0	0	0	0	0	0	0	0	0	0	2
3	0	0	0	0	0	0	0	0	0	0	0	3
4	0	0	0	0	0	0	0	0	0	0	0	4
0,05	0,00000	0,00000	0,00000	0,00000	0,00000	0,00000	0,00000	0,00000	0,00000	0,00000	0,00000	0,05
6	0	0	0	0	0	0	0	0	0	0	0	6
7	1	1	1	1	1	0	0	0	1	1	1	7
8	2	2	2	1	1	1	0	1	1	2	2	8
9	3	3	3	2	2	1	0	1	2	3	3	9
0,10	0,00005	0,00005	0,00004	0,00004	0,00003	0,00002	0,00000	0,00002	0,00003	0,00004	0,00005	0,10
11	7	7	6	6	5	3	0	3	5	6	7	11
12	10	10	9	8	7	4	0	4	7	9	10	12
13	14	14	13	12	10	5	0	5	10	13	14	13
14	19	19	18	16	13	7	0	7	13	18	19	14
0,15	0,00025	0,00024	0,00023	0,00021	0,00017	0,00009	0,00000	0,00009	0,00017	0,00023	0,00025	0,15
16	32	31	30	27	22	12	0	12	22	30	32	16
17	41	40	37	34	29	15	0	15	29	37	41	17
18	51	50	47	42	36	19	0	19	36	47	51	18
19	63	62	58	52	44	24	0	24	44	58	63	19
0,20	0,00077	0,00075	0,00071	0,00064	0,00054	0,00029	0,00000	0,00030	0,00054	0,00071	0,00077	0,20
21	93	91	86	77	66	35	0	36	66	86	93	21
22	112	109	103	93	79	42	0	43	79	103	111	22
23	133	130	123	110	94	50	0	51	94	122	132	23
24	157	154	145	130	111	59	1	60	111	144	156	24
0,25	0,00184	0,00180	0,00170	0,00153	0,00130	0,00070	0,00001	0,00071	0,00130	0,00169	0,00182	0,25
26	214	210	198	178	151	81	1	82	151	196	212	26
27	248	243	229	205	174	93	1	95	174	227	245	27
28	285	279	263	236	200	107	2	110	200	260	282	28
29	326	320	301	270	229	122	2	125	229	298	321	29
0,30	0,00372	0,00364	0,00343	0,00308	0,00261	0,00139	0,00003	0,00143	0,00261	0,00339	0,00366	0,30
31	421	413	388	348	295	157	4	162	295	383	414	31
32	476	466	438	393	333	176	5	184	333	431	466	32
33	535	524	493	442	373	198	6	207	373	484	522	33
34	599	587	551	494	418	221	8	232	418	540	583	34
0,35	0,00669	0,00655	0,00615	0,00551	0,00466	0,00245	0,00010	0,00259	0,00466	0,00602	0,00649	0,35
36	743	729	684	612	517	271	12	288	517	667	719	36
37	824	807	758	678	572	299	15	320	572	737	794	37
38	911	892	838	749	631	328	19	354	631	811	874	38
39	1004	984	923	824	693	359	23	391	693	890	959	39
0,40	0,01103	0,01081	0,01013	0,00904	0,00760	0,00391	0,00028	0,00430	0,00760	0,00974	0,01048	0,40
41	1210	1184	1110	990	830	426	33	473	830	1063	1143	41
42	1323	1295	1212	1081	905	461	40	518	905	1156	1243	42
43	1443	1412	1322	1177	984	498	48	565	984	1254	1347	43
44	1570	1536	1437	1278	1067	536	56	616	1067	1357	1457	44
0,45	0,01705	0,01668	0,01559	0,01384	0,01154	0,00576	0,00067	0,00671	0,01154	0,01464	0,01571	0,45
46	1848	1807	1688	1497	1246	616	79	728	1246	1576	1690	46
47	1998	1954	1823	1615	1341	658	93	789	1341	1692	1813	47
48	2157	2109	1966	1739	1440	700	108	853	1441	1813	1940	48
49	2325	2271	2116	1868	1543	742	126	921	1544	1937	2071	49
0,50	0,02500	0,02442	0,02273	0,02003	0,01650	0,00785	0,00146	0,00992	0,01651	0,02065	0,02206	0,50
ξ / ψ	0	$\pi/16$	$\pi/8$	$\frac{3}{16}\pi$	$\pi/4$	$\frac{3}{8}\pi$	$\pi/2$	$\frac{5}{8}\pi$	$\frac{3}{4}\pi$	$\frac{7}{8}\pi$	π	$\psi \backslash \xi$

Die Tabellenwerte links von der starken Linie sind negativ.

Tabelle XV 2.

$$\frac{A}{2} f_1(\vartheta, \psi)$$

(Für $h = 4$)

$\xi \backslash \psi$	0	$\pi/16$	$\pi/8$	$\frac{3}{16}\pi$	$\pi/4$	$\frac{3}{8}\pi$	$\pi/2$	$\frac{5}{8}\pi$	$\frac{3}{4}\pi$	$\frac{7}{8}\pi$	π	ψ / ξ
0,50	0,02500	0,02442	0,02273	0,02003	0,01650	0,00785	0,00146	0,00992	0,01651	0,02065	0,02206	0,50
51	2684	2621	2436	2143	1761	828	169	1067	1762	2197	2344	51
52	2878	2809	2608	2289	1875	870	194	1145	1877	2332	2485	52
53	3080	3005	2786	2440	1992	911	223	1228	1995	2469	2630	53
54	3292	3210	2972	2597	2112	951	254	1313	2116	2610	2776	54
0,55	0,03513	0,03424	0,03165	0,02758	0,02235	0,00990	0,00289	0,01403	0,02240	0,02752	0,02924	0,55
56	3743	3647	3365	2924	2360	1027	329	1496	2366	2896	3073	56
57	3984	3878	3573	3095	2487	1061	372	1593	2496	3041	3223	57
58	4234	4119	3787	3271	2615	1093	419	1694	2626	3187	3373	58
59	4494	4370	4009	3450	2744	1120	472	1797	2758	3333	3523	59
0,60	0,04765	0,04629	0,04238	0,03633	0,02873	0,01144	0,00529	0,01904	0,02892	0,03478	0,03671	0,60
61	5045	4898	4473	3819	3002	1163	591	2013	3025	3622	3818	61
62	5337	5176	4714	4007	3130	1176	658	2126	3159	3764	3963	62
63	5639	5463	4961	4197	3255	1183	730	2241	3292	3904	4104	63
64	5951	5760	5214	4388	3377	1183	808	2357	3424	4040	4241	64
0,65	0,06275	0,06066	0,05473	0,04579	0,03496	0,01176	0,00892	0,02475	0,03554	0,04173	0,04374	0,65
66	6609	6381	5735	4769	3609	1160	981	2595	3682	4300	4501	66
67	6954	6705	6002	4958	3715	1135	1075	2715	3806	4423	4622	67
68	7310	7038	6272	5143	3814	1100	1175	2835	3926	4538	4735	68
69	7678	7380	6545	5325	3903	1055	1280	2954	4041	4647	4841	69
0,70	0,08057	0,07730	0,06818	0,05499	0,03982	0,00999	0,01390	0,03072	0,04151	0,04747	0,04937	0,70
71	8447	8088	7092	5666	4047	931	1504	3187	4253	4838	5024	71
72	8849	8454	7365	5824	4098	851	1622	3299	4348	4920	5101	72
73	9263	8827	7634	5968	4133	758	1743	3407	4435	4990	5165	73
74	9688	9206	7899	6099	4149	653	1866	3509	4511	5049	5218	74
0,75	0,10125	0,09591	0,08157	0,06211	0,04143	0,00535	0,01991	0,03605	0,04578	0,05095	0,05258	0,75
76	10574	9981	8404	6303	4115	404	2115	3693	4632	5128	5283	76
77	11034	10374	8639	6371	4062	261	2239	3772	4674	5147	5294	77
78	11507	10770	8858	6411	3980	106	2359	3842	4702	5150	5290	78
79	11991	11166	9055	6420	3870	58	2476	3899	4715	5138	5269	79
0,80	0,12488	0,11559	0,09227	0,06392	0,03727	0,00232	0,02586	0,03943	0,04713	0,05108	0,05230	0,80
81	12996	11949	9367	6323	3552	413	2688	3973	4693	5061	5174	81
82	13517	12329	9468	6208	3342	599	2780	3987	4656	4996	5100	82
83	14050	12697	9522	6042	3098	787	2859	3984	4600	4911	5006	83
84	14595	13047	9521	5822	2820	974	2924	3962	4524	4807	4893	84
0,85	0,15153	0,13370	0,09452	0,05542	0,02509	0,01156	0,02971	0,03919	0,04427	0,04681	0,04759	0,85
86	15722	13656	9304	5200	2169	1329	2999	3854	4309	4535	4604	86
87	16304	13894	9064	4795	1804	1489	3004	3766	4168	4367	4427	87
88	16899	14065	8718	4327	1420	1630	2984	3654	4004	4176	4229	88
89	17505	14145	8251	3799	1026	1748	2936	3516	3816	3963	4008	89
0,90	0,18124	0,14105	0,07651	0,03221	0,00633	0,01836	0,02859	0,03350	0,03603	0,03726	0,03764	0,90
91	18756	13900	6909	2604	252	1889	2749	3156	3365	3466	3496	91
92	19400	13474	6024	1967	102	1903	2605	2933	3100	3181	3205	92
93	20056	12752	5009	1336	412	1870	2424	2680	2809	2872	2891	93
94	20725	11642	3896	741	662	1787	2204	2395	2491	2538	2552	94
0,95	0,21406	0,10048	0,02742	0,00218	0,00834	0,01649	0,01944	0,02079	0,02146	0,02179	0,02188	0,95
96	22099	7908	1633	193	910	1450	1643	1730	1773	1794	1800	96
97	22806	5295	682	452	877	1189	1298	1348	1372	1384	1388	97
98	23525	2572	19	524	720	861	910	932	943	948	950	98
99	24262	502	237	379	429	465	478	483	486	487	488	99
1,00	0,25000	0,00000	0,00000	0,00000	0,00000	0,00000	0,00000	0,00000	0,00000	0,00000	0,00000	1,00
ξ / ψ	0	$\pi/16$	$\pi/8$	$\frac{3}{16}\pi$	$\pi/4$	$\frac{3}{8}\pi$	$\pi/2$	$\frac{5}{8}\pi$	$\frac{3}{4}\pi$	$\frac{7}{8}\pi$	π	$\psi \backslash \xi$

Die Tabellenwerte **links** von der starken Linie sind **negativ**.

Tabelle XVI 1.

$f_2(\xi^4, \psi)$

$\xi \backslash \psi$	0	$\pi/16$	$\pi/8$	$\frac{3}{16}\pi$	$\pi/4$	$\frac{3}{8}\pi$	$\pi/2$	$\frac{5}{8}\pi$	$\frac{3}{4}\pi$	$\frac{7}{8}\pi$	π	ψ / ξ
0,00	0,00000	0,00000	0,00000	0,00000	0,00000	0,00000	0,00000	0,00000	0,00000	0,00000	0,00000	0,00
1	0	0	0	0	0	0	0	0	0	0	0	1
2	0	0	0	0	0	0	0	0	0	0	0	2
3	0	0	0	0	0	0	0	0	0	0	0	3
4	0	0	0	0	0	0	0	0	0	0	0	4
0,05	0,00000	0,00000	0,00000	0,00000	0,00000	0,00001	0,00001	0,00001	0,00000	0,00000	0,00000	0,05
6	0	0	1	1	1	1	1	1	1	1	0	6
7	0	1	1	1	2	2	2	2	2	1	0	7
8	0	1	2	2	3	4	4	4	3	2	0	8
9	0	1	3	4	5	6	7	6	5	3	0	9
0,10	0,00000	0,00002	0,00004	0,00006	0,00007	0,00009	0,00010	0,00009	0,00007	0,00004	0,00000	0,10
11	0	3	6	8	10	14	15	14	10	6	0	11
12	0	4	8	12	15	19	21	19	15	8	0	12
13	0	6	11	16	20	26	29	26	20	11	0	13
14	0	8	15	21	27	36	38	36	27	15	0	14
0,15	0,00000	0,00010	0,00019	0,00028	0,00036	0,00047	0,00051	0,00047	0,00036	0,00019	0,00000	0,15
16	0	13	25	36	46	61	66	61	46	25	0	16
17	0	16	32	46	59	77	84	77	59	32	0	17
18	0	20	40	58	74	97	105	97	74	40	0	18
19	0	25	50	72	92	120	130	120	92	50	0	19
0,20	0,00000	0,00031	0,00061	0,00089	0,00113	0,00148	0,00160	0,00148	0,00113	0,00061	0,00000	0,20
21	0	38	75	108	138	180	195	179	137	74	0	21
22	0	46	90	131	166	217	234	216	165	89	0	22
23	0	55	108	156	199	259	280	258	197	107	0	23
24	0	65	128	185	236	307	332	306	234	126	0	24
0,25	0,00000	0,00077	0,00151	0,00219	0,00278	0,00362	0,00391	0,00360	0,00275	0,00148	0,00000	0,25
26	0	90	176	256	325	424	457	421	321	173	0	26
27	0	105	205	298	379	493	531	489	373	201	0	27
28	0	121	238	345	438	571	615	565	431	233	0	28
29	0	140	274	398	505	657	707	650	495	267	0	29
0,30	0,00000	0,00161	0,00315	0,00456	0,00579	0,00753	0,00810	0,00744	0,00566	0,00305	0,00000	0,30
31	0	184	360	521	662	859	923	847	645	347	0	31
32	0	209	409	593	753	976	1049	961	731	393	0	32
33	0	237	464	672	853	1106	1186	1086	825	444	0	33
34	0	268	524	759	963	1247	1336	1222	927	499	0	34
0,35	0,00000	0,00302	0,00590	0,00855	0,01084	0,01402	0,01500	0,01370	0,01039	0,00559	0,00000	0,35
36	0	339	663	960	1216	1572	1679	1532	1160	623	0	36
37	0	380	743	1074	1361	1756	1874	1706	1291	693	0	37
38	0	424	830	1200	1519	1957	2084	1895	1432	768	0	38
39	0	473	924	1336	1690	2175	2312	2099	1583	849	0	39
0,40	0,00000	0,00526	0,01028	0,01485	0,01877	0,02411	0,02558	0,02318	0,01746	0,00935	0,00000	0,40
41	0	583	1140	1646	2080	2666	2824	2553	1920	1027	0	41
42	0	646	1262	1821	2299	2942	3109	2805	2106	1125	0	42
43	0	714	1395	2011	2537	3240	3415	3075	2304	1229	0	43
44	0	788	1539	2217	2795	3560	3743	3362	2514	1340	0	44
0,45	0,00000	0,00868	0,01695	0,02441	0,03073	0,03905	0,04094	0,03667	0,02736	0,01457	0,00000	0,45
46	0	955	1864	2682	3373	4275	4469	3992	2972	1580	0	46
47	0	1050	2047	2943	3697	4672	4868	4336	3221	1709	0	47
48	0	1152	2245	3225	4046	5097	5294	4700	3483	1845	0	48
49	0	1263	2460	3529	4422	5553	5746	5085	3758	1988	0	49
0,50	0,00000	0,01384	0,02692	0,03858	0,04827	0,06040	0,06226	0,05490	0,04046	0,02137	0,00000	0,50
ξ / ψ	0	$\pi/16$	$\pi/8$	$\frac{3}{16}\pi$	$\pi/4$	$\frac{3}{8}\pi$	$\pi/2$	$\frac{5}{8}\pi$	$\frac{3}{4}\pi$	$\frac{7}{8}\pi$	π	$\psi \backslash \xi$

Tabelle XVI 2.

$f_2(\xi^4, \psi)$

$\xi \backslash \psi$	0	$\pi/16$	$\pi/8$	$\frac{3}{16}\pi$	$\pi/4$	$\frac{3}{8}\pi$	$\pi/2$	$\frac{5}{8}\pi$	$\frac{3}{4}\pi$	$\frac{7}{8}\pi$	π	ψ / ξ
0,50	0,00000	0,01384	0,02692	0,03858	0,04827	0,06040	0,06226	0,05490	0,04046	0,02137	0,00000	0,50
51	0	1514	2943	4213	5263	6560	6734	5917	4348	2292	0	51
52	0	1655	3215	4596	5732	7115	7273	6365	4663	2454	0	52
53	0	1808	3509	5010	6237	7707	7842	6835	4991	2621	0	53
54	0	1974	3828	5456	6779	8338	8442	7326	5333	2795	0	54
0,55	0,00000	0,02154	0,04172	0,05938	0,07362	0,09010	0,09075	0,07839	0,05687	0,02974	0,00000	0,55
56	0	2349	4546	6457	7988	9724	9740	8375	6054	3159	0	56
57	0	2561	4950	7018	8661	10483	10440	8931	6432	3349	0	57
58	0	2792	5388	7624	9384	11288	11173	9510	6823	3544	0	58
59	0	3043	5864	8279	10160	12143	11942	10109	7224	3744	0	59
0,60	0,00000	0,03316	0,06380	0,08986	0,10995	0,13049	0,12746	0,10729	0,07636	0,03948	0,00000	0,60
61	0	3613	6941	9750	11891	14008	13585	11369	8058	4156	0	61
62	0	3938	7552	10577	12854	15023	14461	12029	8489	4367	0	62
63	0	4293	8216	11473	13888	16095	15372	12707	8928	4581	0	63
64	0	4682	8940	12442	15000	17227	16318	13402	9375	4798	0	64
0,65	0,00000	0,05108	0,09731	0,13493	0,16195	0,18422	0,17299	0,14114	0,09828	0,05017	0,00000	0,65
66	0	5577	10594	14632	17478	19680	18315	14841	10287	5237	0	66
67	0	6092	11540	15869	18857	21004	19365	15581	10749	5458	0	67
68	0	6660	12576	17212	20339	22395	20447	16334	11215	5679	0	68
69	0	7288	13713	18672	21932	23855	21559	17097	11683	5900	0	69
0,70	0,00000	0,07984	0,14965	0,20261	0,23643	0,25384	0,22701	0,17869	0,12151	0,06120	0,00000	0,70
71	0	8757	16343	21991	25480	26983	23870	18647	12619	6339	0	71
72	0	9619	17865	23876	27454	28652	25064	19429	13085	6556	0	72
73	0	10581	19549	25932	29572	30391	26279	20213	13547	6770	0	73
74	0	11660	21416	28177	31845	32199	27513	20997	14005	6980	0	74
0,75	0,00000	0,12874	0,23490	0,30628	0,34281	0,34072	0,28761	0,21778	0,14457	0,07187	0,00000	0,75
76	0	14246	25800	33306	36890	36009	30021	22554	14901	7389	0	76
77	0	15801	28379	36234	39680	38006	31287	23321	15337	7587	0	77
78	0	17573	31265	39435	42660	40057	32555	24077	15763	7779	0	78
79	0	19601	34503	42936	45836	42157	33819	24820	16177	7965	0	79
0,80	0,00000	0,21934	0,38144	0,46763	0,49214	0,44297	0,35075	0,25547	0,16578	0,08144	0,00000	0,80
81	0	24634	42250	50942	52796	46469	36317	26255	16966	8317	0	81
82	0	27777	46888	55503	56582	48662	37539	26941	17339	8482	0	82
83	0	31460	52141	60470	60567	50865	38734	27603	17696	8640	0	83
84	0	35806	58100	65866	64741	53064	39898	28238	18036	8789	0	84
0,85	0,00000	0,40975	0,64869	0,71709	0,69089	0,55245	0,41022	0,28844	0,18357	0,08930	0,00000	0,85
86	0	47173	72564	78008	73586	57392	42103	29418	18660	9062	0	86
87	0	54671	81309	84759	78203	59488	43133	29959	18944	9186	0	87
88	0	63830	0,91235	91941	82897	61516	44107	30465	19207	9300	0	88
89	0	75129	1,02462	0,99510	87618	63459	45020	30934	19450	9405	0	89
0,90	0,00000	0,89209	1,15093	1,07394	0,92306	0,65297	0,45866	0,31365	0,19672	0,09500	0,00000	0,90
91	0	1,06935	1,29176	1,15487	0,96891	67014	46642	31755	19873	9587	0	91
92	0	29452	44672	23643	1,01296	68593	47342	32105	20051	9664	0	92
93	0	58241	61402	31678	05437	70018	47965	32414	20208	9731	0	93
94	0	1,95090	78981	39370	09230	71276	48507	32681	20344	9789	0	94
0,95	0,00000	2,41825	1,96766	1,46471	1,12591	0,72355	0,48966	0,32906	0,20458	0,09838	0,00000	0,95
96	0	2,99434	2,13831	52720	15444	73245	49341	33089	20550	9877	0	96
97	0	3,66071	29008	57867	17724	73940	49631	33230	20621	9907	0	97
98	0	4,33880	41021	61694	19379	74436	49837	33330	20671	9929	0	98
99	0	4,87165	48725	64042	20379	74732	49960	33389	20701	9941	0	99
1,00	0,00000	5,07650	2,51365	1,64828	1,20711	0,74830	0,50000	0,33409	0,20711	0,09946	0,00000	1,00
ξ / ψ	0	$\pi/16$	$\pi/8$	$\frac{3}{16}\pi$	$\pi/4$	$\frac{3}{8}\pi$	$\pi/2$	$\frac{5}{8}\pi$	$\frac{3}{4}\pi$	$\frac{7}{8}\pi$	π	$\psi \, \xi$

Tabelle XVII 1.

$$\frac{A}{2} f_2(\vartheta', \psi)$$

(Für $h = 4$)

$\xi \backslash \psi$	0	$\pi/16$	$\pi/8$	$\frac{3}{16}\pi$	$\pi/4$	$\frac{3}{8}\pi$	$\pi/2$	$\frac{5}{8}\pi$	$\frac{3}{4}\pi$	$\frac{7}{8}\pi$	π	ψ / ξ
0,00	0,00000	0,00000	0,00000	0,00000	0,00000	0,00000	0,00000	0,00000	0,00000	0,00000	0,00000	0,00
1	0	1	2	3	4	5	5	5	4	2	0	1
2	0	4	8	11	14	19	20	19	14	8	0	2
3	0	9	17	25	32	42	45	42	32	17	0	3
4	0	16	31	44	57	74	80	74	57	31	0	4
0,05	0,00000	0,00024	0,00048	0,00069	0,00088	0,00115	0,00125	0,00115	0,00088	0,00048	0,00000	0,05
6	0	35	69	100	127	166	179	166	127	69	0	6
7	0	48	93	136	172	225	244	225	172	93	0	7
8	0	62	122	177	225	294	318	294	225	122	0	8
9	0	78	154	223	284	371	402	371	284	154	0	9
0,10	0,00000	0,00097	0,00189	0,00275	0,00351	0,00457	0,00495	0,00457	0,00351	0,00189	0,00000	0,10
11	0	117	229	332	423	552	598	552	423	229	0	11
12	0	138	272	394	502	656	710	656	502	272	0	12
13	0	162	318	462	587	768	831	768	587	318	0	13
14	0	187	368	534	679	888	961	888	679	368	0	14
0,15	0,00000	0,00215	0,00421	0,00611	0,00778	0,01016	0,01100	0,01016	0,00778	0,00421	0,00000	0,15
16	0	243	477	693	882	1152	1247	1152	882	477	0	16
17	0	274	537	780	992	1296	1403	1296	992	537	0	17
18	0	306	600	871	1108	1448	1568	1448	1108	600	0	18
19	0	339	666	967	1230	1607	1740	1607	1230	666	0	19
0,20	0,00000	0,00376	0,00737	0,01069	0,01361	0,01776	0,01920	0,01772	0,01355	0,00732	0,00000	0,20
21	0	413	810	1175	1495	1950	2108	1944	1486	804	0	21
22	0	451	885	1285	1634	2131	2303	2123	1623	877	0	22
23	0	491	963	1398	1779	2319	2505	2309	1764	953	0	23
24	0	533	1045	1516	1928	2514	2714	2501	1910	1032	0	24
0,25	0,00000	0,00576	0,01130	0,01639	0,02084	0,02715	0,02930	0,02699	0,02060	0,01113	0,00000	0,25
26	0	621	1217	1764	2243	2922	3152	2901	2214	1196	0	26
27	0	666	1306	1894	2407	3135	3379	3109	2372	1281	0	27
28	0	714	1398	2028	2577	3353	3612	3322	2532	1367	0	28
29	0	762	1493	2165	2751	3578	3851	3539	2696	1455	0	29
0,30	0,00000	0,00812	0,01591	0,02306	0,02929	0,03807	0,04094	0,03760	0,02863	0,01544	0,00000	0,30
31	0	863	1691	2450	3111	4041	4343	3984	3031	1634	0	31
32	0	915	1793	2598	3298	4279	4595	4211	3202	1725	0	32
33	0	969	1898	2749	3489	4523	4852	4442	3374	1817	0	33
34	0	1024	2005	2904	3683	4770	5111	4674	3547	1909	0	34
0,35	0,00000	0,01080	0,02115	0,03062	0,03882	0,05022	0,05374	0,04908	0,03721	0,02001	0,00000	0,35
36	0	1137	2227	3223	4084	5277	5638	5143	3895	2093	0	36
37	0	1196	2341	3387	4290	5536	5906	5379	4068	2185	0	37
38	0	1256	2457	3554	4499	5797	6175	5615	4241	2275	0	38
39	0	1317	2576	3724	4711	6062	6445	5851	4413	2365	0	39
0,40	0,00000	0,01379	0,02697	0,03897	0,04927	0,06328	0,06716	0,06085	0,04583	0,02454	0,00000	0,40
41	0	1443	2821	4073	5146	6597	6987	6318	4751	2541	0	41
42	0	1508	2946	4252	5367	6868	7257	6549	4915	2626	0	42
43	0	1574	3074	4433	5592	7141	7527	6777	5077	2709	0	43
44	0	1641	3205	4618	5820	7414	7795	7001	5235	2790	0	44
0,45	0,00000	0,01710	0,03337	0,04806	0,06050	0,07688	0,08061	0,07221	0,05388	0,02868	0,00000	0,45
46	0	1780	3472	4996	6283	7963	8325	7437	5536	2943	0	46
47	0	1852	3610	5190	6519	8238	8585	7646	5679	3014	0	47
48	0	1925	3750	5386	6757	8513	8841	7850	5816	3082	0	48
49	0	1999	3893	5585	6998	8787	9092	8047	5946	3145	0	49
0,50	0,00000	0,02075	0,04038	0,05787	0,07241	0,09059	0,09339	0,08235	0,06069	0,03205	0,00000	0,50
ξ / ψ	0	$\pi/16$	$\pi/8$	$\frac{3}{16}\pi$	$\pi/4$	$\frac{3}{8}\pi$	$\pi/2$	$\frac{5}{8}\pi$	$\frac{3}{4}\pi$	$\frac{7}{8}\pi$	π	$\psi \backslash \xi$

Tabelle XVII 2.

$$\frac{A}{2} f_2(\vartheta', \psi)$$

(Für $h = 4$)

$\xi \backslash \psi$	0	$\pi/16$	$\pi/8$	$\frac{3}{16}\pi$	$\pi/4$	$\frac{3}{8}\pi$	$\pi/2$	$\frac{5}{8}\pi$	$\frac{3}{4}\pi$	$\frac{7}{8}\pi$	π	ψ / ξ
0,50	0,00000	0,02075	0,04038	0,05787	0,07241	0,09059	0,09339	0,08235	0,06069	0,03205	0,00000	0,50
51	0	2153	4187	5993	7486	9330	9579	8416	6184	3260	0	51
52	0	2233	4338	6201	7733	9599	9812	8587	6291	3310	0	52
53	0	2314	4492	6413	7983	9865	10037	8748	6389	3355	0	53
54	0	2398	4649	6627	8234	10128	10254	8899	6478	3395	0	54
0,55	0,00000	0,02483	0,04810	0,06845	0,08487	0,10387	0,10462	0,09038	0,06556	0,03429	0,00000	0,55
56	0	2571	4975	7067	8742	10642	10660	9165	6625	3457	0	56
57	0	2661	5143	7292	8998	10891	10846	9279	6683	3479	0	57
58	0	2754	5315	7520	9255	11134	11021	9380	6729	3496	0	58
59	0	2849	5491	7752	9514	11370	11182	9466	6765	3506	0	59
0,60	0,00000	0,02948	0,05671	0,07988	0,09773	0,11599	0,11330	0,09537	0,06788	0,03509	0,00000	0,60
61	0	3049	5857	8227	10033	11819	11462	9592	6799	3506	0	61
62	0	3153	6047	8470	10292	12029	11579	9632	6797	3497	0	62
63	0	3262	6242	8716	10552	12228	11679	9654	6783	3481	0	63
64	0	3374	6443	8967	10811	12416	11760	9659	6757	3458	0	64
0,65	0,00000	0,03491	0,06650	0,09222	0,11068	0,12590	0,11823	0,09646	0,06717	0,03429	0,00000	0,65
66	0	3613	6863	9479	11323	12749	11865	9614	6664	3393	0	66
67	0	3739	7083	9741	11575	12893	11887	9564	6598	3350	0	67
68	0	3872	7311	10005	11823	13018	11886	9495	6519	3301	0	68
69	0	4010	7545	10273	12067	13125	11862	9407	6428	3246	0	69
0,70	0,00000	0,04155	0,07788	0,10544	0,12304	0,13210	0,11814	0,09299	0,06323	0,03185	0,00000	0,70
71	0	4307	8039	10817	12533	13272	11741	9172	6207	3118	0	71
72	0	4468	8298	11091	12753	13309	11642	9025	6078	3045	0	72
73	0	4637	8568	11365	12960	13319	11517	8859	5937	2967	0	73
74	0	4816	8846	11639	13154	13301	11365	8673	5785	2883	0	74
0,75	0,00000	0,05007	0,09135	0,11911	0,13332	0,13250	0,11185	0,08469	0,05622	0,02795	0,00000	0,75
76	0	5209	9434	12178	13489	13167	10977	8247	5449	2702	0	76
77	0	5425	9743	12440	13623	13048	10741	8006	5265	2605	0	77
78	0	5655	10062	12691	13729	12891	10477	7749	5073	2503	0	78
79	0	5903	10391	12930	13804	12696	10185	7475	4872	2399	0	79
0,80	0,00000	0,06169	0,10728	0,13152	0,13841	0,12459	0,09865	0,07185	0,04663	0,02291	0,00000	0,80
81	0	6456	11073	13351	13837	12179	9518	6881	4446	2180	0	81
82	0	6767	11422	13521	13784	11854	9145	6563	4224	2066	0	82
83	0	7103	11773	13654	13676	11485	8746	6233	3996	1951	0	83
84	0	7470	12121	13741	13506	11070	8323	5891	3763	1834	0	84
0,85	0,00000	0,07869	0,12168	0,13771	0,13068	0,10609	0,07070	0,05559	0,03505	0,01715	0,00000	0,85
86	0	8304	12774	13733	12954	10103	7412	5179	3285	1595	0	86
87	0	8780	13057	13611	12559	9553	6927	4811	3042	1475	0	87
88	0	9298	13289	13392	12075	8960	6425	4438	2798	1355	0	88
89	0	9859	13446	13059	11498	8328	5908	4060	2552	1234	0	89
0,90	0,00000	0,10463	0,13499	0,12596	0,10826	0,07658	0,05379	0,03679	0,02307	0,01114	0,00000	0,90
91	0	11099	13407	11987	10057	6956	4841	3296	2063	995	0	91
92	0	11746	13127	11219	9191	6224	4296	2913	1819	877	0	92
93	0	12359	12606	10284	8235	5469	3746	2532	1578	760	0	93
94	0	12850	11789	9180	7195	4695	3195	2153	1340	645	0	94
0,95	0,00000	0,13063	0,10629	0,07912	0,06082	0,03908	0,02645	0,01777	0,01105	0,00531	0,00000	0,95
96	0	12736	9095	6496	4910	3115	2099	1407	874	420	0	96
97	0	11497	7192	4958	3697	2322	1559	1044	648	311	0	97
98	0	8945	4969	3334	2461	1535	1027	687	426	205	0	98
99	0	4946	2525	1665	1222	759	507	339	210	101	0	99
1,00	0,00000	0,00000	0,00000	0,00000	0,00000	0,00000	0,00000	0,00000	0,00000	0,00000	0,00000	1,00
ξ / ψ	0	$\pi/16$	$\pi/8$	$\frac{3}{16}\pi$	$\pi/4$	$\frac{3}{8}\pi$	$\pi/2$	$\frac{5}{8}\pi$	$\frac{3}{4}\pi$	$\frac{7}{8}\pi$	π	$\psi \backslash \xi$

Tabelle XVIII 1.

$$\frac{A}{2} f_2(\vartheta, \psi)$$

(Für $h = 4$)

$\xi \backslash \psi$	0	$\pi/16$	$\pi/8$	$\frac{3}{16}\pi$	$\pi/4$	$\frac{3}{8}\pi$	$\pi/2$	$\frac{5}{8}\pi$	$\frac{3}{4}\pi$	$\frac{7}{8}\pi$	π	ψ / ξ
0,00	0,00000	0,00000	0,00000	0,00000	0,00000	0,00000	0,00000	0,00000	0,00000	0,00000	0,00000	0,00
1	0	0	0	0	0	0	0	0	0	0	0	1
2	0	0	0	0	0	0	0	0	0	0	0	2
3	0	0	0	0	0	0	0	0	0	0	0	3
4	0	0	0	0	0	0	0	0	0	0	0	4
0,05	0,00000	0,00000	0,00000	0,00000	0,00000	0,00000	0,00000	0,00000	0,00000	0,00000	0,00000	0,05
6	0	0	0	0	0	0	0	0	0	0	0	6
7	0	0	0	0	1	1	1	1	1	0	0	7
8	0	0	1	1	1	2	2	2	1	1	0	8
9	0	0	1	2	2	3	3	3	2	1	0	9
0,10	0,00000	0,00001	0,00002	0,00003	0,00003	0,00004	0,00005	0,00004	0,00003	0,00002	0,00000	0,10
11	0	1	3	4	5	6	7	6	5	3	0	11
12	0	2	4	6	7	9	10	9	7	4	0	12
13	0	3	5	8	10	13	14	13	10	5	0	13
14	0	4	7	10	13	18	19	18	13	7	0	14
0,15	0,00000	0,00005	0,00009	0,00014	0,00017	0,00023	0,00025	0,00023	0,00017	0,00009	0,00000	0,15
16	0	6	12	18	22	30	32	30	22	12	0	16
17	0	8	15	22	29	37	41	37	29	15	0	17
18	0	10	19	28	36	47	51	47	36	19	0	18
19	0	12	24	35	44	58	63	58	44	24	0	19
0,20	0,00000	0,00015	0,00029	0,00043	0,00054	0,00071	0,00077	0,00071	0,00054	0,00029	0,00000	0,20
21	0	18	36	52	66	86	93	86	65	35	0	21
22	0	22	43	62	79	103	111	103	79	42	0	22
23	0	26	51	74	94	123	133	122	93	50	0	23
24	0	31	60	87	111	145	156	144	110	59	0	24
0,25	0,00000	0,00036	0,00071	0,00103	0,00130	0,00170	0,00183	0,00169	0,00129	0,00070	0,00000	0,25
26	0	42	82	119	152	198	213	196	150	81	0	26
27	0	49	95	138	176	229	246	227	173	93	0	27
28	0	56	110	159	202	263	283	260	199	107	0	28
29	0	64	125	182	231	301	324	298	227	122	0	29
0,30	0,00000	0,00073	0,00143	0,00207	0,00263	0,00343	0,00369	0,00339	0,00258	0,00139	0,00000	0,30
31	0	83	162	235	299	388	417	383	292	157	0	31
32	0	94	184	266	338	438	471	431	328	177	0	32
33	0	106	207	299	380	493	528	484	368	198	0	33
34	0	119	232	336	426	551	591	540	410	221	0	34
0,35	0,00000	0,00133	0,00259	0,00375	0,00476	0,00615	0,00658	0,00602	0,00456	0,00245	0,00000	0,35
36	0	148	289	418	529	684	731	667	505	271	0	36
37	0	164	321	463	587	758	809	737	557	299	0	37
38	0	181	355	513	650	837	892	811	613	329	0	38
39	0	201	392	566	716	922	980	890	671	360	0	39
0,40	0,00000	0,00221	0,00432	0,00624	0,00788	0,01013	0,01074	0,00974	0,00733	0,00393	0,00000	0,40
41	0	242	475	685	865	1109	1175	1062	799	428	0	41
42	0	266	520	750	947	1212	1280	1155	867	463	0	42
43	0	291	569	820	1034	1320	1392	1253	939	501	0	43
44	0	318	621	894	1127	1435	1509	1356	1014	540	0	44
0,45	0,00000	0,00346	0,00676	0,00973	0,01225	0,01557	0,01632	0,01462	0,01091	0,00581	0,00000	0,45
46	0	377	735	1057	1330	1685	1762	1574	1172	623	0	46
47	0	409	797	1146	1440	1820	1896	1689	1255	666	0	47
48	0	443	864	1241	1557	1961	2037	1809	1340	710	0	48
49	0	480	935	1341	1680	2110	2183	1932	1428	755	0	49
0,50	0,00000	0,00519	0,01010	0,01447	0,01810	0,02265	0,02335	0,02059	0,01517	0,00801	0,00000	0,50
ξ / ψ	0	$\pi/16$	$\pi/8$	$\frac{3}{16}\pi$	$\pi/4$	$\frac{3}{8}\pi$	$\pi/2$	$\frac{5}{8}\pi$	$\frac{3}{4}\pi$	$\frac{7}{8}\pi$	π	$\psi \backslash \xi$

Sämtliche Tabellenwerte sind negativ.

Tabelle XVIII 2.

$$\frac{A}{2} f_2 (\vartheta, \psi)$$

(Für $h = 4$)

$\xi \backslash \psi$	0	$\pi/16$	$\pi/8$	$\frac{3}{16}\pi$	$\pi/4$	$\frac{3}{8}\pi$	$\pi/2$	$\frac{5}{8}\pi$	$\frac{3}{4}\pi$	$\frac{7}{8}\pi$	π	ψ / ξ
0,50	0,00000	0,00519	0,01010	0,01447	0,01810	0,02265	0,02335	0,02059	0,01517	0,00801	0,00000	0,50
51	0	560	1089	1559	1947	2427	2491	2189	1609	848	0	51
52	0	604	1173	1677	2091	2596	2653	2322	1701	895	0	52
53	0	650	1262	1801	2243	2771	2820	2458	1795	942	0	53
54	0	699	1356	1933	2401	2953	2990	2595	1889	990	0	54
0,55	0,00000	0,00751	0,01455	0,02071	0,02567	0,03142	0,03165	0,02734	0,01983	0,01037	0,00000	0,55
56	0	806	1560	2216	2741	3337	3343	2874	2078	1084	0	56
57	0	864	1671	2369	2924	3539	3524	3015	2171	1130	0	57
58	0	926	1788	2530	3114	3745	3707	3155	2264	1176	0	58
59	0	992	1911	2699	3312	3958	3893	3295	2355	1220	0	59
0,60	0,00000	0,01061	0,02042	0,02876	0,03518	0,04176	0,04079	0,03433	0,02444	0,01263	0,00000	0,60
61	0	1134	2179	3061	3733	4398	4265	3569	2530	1305	0	61
62	0	1212	2325	3256	3956	4624	4451	3703	2613	1344	0	62
63	0	1295	2478	3460	4188	4853	4635	3832	2692	1381	0	63
64	0	1382	2639	3673	4428	5085	4817	3956	2768	1416	0	64
0,65	0,00000	0,01475	0,02810	0,03896	0,04676	0,05319	0,04995	0,04075	0,02838	0,01449	0,00000	0,65
66	0	1574	2990	4129	4932	5554	5168	4188	2903	1478	0	66
67	0	1679	3180	4373	5196	5788	5336	4293	2962	1504	0	67
68	0	1790	3380	4627	5467	6020	5496	4391	3015	1527	0	68
69	0	1909	3592	4891	5745	6249	5647	4479	3060	1546	0	69
0,70	0,00000	0,02036	0,03816	0,05167	0,06029	0,06473	0,05789	0,04557	0,03099	0,01561	0,00000	0,70
71	0	2171	4052	5453	6318	6690	5919	4624	3129	1572	0	71
72	0	2316	4302	5749	6611	6899	6035	4679	3151	1579	0	72
73	0	2471	4566	6056	6907	7098	6137	4721	3164	1581	0	73
74	0	2637	4844	6374	7203	7283	6223	4750	3168	1579	0	74
0,75	0,00000	0,02816	0,05138	0,06700	0,07499	0,07453	0,06291	0,04764	0,03162	0,01572	0,00000	0,75
76	0	3009	5449	7034	7791	7605	6340	4763	3147	1561	0	76
77	0	3216	5777	7375	8077	7736	6368	4747	3122	1544	0	77
78	0	3441	6122	7721	8353	7843	6374	4714	3086	1523	0	78
79	0	3684	6485	8070	8615	7923	6356	4665	3040	1497	0	79
0,80	0,00000	0,03948	0,06866	0,08417	0,08859	0,07973	0,06314	0,04598	0,02984	0,01466	0,00000	0,80
81	0	4236	7265	8759	9078	7990	6245	4515	2917	1430	0	81
82	0	4550	7680	9091	9268	7971	6149	4413	2840	1389	0	82
83	0	4894	8111	9406	9421	7912	6025	4294	2753	1344	0	83
84	0	5271	8552	9695	9530	7811	5873	4157	2655	1294	0	84
0,85	0,00000	0,05605	0,09001	0,09950	0,09586	0,07665	0,05692	0,04002	0,02547	0,01239	0,00000	0,85
86	0	6142	9448	10157	9581	7472	5482	3830	2430	1180	0	86
87	0	6645	9883	10302	9506	7231	5243	3642	2303	1117	0	87
88	0	7200	10291	10371	9351	6939	4975	3436	2167	1049	0	88
89	0	7810	10651	10344	9108	6597	4680	3216	2022	978	0	89
0,90	0,00000	0,08475	0,10934	0,10202	0,08769	0,06203	0,04357	0,02980	0,01869	0,00903	0,00000	0,90
91	0	9191	11103	9926	8328	5760	4009	2729	1708	824	0	91
92	0	9942	11111	9496	7780	5268	3636	2466	1540	742	0	92
93	0	10689	10903	8895	7122	4730	3240	2190	1365	657	0	93
94	0	11354	10417	8111	6357	4148	2823	1902	1184	570	0	94
0,95	0,00000	0,11789	0,09592	0,07140	0,05489	0,03527	0,02387	0,01604	0,00997	0,00480	0,00000	0,95
96	0	11738	8382	5987	4525	2871	1934	1297	806	387	0	96
97	0	10817	6767	4665	3479	2185	1467	982	609	293	0	97
98	0	8591	4772	3202	2364	1474	987	660	409	197	0	98
99	0	4847	2475	1632	1198	744	497	332	206	99	0	99
1,00	0,00000	0,00000	0,00000	0,00000	0,00000	0,00000	0,00000	0,00000	0,00000	0,00000	0,00000	1,00
ξ / ψ	0	$\pi/16$	$\pi/8$	$\frac{3}{16}\pi$	$\pi/4$	$\frac{3}{8}\pi$	$\pi/2$	$\frac{5}{8}\pi$	$\frac{3}{4}\pi$	$\frac{7}{8}\pi$	π	$\psi \backslash \xi$

Sämtliche Tabellenwerte sind negativ.

Tabelle XIX 1.

$g_1(\xi^4, \psi)$

$\xi \backslash \psi$	0	$\pi/16$	$\pi/8$	$\frac{3}{16}\pi$	$\pi/4$	$\frac{3}{8}\pi$	$\pi/2$	$\frac{5}{8}\pi$	$\frac{3}{4}\pi$	$\frac{7}{8}\pi$	π	ψ / ξ
0,00	0,00000	0,00000	0,00000	0,00000	0,00000	0,00000	0,00000	0,00000	0,00000	0,00000	0,00000	0,00
1	0	0	0	0	0	0	0	0	0	0	0	1
2	0	0	0	0	0	0	0	0	0	0	0	2
3	0	0	0	0	0	0	0	0	0	0	0	3
4	0	0	0	0	0	0	0	0	0	0	0	4
0,05	0,00001	0,00001	0,00001	0,00001	0,00000	0,00000	0,00000	0,00000	0,00000	0,00001	0,00001	0,05
6	1	1	1	1	1	1	0	1	1	1	1	6
7	2	2	2	2	2	1	0	1	2	2	2	7
8	4	4	4	3	3	2	0	2	3	4	4	8
9	7	6	6	5	5	3	0	3	5	6	7	9
0,10	0,00010	0,00010	0,00009	0,00008	0,00007	0,00004	0,00000	0,00004	0,00007	0,00009	0,00010	0,10
11	15	14	14	12	10	6	0	6	10	14	15	11
12	21	20	19	17	15	8	0	8	15	19	21	12
13	29	28	26	24	20	11	0	11	20	26	29	13
14	38	38	36	32	27	15	0	15	27	36	38	14
0,15	0,00051	0,00050	0,00047	0,00042	0,00036	0,00019	0,00000	0,00019	0,00036	0,00047	0,00051	0,15
16	66	64	61	55	46	25	0	25	46	61	66	16
17	84	82	77	69	59	32	0	32	59	77	84	17
18	105	103	97	87	74	40	0	40	74	97	105	18
19	130	128	120	108	92	50	0	50	92	120	130	19
0,20	0,00160	0,00157	0,00148	0,00133	0,00113	0,00061	0,00000	0,00062	0,00113	0,00148	0,00160	0,20
21	195	191	180	162	137	74	0	75	137	180	194	21
22	235	230	217	195	166	90	0	91	166	216	234	22
23	280	275	259	233	198	107	0	108	198	258	280	23
24	332	326	307	276	235	127	1	128	235	306	332	24
0,25	0,00391	0,00384	0,00361	0,00325	0,00276	0,00149	0,00001	0,00150	0,00276	0,00360	0,00390	0,25
26	458	449	423	380	323	174	1	176	323	422	456	26
27	533	523	492	442	376	202	1	205	376	490	530	27
28	617	605	569	512	435	234	2	237	435	566	613	28
29	710	696	655	589	500	269	3	272	500	652	705	29
0,30	0,00813	0,00798	0,00751	0,00675	0,00573	0,00308	0,00004	0,00313	0,00573	0,00746	0,00807	0,30
31	928	910	856	770	653	350	4	356	653	850	920	31
32	1054	1034	973	874	741	397	5	405	741	965	1043	32
33	1193	1170	1101	989	839	449	7	459	839	1091	1179	33
34	1345	1319	1241	1115	945	505	9	518	945	1228	1328	34
0,35	0,01512	0,01482	0,01394	0,01252	0,01061	0,00566	0,00011	0,00582	0,01061	0,01378	0,01490	0,35
36	1694	1661	1562	1402	1188	633	14	653	1188	1542	1666	36
37	1892	1855	1744	1565	1325	705	18	730	1325	1719	1857	37
38	2107	2065	1942	1742	1474	782	22	813	1474	1911	2064	38
39	2341	2294	2156	1934	1636	866	27	904	1636	2119	2287	39
0,40	0,02593	0,02542	0,02389	0,02141	0,01810	0,00956	0,00033	0,01002	0,01810	0,02342	0,02528	0,40
41	2867	2809	2639	2365	1998	1052	40	1109	1998	2583	2786	41
42	3161	3097	2909	2606	2200	1156	49	1225	2200	2841	3064	42
43	3479	3408	3200	2865	2417	1266	59	1349	2417	3118	3362	43
44	3820	3743	3513	3143	2649	1383	70	1482	2649	3414	3680	44
0,45	0,04187	0,04102	0,03849	0,03441	0,02898	0,01508	0,00084	0,01626	0,02898	0,03730	0,04019	0,45
46	4581	4487	4209	3761	3164	1640	100	1781	3164	4067	4380	46
47	5003	4899	4594	4102	3448	1780	119	1948	3448	4426	4765	47
48	5455	5341	5006	4467	3750	1927	141	2127	3750	4806	5173	48
49	5938	5813	5446	4855	4072	2083	166	2318	4072	5211	5605	49
0,50	0,06454	0,06317	0,05916	0,05270	0,04413	0,02246	0,00195	0,02522	0,04414	0,05639	0,06063	0,50
ξ / ψ	0	$\pi/16$	$\pi/8$	$\frac{3}{16}\pi$	$\pi/4$	$\frac{3}{8}\pi$	$\pi/2$	$\frac{5}{8}\pi$	$\frac{3}{4}\pi$	$\frac{7}{8}\pi$	π	$\psi \backslash \xi$

Die Tabellenwerte **rechts** von der starken Linie sind **negativ**.

Tabelle XIX 2.

$g_1(\xi^4, \psi)$

ξ \ ψ	0	$\pi/16$	$\pi/8$	$\frac{3}{16}\pi$	$\pi/4$	$\frac{3}{8}\pi$	$\pi/2$	$\frac{5}{8}\pi$	$\frac{3}{4}\pi$	$\frac{7}{8}\pi$	π	ψ / ξ
0,50	0,06454	0,06317	0,05916	0,05270	0,04413	0,02246	0,00195	0,02522	0,04414	0,05639	0,06063	0,50
51	7005	6856	6416	5710	4776	2418	229	2742	4777	6092	6546	51
52	7593	7429	6949	6179	5160	2597	267	2975	5162	6571	7057	52
53	8219	8041	7516	6676	5567	2784	310	3225	5569	7076	7595	53
54	8887	8692	8119	7203	5997	2979	360	3491	5999	7608	8161	54
0,55	0,09597	0,09384	0,08760	0,07762	0,06451	0,03182	0,00417	0,03774	0,06454	0,08168	0,08756	0,55
56	10352	10120	9440	8354	6929	3392	481	4076	6934	8756	9380	56
57	11156	10903	10161	8980	7433	3610	554	4398	7440	9373	10035	57
58	12010	11734	10926	9642	7964	3834	636	4739	7976	10021	10721	58
59	12917	12616	11737	10340	8521	4064	729	5102	8531	10698	11438	59
0,60	0,13880	0,13553	0,12595	0,11077	0,09105	0,04299	0,00833	0,05487	0,09119	0,11407	0,12187	0,60
61	14903	14546	13503	11854	9718	4540	950	5895	9736	12148	12968	61
62	15989	15600	14464	12673	10360	4785	1080	6329	10383	12921	13781	62
63	17142	16717	15480	13535	11030	5033	1226	6787	11061	13726	14629	63
64	18365	17902	16554	14441	11730	5283	1388	7272	11770	14564	15510	64
0,65	0,19663	0,19157	0,17689	0,15393	0,12460	0,05533	0,01568	0,07786	0,12511	0,15437	0,16425	0,65
66	21041	20489	18888	16393	13220	5783	1768	8328	13285	16343	17374	66
67	22504	21900	20154	17442	14010	6031	1990	8901	14093	17284	18358	67
68	24056	23396	21490	18542	14830	6274	2235	9506	14935	18260	19377	68
69	25705	24982	22900	19694	15680	6512	2505	10142	15811	19270	20430	69
0,70	0,27457	0,26664	0,24388	0,20899	0,16558	0,06740	0,02803	0,10812	0,16724	0,20317	0,21519	0,70
71	29319	28449	25957	22159	17464	6958	3129	11519	17672	21398	22643	71
72	31298	30342	27612	23474	18396	7163	3487	12261	18656	22515	23802	72
73	33405	32352	29357	24846	19354	7350	3878	13041	19678	23668	24997	73
74	35648	34486	31196	26275	20335	7517	4305	13860	20737	24857	26226	74
0,75	0,38039	0,36755	0,33134	0,27761	0,21335	0,07661	0,04771	0,14719	0,21835	0,26081	0,27491	0,75
76	40590	39167	35175	29304	22354	7777	5277	15618	22970	37341	28790	76
77	43314	41733	37324	30902	23386	7861	5826	16559	24143	28637	30124	77
78	46228	44466	39586	32555	24426	7908	6420	17544	25355	29968	31492	78
79	49348	47379	41966	34260	25469	7915	7062	18572	26606	31335	32894	79
0,80	0,52696	0,50487	0,44467	0,36012	0,26508	0,07875	0,07755	0,19645	0,27896	0,32736	0,34331	0,80
81	56294	53807	47093	37808	27537	7784	8500	20763	29225	34173	35800	81
82	60170	57355	49848	39641	28545	7636	9300	21927	30592	35643	37303	82
83	64356	61158	52733	41503	29524	7425	10157	23138	31998	37148	38838	83
84	68890	65233	55748	43381	30461	7146	11072	24396	33442	38686	40405	84
0,85	0,73816	0,69608	0,58891	0,45264	0,31344	0,06793	0,12049	0,25702	0,34925	0,40258	0,42003	0,85
86	79188	74312	62157	47135	32158	6360	13088	27055	36445	41862	43632	86
87	85073	79376	65534	48972	32888	5842	14192	28455	38003	43497	45292	87
88	91553	84834	69007	50754	33517	5232	15361	29904	39598	45165	46981	88
89	98731	90723	72550	52449	34026	4526	16597	31400	41230	46863	48700	89
0,90	1,06741	0,97078	0,76128	0,54027	0,34398	0,03719	0,17900	0,32944	0,42898	0,48592	0,50447	0,90
91	15757	1,03929	79690	55450	34612	2807	19272	34535	44601	50349	52221	91
92	26017	11298	83169	56676	34649	1786	20712	36172	46339	52136	54023	92
93	37854	19176	86478	57661	34490	652	22221	37856	48111	53951	55850	93
94	51754	27504	89508	58361	34118	597	23798	39584	49916	55793	57703	94
0,95	1,68473	1,36126	0,92128	0,58729	0,33517	0,01963	0,25444	0,41358	0,51754	0,57662	0,59580	0,95
96	1,89276	44716	94193	58724	32674	3445	27157	43175	53623	59556	61483	96
97	2,16536	52689	95548	58309	31579	5045	28936	45035	55523	61476	63408	97
98	2,55575	59135	96054	57455	30226	6762	30780	46936	57453	63419	65356	98
99	3,23411	62896	95596	56146	28612	8594	32688	48878	59411	65386	67325	99
1,00	∞	1,62944	0,94115	0,54374	0,26740	0,10539	0,34657	0,50859	0,61397	0,67375	0,69315	1,00
ξ / ψ	0	$\pi/16$	$\pi/8$	$\frac{3}{16}\pi$	$\pi/4$	$\frac{3}{8}\pi$	$\pi/2$	$\frac{5}{8}\pi$	$\frac{3}{4}\pi$	$\frac{7}{8}\pi$	π	ψ \ ξ

Die Tabellenwerte **rechts** von der starken Linie sind **negativ**.

Tabelle XX 1.

$g_2(\xi^4, \psi)$

ξ \ ψ	0	$\pi/16$	$\pi/8$	$\frac{3}{16}\pi$	$\pi/4$	$\frac{3}{8}\pi$	$\pi/2$	$\frac{5}{8}\pi$	$\frac{3}{4}\pi$	$\frac{7}{8}\pi$	π	ψ / ξ
0,00	0,00000	0,00000	0,00000	0,00000	0,00000	0,00000	0,00000	0,00000	0,00000	0,00000	0,00000	0,00
1	0	0	0	0	0	0	0	0	0	0	0	1
2	0	0	0	0	0	0	0	0	0	0	0	2
3	0	0	0	0	0	0	0	0	0	0	0	3
4	0	0	0	0	0	0	0	0	0	0	0	4
0,05	0,00000	0,00000	0,00000	0,00000	0,00000	0,00001	0,00001	0,00001	0,00000	0,00000	0,00000	0,05
6	0	0	1	1	1	1	1	1	1	1	0	6
7	0	1	1	1	2	2	2	2	2	1	0	7
8	0	1	2	2	3	4	4	4	3	2	0	8
9	0	1	3	4	5	6	7	6	5	3	0	9
0,10	0,00000	0,00002	0,00004	0,00006	0,00007	0,00009	0,00010	0,00009	0,00007	0,00004	0,00000	0,10
11	0	3	6	8	10	14	15	14	10	6	0	11
12	0	4	8	12	15	19	21	19	15	8	0	12
13	0	6	11	16	20	26	29	26	20	11	0	13
14	0	8	15	21	27	36	38	36	27	15	0	14
0,15	0,00000	0,00010	0,00019	0,00028	0,00036	0,00047	0,00051	0,00047	0,00036	0,00019	0,00000	0,15
16	0	13	25	36	46	61	66	61	46	25	0	16
17	0	16	32	46	59	77	84	77	59	32	0	17
18	0	21	40	58	74	97	105	97	74	40	0	18
19	0	25	50	72	92	120	130	120	92	50	0	19
0,20	0,00000	0,00031	0,00061	0,00089	0,00113	0,00148	0,00160	0,00148	0,00113	0,00061	0,00000	0,20
21	0	38	74	108	138	180	195	180	137	74	0	21
22	0	46	90	130	166	217	234	216	165	90	0	22
23	0	55	107	156	199	259	280	258	198	107	0	23
24	0	65	127	185	235	307	332	306	234	127	0	24
0,25	0,00000	0,00077	0,00150	0,00218	0,00277	0,00362	0,00390	0,00361	0,00275	0,00149	0,00000	0,25
26	0	90	176	255	324	423	457	422	322	174	0	26
27	0	104	204	297	377	492	531	490	374	202	0	27
28	0	120	236	343	436	570	614	567	433	234	0	28
29	0	139	272	395	502	655	707	652	498	269	0	29
0,30	0,00000	0,00159	0,00312	0,00453	0,00576	0,00751	0,00810	0,00746	0,00570	0,00308	0,00000	0,30
31	0	182	357	517	657	856	924	850	649	350	0	31
32	0	207	405	588	747	973	1049	965	736	397	0	32
33	0	234	459	665	846	1101	1186	1091	832	449	0	33
34	0	264	518	751	954	1241	1336	1228	936	505	0	34
0,35	0,00000	0,00298	0,00583	0,00844	0,01073	0,01395	0,01501	0,01378	0,01050	0,00567	0,00000	0,35
36	0	333	653	946	1201	1562	1679	1541	1174	633	0	36
37	0	373	730	1058	1343	1744	1874	1719	1308	705	0	37
38	0	416	814	1179	1497	1942	2085	1911	1453	783	0	38
39	0	462	905	1311	1663	2156	2313	2119	1610	867	0	39
0,40	0,00000	0,00512	0,01004	0,01453	0,01843	0,02388	0,02560	0,02342	0,01778	0,00957	0,00000	0,40
41	0	568	1110	1608	2039	2638	2826	2582	1959	1054	0	41
42	0	626	1225	1775	2249	2909	3111	2840	2153	1158	0	42
43	0	690	1351	1955	2476	3199	3417	3117	2360	1268	0	43
44	0	759	1486	2149	2721	3512	3746	3412	2582	1386	0	44
0,45	0,00000	0,00833	0,01631	0,02358	0,02985	0,03847	0,04098	0,03728	0,02818	0,01512	0,00000	0,45
46	0	914	1787	2583	3269	4207	4475	4064	3068	1645	0	46
47	0	1000	1956	2826	3573	4591	4876	4423	3334	1787	0	47
48	0	1093	2135	3085	3898	5002	5303	4804	3617	1937	0	48
49	0	1192	2330	3363	4247	5441	5759	5207	3915	2095	0	49
0,50	0,00000	0,01299	0,02538	0,03661	0,04621	0,05909	0,06242	0,05634	0,04230	0,02261	0,00000	0,50
ξ / ψ	0	$\pi/16$	$\pi/8$	$\frac{3}{16}\pi$	$\pi/4$	$\frac{3}{8}\pi$	$\pi/2$	$\frac{5}{8}\pi$	$\frac{3}{4}\pi$	$\frac{7}{8}\pi$	π	ψ \ ξ

Tabelle XX 2.

$g_2(\xi^4, \psi)$

$\xi \backslash \psi$	0	$\pi/16$	$\pi/8$	$\frac{3}{16}\pi$	$\pi/4$	$\frac{3}{8}\pi$	$\pi/2$	$\frac{5}{8}\pi$	$\frac{3}{4}\pi$	$\frac{7}{8}\pi$	π	ψ / ξ
0,50	0,00000	0,01299	0,02538	0,03661	0,04621	0,05909	0,06242	0,05634	0,04230	0,02261	0,00000	0,50
51	0	1414	2760	3981	5020	6407	6754	6086	4562	2437	0	51
52	0	1536	2997	4323	5447	6939	7299	6562	4914	2620	0	52
53	0	1668	3254	4689	5902	7503	7875	7064	5280	2814	0	53
54	0	1810	3529	5079	6388	8102	8482	7593	5666	3016	0	54
0,55	0,00000	0,01961	0,03823	0,05497	0,06907	0,08739	0,09125	0,08149	0,06070	0,03228	0,00000	0,55
56	0	2123	4138	5943	7460	9413	9804	8734	6493	3449	0	56
57	0	2297	4473	6420	8049	10128	10517	9346	6934	3679	0	57
58	0	2483	4832	6929	8676	10885	11269	9987	7396	3919	0	58
59	0	2682	5217	7472	9344	11686	12058	10659	7876	4168	0	59
0,60	0,00000	0,02896	0,05629	0,08052	0,10055	0,12532	0,12888	0,11359	0,08375	0,04426	0,00000	0,60
61	0	3125	6069	8671	10811	13426	13758	12089	8895	4695	0	61
62	0	3370	6539	9332	11615	14370	14670	12850	9432	4971	0	62
63	0	3633	7043	10037	12470	15365	15625	13641	9989	5258	0	63
64	0	3916	7583	10790	13379	16415	16622	14463	10566	5553	0	64
0,65	0,00000	0,04219	0,08162	0,11593	0,14346	0,17519	0,17664	0,15317	0,11161	0,05857	0,00000	0,65
66	0	4545	8783	12453	15374	18683	18752	16200	11775	6170	0	66
67	0	4896	9448	13368	16467	19906	19884	17115	12408	6492	0	67
68	0	5273	10162	14347	17627	21191	21063	18061	13058	6822	0	68
69	0	5680	10928	15395	18860	22541	22291	19037	13727	7160	0	69
0,70	0,00000	0,06119	0,11752	0,16514	0,20172	0,23957	0,23564	0,20043	0,14413	0,07506	0,00000	0,70
71	0	6594	12639	17713	21564	25443	24885	21079	15116	7860	0	71
72	0	7107	13596	18994	23044	26999	26253	22144	15835	8220	0	72
73	0	7664	14628	20368	24616	28627	27669	23237	16569	8588	0	73
74	0	8269	15742	21839	26287	30330	29133	24358	17318	8962	0	74
0,75	0,00000	0,08926	0,16946	0,23417	0,28062	0,32108	0,30644	0,25507	0,18083	0,09342	0,00000	0,75
76	0	9644	18250	25109	29946	33965	32201	26682	18861	9728	0	76
77	0	10429	19665	26926	31947	35899	33804	27881	19651	10120	0	77
78	0	11289	21203	28877	34070	37914	35451	29104	20454	10517	0	78
79	0	12235	22877	30975	36324	40008	37142	30350	21268	10917	0	79
0,80	0,00000	0,13278	0,24703	0,33229	0,38714	0,42183	0,38876	0,31617	0,22092	0,11323	0,00000	0,80
81	0	14433	26698	35655	41247	44437	40649	32904	22926	11732	0	81
82	0	15717	28883	38266	43931	46772	42462	34210	23767	12145	0	82
83	0	17151	31280	41075	46770	49185	44311	35532	24616	12559	0	83
84	0	18759	33918	44100	49770	51674	46194	36869	25473	12977	0	84
0,85	0,00000	0,20573	0,36824	0,47353	0,52937	0,54237	0,48110	0,38220	0,26334	0,13396	0,00000	0,85
86	0	22630	40035	50853	56274	56872	50054	39583	27200	13817	0	86
87	0	24979	43588	54615	59783	59575	52025	40957	28070	14239	0	87
88	0	27679	47527	58652	63465	62341	54019	42338	28942	14662	0	88
89	0	30810	51899	62977	67318	65165	56034	43725	29815	15084	0	89
0,90	0,00000	0,34470	0,56754	0,67599	0,71339	0,68043	0,58065	0,45118	0,30689	0,15507	0,00000	0,90
91	0	38789	62147	72521	75520	70968	60110	46513	31564	15929	0	91
92	0	43935	68127	77751	79853	73932	62164	47909	32436	16351	0	92
93	0	50128	74741	83272	84324	76930	64225	49304	33307	16769	0	93
94	0	57653	82019	89071	88917	79953	66289	50697	34175	17186	0	94
0,95	0,00000	0,66861	0,89973	0,95122	0,93613	0,82993	0,68352	0,52085	0,35039	0,17602	0,00000	0,95
96	0	78157	0,98574	1,01392	0,98391	86043	70412	53467	35897	18014	0	96
97	0	0,91925	1,07760	07833	1,03225	89094	72463	54842	36750	18425	0	97
98	0	1,08350	17415	14393	08091	92138	74504	56207	37597	18832	0	98
99	0	27133	27375	21012	12962	95168	76531	57562	38438	19235	0	99
1,00	0,00000	1,47262	1,37445	1,27627	1,17810	0,98175	0,78540	0,58905	0,39270	0,19635	0,00000	1,00
ξ / ψ	0	$\pi/16$	$\pi/8$	$\frac{3}{16}\pi$	$\pi/4$	$\frac{3}{8}\pi$	$\pi/2$	$\frac{5}{8}\pi$	$\frac{3}{4}\pi$	$\frac{7}{8}\pi$	π	$\psi \ \xi$

Tabelle XXI 1.

B

α \ ρ	0,05	0,10	0,15	0,20	0,25	0,30	0,35	0,40	0,45	0,50	ρ / α
0,25	46,95750	46,83000	46,61750	46,32000	45,93750	45,47000	44,91750	44,28000	43,55750	42,75000	0,25
0,30	32,30305	32,21222	32,06083	31,84888	31,57638	31,24333	30,84972	30,39555	29,88083	29,30555	0,30
0,35	23,46688	23,39816	23,28362	23,12326	22,91709	22,66510	22,36729	22,02367	21,63423	21,19897	0,35
0,40	17,73187	17,67750	17,58687	17,46000	17,29687	17,09750	16,86187	16,59000	16,28187	15,93750	0,40
0,45	13,79996	13,75543	13,68120	13,57728	13,44367	13,28037	13,08737	12,86469	12,61231	12,33024	0,45
0,50	10,98750	10,95000	10,88750	10,80000	10,68750	10,55000	10,38750	10,20000	9,98750	9,75000	0,50
0,55	8,90659	8,87459	8,82047	8,74512	8,64824	8,52983	8,38989	8,22842	8,04543	7,84090	0,55
0,60	7,32389	7,29555	7,24833	7,18222	7,09722	6,99333	6,87055	6,72888	6,56833	6,38888	0,60
0,65	6,09217	6,06692	6,02483	5,96591	5,89016	5,79757	5,68815	5,56189	5,41880	5,25887	0,65
0,70	5,11484	5,09204	5,05403	5,00081	4,93239	4,84877	4,74994	4,63591	4,50566	4,36204	0,70
0,75	4,32638	4,30733	4,27083	4,22222	4,15972	4,08511	3,99305	3,88888	3,77083	3,63888	0,75
0,80	3,68265	3,66187	3,62984	3,58500	3,52734	3,45687	3,37359	3,27750	3,16859	3,04687	0,80
0,85	3,14628	3,12816	3,09836	3,05688	3,00324	2,93744	2,86019	2,77217	2,66947	2,55622	0,85
0,90	2,69811	2,68136	2,65343	2,61432	2,56405	2,50260	2,42936	2,34617	2,25059	2,14507	0,90
0,95	2,31882	2,30301	2,27655	2,23977	2,19234	2,13437	2,06586	1,98681	1,89722	1,79709	0,95

$$B = \frac{3 - \varrho^2}{\alpha^2} - (1 + \varrho^2).$$

Tabelle XXII 1.

D

α \ ρ	0,05	0,10	0,15	0,20	0,25	0,30	0,35	0,40	0,45	0,50	ρ / α
0,25	6,04844	6,56875	6,49844	6,40000	6,27344	6,11875	5,93594	5,72500	5,48594	5,21875	0,25
0,30	4,78219	4,75374	4,70635	4,63999	4,55468	4,45042	4,32718	4,18499	4,02385	3,84375	0,30
0,35	3,67950	3,65936	3,62578	3,57877	3,51833	3,44446	3,35716	3,25642	3,14226	3,01467	0,35
0,40	2,96383	2,94900	2,92445	2,89000	2,84570	2,79156	2,72757	2,65375	2,57007	2,47656	0,40
0,45	47316	46208	44362	41777	38454	34393	2,29594	2,24055	2,17779	2,10763	0,45
0,50	2,12218	2,11375	2,09968	2,08000	2,05468	2,02375	1,98718	1,94500	1,89718	1,84375	0,50
0,55	1,86251	1,85265	1,84521	1,83008	1,81062	1,78684	75874	72632	68957	64849	0,55
0,60	66500	66000	65166	63999	62499	60666	58499	55999	53166	49999	0,60
0,65	51129	50744	50104	49206	48053	46644	44978	43056	40877	38442	0,65
0,70	38933	38640	38152	37469	36591	35517	34249	32785	31126	29273	0,70
0,75	1,29095	1,28875	1,28510	1,27999	1,27344	1,26541	1,25593	1,24499	1,23260	1,21874	0,75
0,80	21041	20882	20619	20250	19775	19195	18509	17719	16822	15820	0,80
0,85	14367	14259	14079	13827	13502	13106	12638	12098	11486	10802	0,85
0,90	08774	08708	08598	08444	08246	08004	07718	07388	07014	06597	0,90
0,95	1,04041	1,04010	1,03959	1,03889	1,03797	1,03686	1,03554	1,03403	1,03230	1,03038	0,95

$$D = -\left[\frac{3}{8}\left(\frac{1-\varrho^2}{\alpha^2} + \varrho^2\right) + \frac{5}{8}\right]$$

Sämtliche *D*–Werte sind negativ.

Tabelle XXIII 1.

E

α \ ρ	0,05	0,10	0,15	0,20	0,25	0,30	0,35	0,40	0,45	0,50	ρ / α
0,25	5,04594	5,55875	5,47594	5,36000	5,21094	5,02875	4,81344	4,56500	4,28344	3,96875	0,25
0,30	3,77969	3,74374	3,68385	3,59999	3,49218	3,36042	3,20468	3,02499	2,82135	2,59375	0,30
0,35	2,67700	2,64936	2,60328	2,53877	2,45583	2,35446	2,23466	2,09642	1,93976	1,76467	0,35
0,40	1,96133	1,93900	1,90195	1,85000	1,78320	1,70156	1,60507	1,49375	1,36757	1,22656	0,40
0,45	1,47066	1,45208	1,42112	1,37777	1,32204	1,25393	1,17344	1,08055	0,97529	0,85763	0,45
0,50	1,11968	1,10375	1,07719	1,04000	0,99218	0,93375	0,86468	0,78500	0,69468	0,59375	0,50
0,55	0,86001	0,84265	0,82271	0,79008	74812	69684	63624	56632	48707	39849	0,55
0,60	66250	65000	62916	59999	56249	51666	46249	39999	32916	24999	0,60
0,65	50879	49744	47854	45206	41803	37644	32728	27056	20627	13442	0,65
0,70	38683	37640	35902	33469	30341	26517	21999	16785	10876	4273	0,70
0,75	0,28843	0,27875	0,26260	0,23999	0,21094	0,17541	0,13343	0,08499	0,02960	0,03126	0,75
0,80	20791	19882	18369	16250	13525	10195	6259	1719	3428	9180	0,80
0,85	14117	13259	11829	9827	7252	6106	388	3902	8776	14198	0,85
0,90	9024	7708	6348	4444	1996	996	4532	8612	13244	18403	0,90
0,95	0,03791	0,03010	0,01709	0,00111	0,02453	0,05314	0,08696	0,12597	0,17020	0,21962	0,95

$$E = \frac{3}{8}\left(\frac{1-\varrho^2}{\alpha^2} - 1\right) - \frac{5}{8}\varrho^2$$

Die Tabellenwerte **rechts** von der starken Linie sind **negativ**

Tabelle XXI 2.

B

α \ ϱ	0,50	0,55	0,60	0,65	0,70	0,75	0,80	0,85	0,90	0,95	ϱ / α
0,25	42,75000	41,85750	40,88000	39,81750	38,67000	37,43750	36,12000	34,71750	33,23000	31,65750	0,25
0,30	29,30555	28,66972	27,97333	27,21638	26,39888	25,52083	24,58222	23,58305	22,52333	21,40305	0,30
0,35	21,19897	20,71790	20,19102	19,61831	18,99978	18,33545	17,62530	16,86933	16,06755	15,21994	0,35
0,40	15,93750	15,55687	15,14000	14,68687	14,19750	13,67187	13,11000	12,51187	11,87750	11,20687	0,40
0,45	12,33024	12,01848	11,67703	11,30589	10,90506	10,47453	10,01432	9,52441	9,40481	8,45552	0,45
0,50	9,75000	9,48750	9,20000	8,88750	8,55000	8,18750	7,80000	7,38750	6,95000	6,48750	0,50
0,55	7,84090	7,61485	7,36727	7,09816	6,80752	6,49535	6,16165	5,80642	5,42966	5,03138	0,55
0,60	6,38888	6,19055	5,97333	5,73722	5,48222	5,20833	4,91555	4,60388	4,27333	3,92250	0,60
0,65	5,25887	5,08211	4,88852	4,67809	4,45082	4,20673	3,94579	3,66803	3,37343	3,06199	0,65
0,70	4,36204	4,20259	4,02775	3,83770	3,63244	3,41198	3,17632	2,92545	2,65938	2,37811	0,70
0,75	3,63888	3,49305	3,33333	3,15972	2,97222	2,77083	2,55555	2,32638	2,08333	1,82638	0,75
0,80	3,04687	2,91234	2,76500	2,60484	2,43187	2,24609	2,04750	1,83609	1,61187	1,37484	0,80
0,85	2,55622	2,43106	2,29397	2,14497	1,98404	1,81120	1,62643	1,42974	1,22114	1,00061	0,85
0,90	2,14507	2,02774	1,89925	1,75959	1,60877	1,44675	1,27359	1,08922	0,89371	0,68700	0,90
0,95	1,79709	1,68638	1,56520	1,43345	1,29116	1,13833	0,97495	0,80104	0,61659	0,45159	0,95

Tabelle XXII 2.

D

α \ ϱ	0,50	0,55	0,60	0,65	0,70	0,75	0,80	0,85	0,90	0,95	ϱ / α
0,25	5,21875	4,92344	4,60000	4,24844	3,86875	3,46095	3,02500	2,56094	2,06875	1,54843	0,25
0,30	3,84375	3,64469	3,42667	3,18969	2,93375	2,65885	2,36499	2,05219	1,72042	1,36969	0,30
0,35	3,01467	2,87364	2,71918	2,55129	2,36997	2,17521	1,96704	1,74543	1,51038	1,26191	0,35
0,40	2,47656	37320	2,26000	2,13695	2,00400	1,86133	70875	54633	37400	19195	0,40
0,45	2,10763	2,03010	1,94518	1,85288	1,74069	64612	53166	40982	28060	14399	0,45
0,50	1,84375	1,78468	1,72000	1,64968	1,57375	1,49218	1,40500	1,31218	1,21375	1,10968	0,50
0,55	64849	60310	55338	49934	44098	37829	31128	23994	16428	08430	0,55
0,60	49999	46499	42666	38499	33999	29166	23999	18499	12666	06499	0,60
0,65	38442	35752	32804	29601	26141	22425	18452	14223	09738	04997	0,65
0,70	29273	27223	24979	22540	19905	17075	14051	10830	07415	03805	0,70
0,75	1,21874	1,20381	1,18666	1,16718	1,14874	1,12760	1,10499	1,08093	1,05541	1,02843	0,75
0,80	15820	14700	13500	12181	10757	09228	07593	05853	04007	02056	0,80
0,85	10802	10046	09218	08318	07220	06301	05185	03997	02736	01404	0,85
0,90	06597	06135	05629	05079	04485	03848	03166	02441	01671	00857	0,90
0,95	1,03038	1,02825	1,02592	1,02339	1,02066	1,01772	1,01458	1,01124	1,00769	1,00395	0,95

Sämtliche *D*—Werte sind negativ.

Tabelle XXIII 2.

E

α \ ϱ	0,50	0,55	0,60	0,65	0,70	0,75	0,80	0,85	0,90	0,95	ϱ / α
0,25	3,96875	3,62094	3,24000	2,82594	2,37875	1,89845	1,38500	0,83844	0,25875	0,35407	0,25
0,30	2,59375	2,34219	2,06667	1,76719	1,44375	1,09635	0,72499	32969	8958	53281	0,30
0,35	1,76467	1,57114	1,35918	1,12879	0,87997	0,61261	32704	2293	29962	64059	0,35
0,40	1,22656	1,07070	0,90000	0,71445	51400	29883	6875	17617	43600	71055	0,40
0,45	0,85763	0,72760	58518	43038	25049	8362	10834	31268	52940	75851	0,45
0,50	0,59375	0,48218	0,36000	0,22718	0,08375	0,07032	0,23500	0,41032	0,59625	0,79282	0,50
0,55	39849	30060	19338	7684	4902	18421	32872	48256	64572	81820	0,55
0,60	24999	16249	6666	3751	15001	27084	40001	53751	68334	83751	0,60
0,65	13442	5502	3196	12649	22859	33825	45548	58027	71262	85253	0,65
0,70	4273	3027	11021	19710	29095	39175	49949	51420	73585	86445	0,70
0,75	0,03126	0,09869	0,17334	0,25532	0,34126	0,43490	0,53501	0,64157	0,75459	0,87407	0,75
0,80	9180	15555	22500	30069	38243	47022	56407	66397	76993	88194	0,80
0,85	14198	20204	26782	33932	41780	49949	58815	68253	78264	88846	0,85
0,90	18403	24115	30371	37171	44515	52402	60834	69809	79329	89393	0,90
0,95	0,21962	0,27425	0,33408	0,39911	0,46934	0,54478	0,62542	0,71126	0,80231	0,89855	0,95

Die Tabellenwerte rechts von der starken Linie sind negativ.

Tabelle XXIV 1.

F

$\alpha \backslash \varrho$	0,05	0,10	0,15	0,20	0,25	0,30	0,35	0,40	0,45	0,50	ϱ / α
0,25	6,10969	6,06375	5,98719	5,88000	5,74219	5,57375	5,37469	5,14500	4,88469	4,59375	0,25
0,30	4,28093	4,24874	4,19509	4,11999	4,02343	3,90541	3,76593	3,60499	3,42259	3,21874	0,30
0,35	3,17825	3,15436	3,11453	3,05877	2,98708	2,89946	2,79591	2,67642	2,54101	2,38966	0,35
0,40	2,46257	2,38156	2,41320	2,37000	2,31445	2,23406	2,16632	2,07375	1,96882	1,85156	0,40
0,45	1,97190	1,95708	1,93237	1,89777	1,85329	1,79893	1,73468	1,66055	1,57653	1,48263	0,45
0,50	1,62095	1,60875	1,58856	1,56000	1,52343	1,47875	1,42593	1,36500	1,29593	1,21875	0,50
0,55	36125	35102	33396	31008	27937	24184	19749	1,14632	1,08832	1,02350	0,55
0,60	16375	15500	1,14041	1,12000	1,09374	1,06166	1,02263	0,97888	0,93041	0,87499	0,60
0,65	1,01003	1,00244	0,98978	0,97206	0,94928	0,92143	0,88853	85055	80752	75942	0,65
0,70	0,88807	0,88139	87026	85468	83465	81017	78123	74785	71001	66772	0,70
0,75	0,78968	0,78374	0,77384	0,75999	0,74218	0,72041	0,69468	0,66499	0,63134	0,59374	0,75
0,80	70915	70382	69493	68249	66649	64695	62384	59718	56697	53320	0,80
0,85	64242	63758	62953	61826	60377	58607	56513	54098	51361	48302	0,85
0,90	58649	58208	57473	56444	55121	53504	51593	49388	46889	44097	0,90
0,95	0,53915	0,53510	0,52835	0,51889	0,50673	0,49186	0,47429	0,45403	0,43106	0,40538	0,95

$$F = \frac{1}{8}(1-\varrho^2)\left(1+\frac{3}{\alpha^2}\right).$$

Tabelle XXV 1.

$G\lambda$

(Für $h = 4$)

$\alpha \backslash \varrho$	0,05	0,10	0,15	0,20	0,25	0,30	0,35	0,40	0,45	0,50	ϱ / α
0,00	0,00000	0,00000	0,00000	0,00000	0,00000	0,00000	0,00000	0,00000	0,00000	0,00000	0,00
0,05	0	0	0	0	1	1	2	4	6	10	0,05
0,10	0	0	0	1	3	5	10	14	25	38	0,10
0,15	0	0	1	2	6	11	21	36	57	85	0,15
0,20	0	0	1	4	10	20	37	63	99	149	0,20
0,25	0,00000	0,00000	0,00002	0,00006	0,00015	0,00031	0,00057	0,00096	0,00152	0,00228	0,25
0,30	0	1	3	9	21	44	80	136	215	320	0,30
0,35	0	1	4	12	28	58	118	180	284	426	0,35
0,40	0	1	5	15	36	74	136	228	359	538	0,40
0,45	0	1	6	18	44	91	166	279	438	655	0,45
0,50	0,00000	0,00001	0,00007	0,00022	0,00053	0,00108	0,00197	0,00330	0,00518	0,00773	0,50
0,55	0	2	8	25	61	125	228	380	595	886	0,55
0,60	0	2	9	29	69	142	257	429	669	990	0,60
0,65	0	2	10	32	77	157	284	472	734	1080	0,65
0,70	0	2	11	35	84	170	307	509	786	1151	0,70
0,75	0,00000	0,00002	0,00012	0,00037	0,00090	0,00180	0,00325	0,00535	0,00823	0,01196	0,75
0,80	0	3	13	39	93	188	337	550	840	1209	0,80
0,85	0	3	13	40	95	191	339	549	832	1179	0,85
0,90	0	3	13	40	95	189	333	534	794	1106	0,90
0,95	0,00000	0,00003	0,00013	0,00039	0,00092	0,00181	0,00315	0,00497	0,00725	0,00976	0,95

$$G = \frac{B}{4} + \frac{D}{h}.$$

$$\lambda = (\alpha\,\varrho)^h.$$

Tabelle XXIV 2.

F

α \ ϱ	0,50	0,55	0,60	0,65	0,70	0,75	0,80	0,85	0,90	0,95	ϱ / α
0,25	4,59375	4,27219	3,92000	3,53719	3,12375	2,67969	2,20500	1,69969	1,16375	0,59719	0,25
0,30	3,21874	2,99343	2,74666	2,47843	2,18875	1,87760	1,54499	1,19093	0,81541	41843	0,30
0,35	2,38966	2,22239	2,03918	1,84004	1,62497	39397	1,14704	0,88417	60538	31065	0,35
0,40	1,85156	1,72195	1,58000	42570	25906	1,08007	0,88875	68507	46906	24070	0,40
0,45	48263	37885	26518	14163	00819	0,86487	71166	54857	37560	19274	0,45
0,50	1,21875	1,13343	1,04000	0,93843	0,82875	0,71093	0,58500	0,45093	0,30875	0,15843	0,50
0,55	1,02350	0,95185	0,87733	78809	69598	59704	49128	37869	25928	13255	0,55
0,60	0,87499	81374	74666	67374	59499	51041	42000	32375	22166	11375	0,60
0,65	75942	70626	64804	58479	51641	44299	36452	28098	19238	9872	0,65
0,70	66772	62098	56979	51414	45405	38950	32050	24705	16915	8680	0,70
0,75	0,59374	0,55218	0,50666	0,45718	0,40374	0,34635	0,28499	0,21968	0,15041	0,07718	0,75
0,80	53320	49587	45500	41056	36257	31103	25593	19728	13507	6931	0,80
0,85	48302	44921	41217	37193	32845	28176	23185	17871	12236	6279	0,85
0,90	44097	41010	37629	33955	29986	25723	21167	16316	11171	5733	0,90
0,95	0,40538	0,37700	0,34593	0,31214	0,27566	0,23647	0,19458	0,14999	0,10269	0,05269	0,95

Tabelle XXV 2.

G λ

(Für $h = 4$)

α \ ϱ	0,50	0,55	0,60	0,65	0,70	0,75	0,80	0,85	0,90	0,95	ϱ / α
0,00	0,00000	0,00000	0,00000	0,00000	0,00000	0,00000	0,00000	0,00000	0,00000	0,00000	0,00
0,05	10	14	19	26	35	45	57	71	87	105	0,05
0,10	38	55	77	104	138	178	226	279	343	412	0,10
0,15	85	123	172	232	306	395	494	611	758	913	0,15
0,20	149	215	300	406	534	689	870	1080	1318	1585	0,20
0,25	0,00228	0,00331	0,00459	0,00620	0,00815	0,01049	0,01324	0,01638	0,01996	0,02376	0,25
0,30	320	464	644	871	1041	1463	1843	2276	2764	3306	0,30
0,35	426	613	850	1142	1497	1919	2406	2961	3581	4264	0,35
0,40	538	772	1068	1434	1875	2392	2988	3652	4410	5232	0,40
0,45	655	934	1293	1729	2254	2863	3564	4342	5194	6397	0,45
0,50	0,00773	0,01101	0,01515	0,02017	0,02616	0,03309	0,04093	0,04948	0,05881	0,06842	0,50
0,55	886	1258	1724	2286	2947	3748	4545	5472	6401	7332	0,55
0,60	990	1401	1906	2517	3223	4015	4878	5780	6689	7545	0,60
0,65	1080	1521	2059	2694	3423	4211	5047	5884	6664	7313	0,65
0,70	1151	1609	2161	2798	3504	4253	5002	5693	6234	6551	0,70
0,75	0,01196	0,01673	0,02201	0,02813	0,03460	0,04113	0,04699	0,05142	0,05334	0,05139	0,75
0,80	1209	1731	2163	2711	3254	3738	4075	4156	3842	2954	0,80
0,85	1179	1588	2032	2473	2856	3089	3071	2655	1659	1424	0,85
0,90	1106	1450	1792	2075	2330	2119	1625	555	1324	4296	0,90
0,95	0,00976	0,01222	0,01423	0,01492	0,01323	0,00777	0,00331	0,02232	0,05224	0,09141	0,95

Die Tabellenwerte rechts von der starken Linie sind negativ

Tabelle XXVI 1.

$H\lambda$

(Für $h=4$)

$\alpha \backslash \varrho$	0,05	0,10	0,15	0,20	0,25	0,30	0,35	0,40	0,45	0,50	ϱ / α
0,00	0,00000	0,00000	0,00000	0,00000	0,00000	0,00000	0,00000	0,00000	0,00000	0,00000	0,00
0,05	0	0	0	0	1	1	2	4	6	10	0,05
0,10	0	0	0	1	3	5	10	16	25	39	0,10
0,15	0	0	1	2	6	12	21	35	57	86	0,15
0,20	0	0	1	4	10	21	38	64	101	151	0,20
0,25	0,00000	0,00000	0,00002	0,00006	0,00016	0,00032	0,00059	0,00102	0,00157	0,00237	0,25
0,30	0	1	3	9	23	46	84	142	225	338	0,30
0,35	0	1	4	12	30	62	125	191	303	455	0,35
0,40	0	1	5	16	39	80	147	247	392	588	0,40
0,45	0	1	6	20	49	100	183	309	489	735	0,45
0,50	0,00000	0,00002	0,00007	0,00024	0,00059	0,00122	0,00223	0,00377	0,00595	0,00894	0,50
0,55	0	2	9	30	71	145	266	448	707	1064	0,55
0,60	0	2	11	34	83	170	312	525	829	1243	0,60
0,65	0	2	13	39	95	196	358	603	954	1428	0,65
0,70	0	3	14	45	108	223	408	687	1082	1635	0,70
0,75	0,00000	0,00003	0,00016	0,00050	0,00122	0,00251	0,00458	0,00760	0,01213	0,01814	0,75
0,80	0	3	18	56	136	278	509	855	1346	2009	0,80
0,85	0	4	19	62	149	304	559	936	1475	2197	0,85
0,90	0	4	22	67	163	334	609	1021	1602	2387	0,90
0,95	0,00000	0,00005	0,00023	0,00073	0,00177	0,00360	0,00658	0,01101	0,01732	0,02566	0,95

$$H = -\frac{B}{4} + \frac{E}{h}$$

$$\lambda = (\alpha \varrho)^h.$$

Sämtliche Tabellenwerte sind negativ.

Tabelle XXVII 1.

$K\lambda$

(Für $h=4$)

$\alpha \backslash \varrho$	0,05	0,10	0,15	0,20	0,25	0,30	0,35	0,40	0,45	0,50	ϱ / α
0,00	0,00000	0,00000	0,00000	0,00000	0,00000	0,00000	0,00000	0,00000	0,00000	0,00000	0,00
0,05	0	0	0	0	1	1	2	4	6	10	0,05
0,10	0	0	0	1	3	5	10	14	25	38	0,10
0,15	0	0	1	2	6	12	21	36	57	86	0,15
0,20	0	0	1	4	10	20	38	63	100	151	0,20
0,25	0,00000	0,00000	0,00002	0,00006	0,00015	0,00032	0,00058	0,00098	0,00155	0,00233	0,25
0,30	0	1	3	9	22	45	82	139	220	330	0,30
0,35	0	1	4	12	29	60	121	186	293	441	0,35
0,40	0	1	5	16	37	77	141	238	376	563	0,40
0,45	0	1	6	19	46	95	175	294	464	695	0,45
0,50	0,00000	0,00001	0,00007	0,00023	0,00056	0,00115	0,00210	0,00353	0,00550	0,00833	0,50
0,55	0	2	9	27	66	135	247	414	650	975	0,55
0,60	0	2	10	31	76	156	284	477	749	1117	0,60
0,65	0	2	11	36	86	176	320	538	844	1254	0,65
0,70	0	3	13	40	96	196	357	598	934	1385	0,70
0,75	0,00000	0,00003	0,00014	0,00044	0,00106	0,00216	0,00392	0,00653	0,01018	0,01505	0,75
0,80	0	3	15	48	114	233	423	703	1093	1609	0,80
0,85	0	3	17	51	122	249	449	743	1153	1689	0,85
0,90	0	3	17	54	129	261	471	777	1198	1747	0,90
0,95	0,00000	0,00004	0,00018	0,00056	0,00134	0,00271	0,00486	0,00799	0,01228	0,01771	0,95

$$K = -\frac{B}{4} + \frac{F}{h}$$

$$\lambda = (\alpha \varrho)^h.$$

Sämtliche Tabellenwerte sind negativ.

Tabelle XXVI 2.

$H\lambda$

(Für $h = 4$)

α \ ϱ	0,50	0,55	0,60	0,65	0,70	0,75	0,80	0,85	0,90	0,95	ϱ / α
0,00	0,00000	0,00000	0,00000	0,00000	0,00000	0,00000	0,00000	0,00000	0,00000	0,00000	0,00
0,05	10	14	19	26	35	45	57	71	87	105	0,05
0,10	39	56	78	105	139	179	227	281	346	416	0,10
0,15	86	125	174	235	311	401	502	622	773	934	0,15
0,20	151	220	308	416	548	709	897	1116	1366	1647	0,20
0,25	0,00237	0,00342	0,00476	0,00644	0,00851	0,01097	0,01389	0,01726	0,02112	0,02549	0,25
0,30	338	488	677	919	1213	1560	1979	2457	3004	3618	0,30
0,35	455	657	916	1237	1632	2103	2658	3298	4026	4845	0,35
0,40	588	847	1181	1596	2103	2708	3419	4225	5170	6212	0,40
0,45	735	1056	1473	1990	2622	3369	4253	5264	6411	7722	0,45
0,50	0,00894	0,01287	0,01790	0,02414	0,03175	0,04081	0,05142	0,06351	0,07636	0,09263	0,50
0,55	1064	1533	2130	2867	3765	4883	6081	7506	9117	10865	0,55
0,60	1243	1787	2476	3339	4381	5617	7054	8692	10537	12562	0,60
0,65	1428	2052	2846	3827	5013	6417	8045	9896	11963	14234	0,65
0,70	1635	2324	3219	4322	5649	7217	9032	11089	13353	15833	0,70
0,75	0,01814	0,02626	0,03595	0,04802	0,06287	0,08023	0,10013	0,12255	0,14727	0,17397	0,75
0,80	2009	2876	3968	5311	6915	8801	10953	13363	15986	18822	0,80
0,85	2197	3143	4331	5787	7525	9540	11837	14389	17156	20079	0,85
0,90	2387	3405	4683	6240	8077	10227	12644	15303	18155	21119	0,90
0,95	0,02566	0,03642	0,05012	0,06664	0,08608	0,10844	0,13347	0,16074	0,18955	0,22342	0,95

Sämtliche Tabellenwerte sind negativ.

Tabelle XXVII 2.

$K\lambda$

(Für $h = 4$)

α \ ϱ	0,50	0 55	0,60	0,65	0,70	0,75	0,80	0,85	0,90	0,95	ϱ / α
0,00	0,00000	0,00000	0,00000	0,00000	0,00000	0,00000	0,00000	0,00000	0,00000	0,00000	0,00
0,05	10	14	19	26	35	45	57	71	87	105	0,05
0,10	38	55	78	105	138	179	226	280	344	414	0,10
0,15	86	124	173	234	308	398	503	616	765	924	0,15
0,20	151	218	304	411	542	699	885	1097	1342	1612	0,20
0,25	0,00233	0,00336	0,00468	0,00632	0,00833	0,01074	0,01357	0,01682	0,02054	0,02477	0,25
0,30	336	476	662	894	1177	1514	1911	2367	2884	3462	0,30
0,35	441	635	883	1190	1565	2010	2483	3129	3804	4555	0,35
0,40	563	810	11	1515	.1987	2549	3204	3876	4790	5729	0,40
0,45	695	995	13	1860	2435	3116	3908	4803	5802	6926	0,45
0,50	0,00833	0,01194	0,01652	0,02216	0;02895	0,03695	0.04618	0,05649	0,06808	0,08052	0,50
0,55	975	1395	1924	2577	3357	4231	5313	6477	7759	9099	0,55
0,60	1117	1594	2191	2927	3802	4816	5966	7236	8613	10051	0,60
0,65	1254	1787	2452	3261	4215	5314	6546	7891	9314	10775	0,65
0,70	1385	1966	2691	3560	4577	5735	7017	8391	9793	11202	0,70
0,75	0,01505	0,02150	0,02897	0,03816	0,04874	0,06068	0,07357	0,08698	0,10030	0,11269	0,75
0,80	1609	2264	3065	4011	5085	6269	7511	8759	9922	10889	0,80
0,85	1689	2365	3182	4130	5187	6315	7454	8405	9407	9967	0,85
0,90	1747	2427	3237	4157	5408	6173	7134	7929	8416	8411	0,90
0,95	0,01771	0,02432	0,03217	0,04077	0,04965	0,05810	0,06508	0,06919	0,06865	0,06601	0,95

Sämtliche Tabellenwerte sind negativ

Literatur.

1. A. Föppl, Die Biegung einer kreisförmigen Platte. Sitzungsberichte der mathematisch-physikalischen Klasse der K. B. Akademie der Wissenschaften zu München. Jahrgang 1912 S. 155.
2. Dr.-Ing. A. Föppl und Dr. Ludwig Föppl, Drang und Zwang. Eine höhere Festigkeitslehre für Ingenieure, I. Bd. 2. Auflage 1924. Verlag von R. Oldenbourg, München u. Berlin.
3. Ing. Dr. techn. Ernst Melan, Die Durchbiegung einer exzentrisch durch eine Einzellast belasteten Kreisplatte. „Der Eisenbau" 1920 Nr. 10 S. 190.
4. Dr.-Ing. H. Marcus, Die Theorie elastischer Gewebe und ihre Anwendung auf die Berechnung biegsamer Platten. Berlin 1924, Verlag von Julius Springer.
5. Dr.-Ing. H. Marcus, Zwei Beispiele für die Verwendung trägerloser Decken. „Beton u. Eisen" 1926 Heft 13 S. 221.
6. Dr.-Ing. H. Marcus, Die wirksame Stützfläche der trägerlosen Pilzdecken. „Beton u. Eisen" 1926 Heft 19—20 S. 352.
7. Dr.-Ing. Lewe, Pilzdecken und andere trägerlose Eisenbetonplatten. Berlin 1926, Verlag von Wilhem Ernst & Sohn.
8. Dr.-Ing. A. Nádai, Die elastischen Platten. Berlin 1925, Verlag von Julius Springer.
9. K. Knopp, Theorie und Anwendung der unendlichen Reihen. 2. Aufl. Berlin 1924, Verlag von Julius Springer.
10. Zum Aufsuchen der natürlichen Logarithmen wurde verwendet:
    Zacharias Dase, Tafel der natürlichen Logarithmen der Zahlen. In der Form und Ausdehnung wie die gewöhnlichen oder Briggsschen Logarithmen. Annalen der k. u. k. Sternwarte in Wien 34. Teil, Neue Folge 14. Bd., Wien 1851.
11. Dr.-Ing. Wilhelm Flügge, Die strenge Berechnung von Kreisplatten unter Einzellasten mit Hilfe von krummlinigen Koordinaten und deren Anwendung auf die Pilzdecke. Berlin 1928, Verlag von Julius Springer. (Unmittelbar vor Abschluß dieser Arbeit erschienen.)

Lebenslauf.

Ich wurde am 14. Mai 1898 in Budapest (Ungarn) geboren als Sohn des Sektionsrats im königl. ungarischen Handelsministerium Wilhelm Hajnal. Nach dem frühen Tode meiner Eltern bin ich vom 12. bis zum 19. Lebensjahre von meinem Großvater mütterlicherseits, Emanuel Kónyi, dem Begründer und ersten Chef des Stenographenbüros im ungarischen Parlament, erzogen worden, dessen Namen ich später angenommen habe. 1908—1916 habe ich das Staats-Obergymnasium in Budapest I. Bezirk besucht und daselbst 1916 die Maturitätsprüfung mit Auszeichnung bestanden. In demselben Jahre habe ich an dem unter den Abiturienten Ungarns alljährlich veranstalteten Wettbewerb den Roland-Eötvös-Preis für Mathematik erhalten. 1916—1918 studierte ich 4 Semester an der Technischen Hochschule Budapest und bestand die erste Vordiplomprüfung für Bauingenieure mit Auszeichnung. 1919—1921 war ich Studierender der Eidgenössischen Technischen Hochschule in Zürich, deren Diplom ich mir im Jahre 1921 erworben habe. Am 1. Dezember 1921 bin ich in das Konstruktionsbüro der Brückenbauabteilung der Gutehoffnungshütte in Sterkrade (Rhld.) eingetreten, wo ich bis zum Oktober 1923 als Konstrukteur und Statiker tätig war. Die durch die Besetzung des Ruhrgebietes entstandenen traurigen Verhältnisse haben mich bewogen, meine Stelle aufzugeben und nach Wien zu übersiedeln, wo ich 3 Monate als Ingenieur der Wiener Baugesellschaft verbracht habe. Nach kurzer Tätigkeit im Ingenieurbüro Gut & Gergely in Budapest bin ich dann zu Ostern 1924 in das Ingenieurbüro des Herrn Prof. Dr.-Ing. A. Kleinlogel, Darmstadt eingetreten, welches ich nunmehr seit 4 Jahren als Oberingenieur leite. Während dieser Zeit habe ich reichlich Gelegenheit gehabt, mich fachlich, und zwar sowohl theoretisch als praktisch weiterzubilden. Außer den zahlreichen Bauten, die unter meiner Leitung entworfen und berechnet worden sind, habe ich hauptsächlich durch die ausgedehnte Gutachtertätigkeit des Herrn Prof. Kleinlogel viel Anregung empfangen, wozu auch meine Mitarbeit bei der Schriftleitung der internationalen Fachzeitschrift „Beton u. Eisen“ viel beigetragen hat. In dieser Zeitschrift sind in den letzten Jahren mehrere Aufsätze von mir erschienen, ferner zahlreiche Besprechungen von Neuerscheinungen der technischen Literatur. Im Sommersemester 1927 und im Wintersemester 1927/28 war ich Studierender der Abteilung für Bauingenieurwesen an der Technischen Hochschule Darmstadt.

Darmstadt, im April 1928.

Koloman Hajnal-Kónyi.